M. Perona, G. Miragliotta,
N. Saccani, A. Turano

Analisi e dimensionamento dei sistemi produttivi

Società Editrice
ESCULAPIO

ISBN 978-88-7488-086-7

Società Editrice Esculapio s.r.l.
Via Terracini, 30 – 40131 Bologna
www.editrice-esculapio.com – info@editrice-esculapio.it

Impaginazione: Giancarla Panigali e Carlotta Lenzi
Layout Copertina: Giancarla Panigali e Carlotta Lenzi

Printed in Italy

Società Editrice
ESCULAPIO

Indice

Questo libro è dedicato alla memoria di Francesco Turco, amico, collega e Maestro.

PREFAZIONE

Nel presentare questo libro, non posso nascondere una punta di soddisfazione: esso rappresenta infatti uno dei frutti (e certo non il meno valido) di quella Scuola di Ingegneria Gestionale che – ormai più di vent'anni addietro, assieme all'amico fraterno Francesco Turco, cui il libro è dedicato, e ad altri valorosi Colleghi – ho avuto la ventura di contribuire a far nascere e a prosperare, prima al Politecnico di Milano e poi via via in altre Università italiane.

Tra le altre, due principali caratteristiche hanno sempre connotato l'impostazione che in tutti questi anni abbiamo cercato di dare alle discipline che nel loro insieme costituiscono l'Ingegneria Gestionale, e che in generale erano relativamente nuove e bisognose di consolidamento e di sistematizzazione:

- l'opportunità di prendere le mosse da *problemi reali*, cioè da quei problemi che chi ha responsabilità di gestione di sistemi produttivi si trova presto o tardi a dover affrontare
- l'utilità di affrontare lo studio di tali problemi partendo da *soluzioni reali* e dal loro confronto sistematico, per enuclearne i fondamenti teorici e le costanti positive, e pervenire così a ipotesi di soluzione realistiche e concretamente realizzabili.

Queste caratteristiche si ritrovano puntualmente in questo libro, scritto da alcuni tra i più brillanti allievi della Scuola, i quali a loro volta, ormai, trasmettono la propria impostazione a sempre nuove generazioni di giovani: ogni capitolo, infatti, affronta un *problema reale* riguardante i sistemi produttivi, problema spesso complesso e con numerose interrelazioni con i principali aspetti della Gestione d'impresa; a fronte di ogni problema, inoltre, vengono presentati numerosi *casi reali*, sviluppati in modo stimolante e assai chiaro, in modo che il lettore abbia gli elementi per elaborare concettualmente una sintesi utile alla soluzione del *proprio* problema.

Sono certo, quindi, che questo libro potrà essere di grande utilità non solo per gli studenti di Ingegneria Gestionale, ma soprattutto per coloro che devono affrontare i problemi di gestione dei sistemi produttivi dal punto di vista professionale.

Armando Brandolese

INTRODUZIONE

Questo libro si rivolge a quanti debbano affrontare il complesso problema di dimensionare un sistema produttivo o una parte di esso, sia che si tratti di un dimensionamento *greenfield*, sia che invece si tratti di una riconfigurazione (*brownfield*). Più in particolare, lo specifico obiettivo conoscitivo perseguito dall'Opera fa riferimento al concetto di *capacità produttiva*, alla sua definizione e misura, ed alla complessa relazione che tale grandezza ha con altre caratteristiche fondamentali dei sistemi produttivi, quali ad esempio la *flessibilità* e la *produttività*, a loro volta ricollegabili ai costi d'impianto e d'esercizio. E' bene sottolineare, tra l'altro, che i complessi legami sopra menzionati configurano uno stretta relazione tra variabili di tipo tecnico-ingegneristico, economico, gestionale ed organizzativo, evidenziando la ricchezza ed articolazione di temi e contenuti tipica della produzione industriale.

A fronte del contesto e degli obiettivi conoscitivi sopra illustrati, si è ritenuto che la metodologia più adatta per trasmettere al lettore i contenuti summenzionati non fosse quella di una trattazione solamente teorica, considerando anche l'estrema vicinanza della disciplina trattata alla prassi applicativa. Pertanto, il libro contiene una serie di casi aziendali, dai quali il lettore potrà facilmente desumere, nella speranza degli Autori, i contenuti del medesimo, passando attraverso la fase del *sapere,* tipica di conosce la materia solo in teoria ed arrivando sino a quella del *saper fare,* caratteristica di chi alle conoscenze concettuali, affianca anche una solida capacità operativa. I casi aziendali che sono stati impiegati derivano per lo più da una lunga serie di esperienze reali compiute dagli Autori nel mondo industriale. Ovviamente, nessuno dei contesti descritti è esattamente identico a quelli direttamente sperimentati sul campo, per motivi sia di riservatezza sia, soprattutto, di facilità comunicativa. Tuttavia, ciascuno di essi conserva l'essenza di uno o più problemi, e quindi si può certamente affermare che ciascuno dei casi compresi in questo libro sia –se non reale- quanto meno realistico.

I differenti casi aziendali sono stati raggruppati in capitoli tematicamente coesi, secondo lo schema di seguito descritto. Il Capitolo 1, intitolato: *analisi dei sistemi produttivi*, raggruppa una serie di casi descrittivi, in grado di supportare il lettore nell'apprendimento delle principali tecniche di analisi dei sistemi produttivi, rappresentando una gamma sufficientemente vasta di situazioni diverse. L'obiettivo specifico del capitolo è di stimolare il ragionamento dei lettori sulle caratteristiche, le prestazioni, i problemi chiave che caratterizzano le diverse tipologie di sistema produttivo, e su come questi elementi si correlino con le diverse tipologie dei sistemi di produzione presentati.

Il Capitolo 2, intitolato: *definizione e calcolo della capacità produttiva*, ha l'obiettivo di introdurre il concetto di capacità produttiva, e supportare la capacità dei lettori di utilizzare operativamente tale concetto per il calcolo del volume produttivo effettivamente generabile da parte di sistemi di produzione complessi. Tra i principali effetti complessi che si considerano, va ricordata l'interazione monte-valle tra sezioni diverse dell'impianto; l'interazione uomo-macchina e l'impiego di buffers interoperazionali di disaccoppiamento. Un ulteriore elemento approfondito da questo capitolo è il rapporto tra la flessibilità (di prodotto, di mix, di piano, di volume) e la capacità produttiva.

Il Capitolo 3, intitolato: *dimensionamento dei sistemi di produzione per processo*, fa il punto sulle tecniche di dimensionamento di tali tipologie di impianto di produzione. Più nello specifico, il concetto di capacità produttiva, sviluppato nel capitolo precedente, viene precisato in relazione alle caratteristiche domande che è bene porsi in sede di dimensionamento di un impianto di processo, relative, ad es. alle scelte di centralizzazione / frazionamento; di funzionamento monoprodotto in continuo / pluriprodotto a lotti, etc.

Il Capitolo 4, intitolato: *dimensionamento dei sistemi di fabbricazione per parti*, contiene casi che si riferiscono alle scelte di configurazione dei sistemi di fabbricazione manifatturiera. Più nel dettaglio, vengono prese in esame le specificità dei sistemi del tipo a reparti (job shop), a linea e del tipo a celle.

Infine, il capitolo 5, intitolato: *dimensionamento dei sistemi d'assemblaggio*, fa specifico riferimento ai sistemi di montaggio nelle differenti tipologie a linea, assembly shop, isola, posto fisso, etc. Più nel dettaglio, vengono analizzate le diverse tecniche sia empiriche sia algoritmiche che possono essere impiegate nel caso di sistemi manuali oppure in presenza di sistemi automatizzati (in questo caso normalmente linee), introducendo anche il concettto di kittizzazione.

La struttura dei singoli capitoli, al di là delle differenze tematiche sopra evidenziate, ricalca un modello espositivo comune. Si è infatti ritenuto utile iniziare ciascun capitolo con dei casi di piccole dimensioni, fortemente focalizzati ad uno specifico problema di semplice approccio:di tali casi si è inserita anche una possibile discussione, in maniera da guidare il lettore nei primi passi. Nella seconda metà di ciascun capitolo, invece, sono stati posizionati casi di più ampie dimensioni, tali da abbracciare problematiche più articolate e complesse, e pertanto più vicini alla prassi aziendale: per tali casi conclusivi, che hanno l'obiettivo di fornire al lettore una visione complessiva, si è scelto di non allegare alcun percorso di soluzione, lasciando a questo punto il lettore libero di sviluppare autonomamente il proprio approccio risolutivo.

Quest'opera non avrebbe potuto essere realizzata senza un'assidua collaborazione e cooperazione tra tutti gli autori. Ringrazio pertanto con profonda stima e gratitudine

Giovanni Miragliotta, Nicola Saccani e Alberto Turano, che nel corso di ormai molti anni hanno condiviso con me le difficoltà e le soddisfazioni legate alla indefessa attività sia in aula, sia negli interventi in azienda. Molte altre persone, senza saperlo, hanno contribuito in modo assai significativo a creare le condizioni utili a far nascere questo libro. Si tratta dei numerosi colleghi che hanno supportato negli anni gli Autori fornendo quell'ambiente di fervido sviluppo scientifico ed intellettuale, oltre chè di sana e stimolante competizione positiva, senza i quali è molto difficile migliorare professionalmente nel tempo. Si tratta anche dei numerosi manager e quadri aziendali che indubbiamente riconosceranno alcuni tratti delle proprie aziende entro le situazioni proposte all'interno del libro: a tutti questi soggetti va la gratitudine e il ringraziamento degli Autori.

Marco Perona

Authorship

Il libro è frutto della collaborazione degli Autori lungo diversi anni di lavoro. Tuttavia, è possibile riconoscere una specifica e più diretta riconducibilità di ciascun caso ad uno specifico Autore di riferimento, come indicato di seguito.

Cap.	Titolo	Autore
1	Flebocin Srl	G. Miragliotta
1	Flebocin Srl – Parte II	M. Perona
1	Vestebene SpA	N. Saccani
1	Motorgrill SpA	A. Sianesi M. Perona
1	Cartiere Fassa SpA	M. Perona
1	Metallurgica Salvi Srl	M. Perona
1	General Cars SpA	G. Miragliotta
2	Miniland Srl	G. Miragliotta
2	BIK SpA	N. Saccani
2	Dental Fresch SpA	N. Saccani
2	Molly Srl	N. Saccani
2	Italfrese SpA	G. Miragliotta
2	Precisini Srl	G. Miragliotta
2	Leon SpA	A. Turano
2	Dog's Bed Srl	G. Miragliotta
2	Cassani Srl	G. Miragliotta
2	Pop-Off SpA	A. Turano
2	Fanal SpA	A. Turano
2	Stampoplast SpA	G. Miragliotta
2	Miniflebo SpA – Parte I	M. Perona G. Miragliotta A. Brun
2	Miniflebo SpA – Parte II	M.Perona G. Miragliotta
2	Italfreddo SpA – Parte I	G. Miragliotta M. Perona

Cap.	Titolo	Autore
3	Rubber SpA	A. Turano
3	Ice Star Srl	A. Turano
3	Polyfilm SpA	M. Perona
3	Cartiere Borgo SpA	M. Perona
3	Acciaierie La Leonessa SpA	M. Perona
4	Procont SpA	N. Saccani
4	Door SpA – Parte I	G. Miragliotta
4	Door SpA – Parte II	A. Turano
4	Disorder Srl	G. Miragliotta
4	Box SpA	G. Miragliotta
4	Officine Termotecniche Nord-Est SpA	M. Perona
4	Officine Meccaniche Padane Srl	M. Perona
5	Mobilcasa SpA	A. Turano
5	Trubago Srl	N. Saccani
5	Farello SpA	N. Saccani
5	Pic-Dot Srl	G. Miragliotta
5	Manuak Circuit Srl	G. Miragliotta
5	Italfreddo SpA – Parte II	M. Perona
5	International Electronics Inc.	M. Perona

Capitolo 1
Analisi dei sistemi produttivi

1.1 FLEBOCIN SRL

Le attività produttive della Flebocin Srl, un'azienda operante nel settore farmaceutico (produzione di flaconi medicinali), sono così caratterizzate:

- Calendario lavorativo attuale: 220 gg/anno, 1 turno/gg, 8 h/turno;
- La capacità produttiva attuale, propria di un turno in orario normale, è pari a 6.000.000 flaconi/anno;
- E' possibile estendere l'orario di lavoro aprendo un secondo turno normale e addirittura un terzo turno in orario notturno;
- La manodopera in orario notturno riduce la propria resa di velocità del 17%, a fronte di una retribuzione oraria che cresce del 50%;
- La manodopera del secondo e del terzo turno, una volta assunta, va comunque retribuita (costo fisso a scalino); al contrario, la capacità produttiva può essere usata in modo scalabile.

Il costo pieno industriale del prodotto, calcolato con riferimento agli attuali valori di attività, è di 0,45 euro/flacone, così ripartito:

- Costo diretto variabile: 0,25 euro/flacone (materiale, etichette, flacone, imballi, ecc.);
- Incidenza manodopera diretta: 0,15 euro/flacone;
- Incidenza costi indiretti fissi: 0,05 euro/flacone

Prendendo come riferimento il prodotto medio, il prezzo di vendita è pari a 0,5 euro/flacone, e il mercato, in forte crescita, è pronto ad assorbire eventuali incrementi di produzione senza che vi sia bisogno di ricorrere a riduzioni di prezzo.

I dirigenti della Flebocin sono quindi tentati di estendere l'orario di lavoro per incrementare la produzione, ma sanno che, superando un volume di 10.000.000 flaconi/anno, sarebbe necessario acquistare un secondo distillatore, sostenendo un costo di 500.000 euro, ammortizzabili in 5 anni.

Sulla base di queste informazioni, si aiuti la Flebocin a definire quale sia il livello ottimo di espansione delle proprie attività produttive.

Soluzione

Il caso propone l'analisi del processo decisionale sottostante ad una scelta di espansione della capacità produttiva (flessibilità di volume, o elasticità). La realtà descritta, sebbene assai semplice, offre molti spunti di discussione.

Con riferimento alla situazione attuale, è utile costruire la funzione di Break Even, a partire dalla quantificazione esplicita di tutte le voci di costo. Attenendosi alle indicazioni del testo, la manodopera diretta, una volta assunta, è da considerarsi come un costo fisso; pertanto si ha che:

- **Costi indiretti fissi**: q·costo indiretto fisso unitario = 6.000.000 [flaconi/anno]·0,05 [euro/flacone] = **300.000 [euro/anno]**
- **Manodopera diretta fissa**: q·incidenza manodopera diretta = 6.000.000 [flaconi/anno]·0,15 [euro/flacone] = **900.000 [euro/anno]**
- **Costi variabili unitari = 0,25 [euro/flacone]**
- **Fatturato** = p·q = 0,5 [euro/flacone] · 6.000.000 [flaconi/anno] **= 3.000.000 [euro/anno]**
- **Prof.$_{6.000.000}$** = 6.000.000 [flaconi/anno] · (0,5-0,25) [euro/flacone] – 900.000 [euro/anno] – 300.000 [euro/anno] = **300.000 [euro/anno]**

Funzione di Break Even: Fatturato (q) = Costo totale (q)

$p \cdot q = Cv_{unitario} \cdot q + Cf_{totale}$; $\qquad$ $0{,}25 \cdot q = 1.200.000$

$q_{break\ even}$ **= 4.800.000 [flaconi/anno]**

Come era facilmente comprensibile osservando la struttura di costo del prodotto medio, allo stato attuale il Break Even Point è ampiamente superato. Le diverse alternative da vagliare, in termini di espansione della capacità produttiva, sono dunque le seguenti:

- Accensione parziale secondo turno ed espansione della capacità fino a 10.000.000 flaconi/anno
- Accensione totale secondo turno, ed espansione della capacità fino a 12.000.000 flaconi/anno
- Accensione ulteriore terzo turno, parziale o completa, e superamento dei 12.000.000 flaconi/anno

Il modo migliore per affrontare l'analisi delle alternative proposte è quello di adottare, nella decisione, un criterio causale, evidenziando di volta in volta la struttura di costo dei soli flaconi che superano la capacità raggiunta dall'alternativa precedente.

L'attivazione del secondo turno, purché effettuata contenendo il volume produttivo entro i 10.000.000 di unità annue, non necessita dell'acquisto del nuovo distillatore.

La struttura dei costi si modifica nel modo seguente:

- **Costi indiretti fissi**: **300.000 [euro/anno] (invariati)**
- **Manodopera diretta fissa**: 900.000 [euro/anno·turno normale] · 2 [turni normali] = **1.800.000 [euro/anno]**
- **Costi variabili unitari** = **0,25 [euro/flacone] (invariati)**
- **Fatturato** = p·q = 0,5 [euro/flacone] · 10.000.000 [flaconi/anno] **=** 5.**000.000 [euro/anno]**
- $\textbf{Prof.}_{\textbf{10.000.000}}$ = 10.000.000 [flaconi/anno] · (0,5-0,25) [euro/flacone] – 1.800.000 [euro/anno] – 300.000 [euro/anno] = **400.000 [euro/anno]**

Alla luce di tale risultato questa prima alternativa appare senza dubbio conveniente in quanto accresce il profitto annuo della Flebocin.

Sempre nell'ambito del secondo turno, salire fino a 12.000.000 di flaconi annui comporta, invece, l'acquisto di un secondo distillatore.
Adottando anche in questa decisione un criterio causale si deve evidenziare la struttura di costo dei soli flaconi che superano la quota di 10.000.000 di unità.
Per questa frazione della produzione, come si osserva, compaiano solamente i costi diretti variabili e la quota parte di ammortamento del distillatore.

La struttura dei costi si modifica come segue:

- **Costi indiretti fissi**: 300.000 [euro/anno] + 500.000/5 [euro/anno] = **400.000 [euro/anno]**
- **Manodopera diretta fissa**: **1.800.000 [euro/anno] (invariati)**
- **Costi variabili unitari** = **0,25 [euro/flacone] (invariati)**
- **Fatturato** = p·q = 0,5 [euro/flacone] · 12.000.000 [flaconi/anno] **= 6.000.000 [euro/anno]**
- $\textbf{Prof.}_{\textbf{12.000.000}}$ = 12.000.000 [flaconi/anno] · (0,5-0,25) [euro/flacone] – 1.800.000 [euro/anno] – 400.000 [euro/anno] = **800.000 [euro/anno]**

Anche la seconda alternativa risulta, quindi, estremamente vantaggiosa raddoppiando, di fatto, il profitto ottenibile in un anno dalla Flebocin.

Per quello che riguarda l'apertura del terzo turno, è necessario innanzitutto quantificare la massima capacità raggiungibile e il costo fisso di attivazione del turno. A questo proposito, dal testo si evince che la capacità differenziale messa a disposizione si attesta sui 6.000.000·0,83 ≈ 5.000.000 di flaconi annui, a fronte di un costo di attivazione del turno pari 900.000·(1,5) =1.350.000 [euro/anno].

Facendo sempre riferimento a un criterio causale, possiamo dire che la struttura di costo dei flaconi compresi tra il 12.000.000° ed il 17.000.000° pezzo si compone solamente della quota parte del costo fisso di manodopera.

La struttura dei costi si trasforma come segue:

- **Costi indiretti fissi**: **400.000 [euro/anno] (invariati)**
- **Manodopera diretta fissa**: 1.800.000 [euro/anno] + 1.350.000 [euro/anno] = **3.150.000 [euro/anno]**
- **Costi variabili unitari** = **0,25 [euro/flacone] (invariati)**
- **Fatturato** = p·q = 0,5 [euro/flacone] · 17.000.000 [flaconi/anno] = **8.500.000 [euro/anno]**
- **Prof.$_{17.000.000}$** = 17.000.000 [flaconi/anno] · (0,5-0,25) [euro/flacone] – 3.150.000 [euro/anno] – 400.000 [euro/anno] = **700.000 [euro/anno]**

Come si nota questa ulteriore espansione di capacità produttiva pur mantenendo l'azienda in una zona a profitto positivo risulta meno vantaggiosa rispetto alla precedente.

Il livello ottimo di espansione per la Flebocin risulta essere in definitiva pari a 12.000.000 di flaconi/anno.

Alla medesima conclusione si poteva giungere calcolando il costo unitario rilevante per flacone al variare della quantità prodotta e ragionando in termini di profitto marginale di ciascuna delle alternative considerate.

Più precisamente:

Alternativa n°1: Accensione parziale secondo turno ed espansione della capacità fino a 10.000.000 flaconi/anno (incremento di 4.000.000 flaconi/anno rispetto alla situazione iniziale);

- **Materiali diretti:** 0,25 [euro/flacone] (invariato)

- **Manodopera diretta fissa:** 900.000 [euro/anno]/4.000.000 [flaconi/anno] = 0,225 [euro/flacone]
- **Costi indiretti fissi:** 0 (non differenziale rispetto alla situazione iniziale)
- **Costo unitario rilevante:** (0,25+0,225) = **0,475 [euro/flacone]**

A fronte di un prezzo di vendita di 0,5 [euro/flacone] rimane all'azienda un margine di (0,5 – 0,475) = 0,025 [euro/flacone] che garantisce un profitto marginale per tale soluzione pari a:

Profitto marginale: 4.000.000 [flaconi/anno] · 0,025 [euro/flacone] = 100.000 [euro/anno] (come già evidenziato in precedenza con un aumento del profitto da 300.000 a 400.000 euro/anno).

Alternativa n°2: Accensione totale secondo turno ed espansione della capacità fino a 12.000.000 flaconi/anno (incremento di 6.000.000 flaconi/anno rispetto alla situazione iniziale e di 2.000.000 flaconi/anno rispetto all'alternativa n°1);

- **Materiali diretti:** 0,25 [euro/flacone] (invariato)
- **Manodopera diretta fissa:** 0 [euro€/anno] (non differenziale rispetto all'alternativa n°1)
- **Costi indiretti fissi:** 100.000 [euro/anno]/2.000.000 [flaconi/anno]) = 0,05 [euro/flacone]
- **Costo unitario rilevante:** (0,25+0,05) = **0,3 [euro/flacone]**

A fronte di un prezzo di vendita di 0,5 [euro/flacone] rimane all'azienda un margine di (0,5 – 0,3) = 0,2 [euro/flacone] che garantisce un profitto marginale per tale soluzione pari a:

Profitto marginale: 2.000.000 [flaconi/anno] · 0,2 [euro/flacone] = 400.000 [euro/anno] (come già evidenziato in precedenza con un aumento del profitto da 400.000 a 800.000 [euro/anno]).

Alternativa n°3: Accensione ulteriore terzo turno ed espansione della capacità fino a 17.000.000 flaconi/anno (incremento di 11.000.000 flaconi/anno rispetto alla situazione iniziale e di 5.000.000 flaconi/anno rispetto all'alternativa n°2);

- **Materiali diretti:** 0,25 [euro/flacone] (invariato)
- **Manodopera diretta fissa:** 1.350.000 [euro/anno]/5.000.000 [flaconi/anno] = 0,27 [euro/flacone]
- **Costi indiretti fissi:** 0 (non differenziale rispetto alla soluzione n°2)
- **Costo unitario rilevante:** (0,25+0,27) = **0,52 [euro/flacone]**

A fronte di un prezzo di vendita di 0,5 [euro/flacone] all'azienda non rimane margine, ma si configura una perdita pari a:

Perdita marginale: 5.000.000 [flaconi/anno] · 0,02 [euro/flacone] = 100.000 [euro/anno] (come già evidenziato in precedenza con una riduzione del profitto da 800.000 a 700.000 [euro/anno]).

Ovviamente, nel complesso di queste considerazioni, non si è valutato l'impatto delle problematiche relative all'inerzia delle varie attività (acquisto, installazione, collaudo e messa a regime dei nuovi impianti, assunzione e formazione della nuova manodopera, ecc.). Questi fattori, per quanto concernenti aree più gestionali, si rivelano spesso i punti critici di un progetto di espansione della capacità produttiva, e come tali devono essere tenuti nella giusta considerazione.

1.2 Flebocin Srl – Parte II

Il management della Flebocin Srl ha deciso di porre in atto un progetto di espansione del mix produttivo, avviato grazie ai lusinghieri risultati finora conseguiti e ad un mercato sempre più ricettivo.

Allo stato attuale, il mix di produzione della Flebocin è tale per cui, lavorando 11 mesi all'anno con campagne produttive mensili all'interno delle quali vengono messi in produzione tutti i codici di prodotto finito, si effettuano complessivamente 110 operazioni di attrezzaggio (setup). La gamma offerta è, infatti, composta da 10 prodotti finiti differenti, con volumi di vendita sostanzialmente identici, mentre le scorte di prodotto finito non subiscono variazioni significative durante l'anno.

I setup comportano, sempre, un tempo di regolazione delle macchine pari a 3,5 ore. Al termine del setup, le macchine devono essere riavviate e per 0,5 ore vengono prodotti flaconi non conformi che dovranno essere scartati. Durante tutto questo tempo viene impegnata, in aggiunta al personale fisso, una squadra di 3 addetti, pagati ad ore, ciascuno dei quali costa alla Flebocin 30 [euro/h].

Partendo dai risultati conseguiti nel caso 1.1 (12.000.000 flaconi/anno; 2 turni/giorno) e sapendo che il prezzo di vendita medio di un nuovo prodotto è pari a 0,6 euro/flacone, senza cambiamento alcuno nelle altre voci di costo rispetto ai dati forniti nel caso Flebocin Srl 1.1, si determini quale potrebbe essere l'effetto provocato sui costi e sui ricavi dall'introduzione di un nuovo prodotto nell'ipotesi che il volume produttivo complessivo non venga modificato dall'introduzione del nuovo codice (si riducono, invece, i volumi relativi di tutti i codici) e che tutti i prodotti a catalogo vengano assorbiti in quantità uguali dal mercato.

Soluzione

Questo caso mira a presentare alcune problematiche relative alla flessibilità di mix. Per calcolare quanti setup all'anno si possono aggiungere restando ancora in condizioni di economicità si può ragionare come segue.

Dalle conclusioni del problema precedentemente affrontato, è da ritenersi che la Flebocin lavori 220 gg/anno, per 2 turni da 8 ore al giorno. La capacità produttiva effettiva è pari a 12.000.000 di flaconi. Se l'azienda fa 110 setup all'anno, vuol dire che fa circa un setup ogni 4 turni di produzione, e che quindi in media in ogni turno di otto ore si produce, al netto dei setup, per 7 h 45 min.

Dal momento che la capacità produttiva di regime è pari a 12.000.000 [flaconi/anno·turno normale], la potenzialità produttiva effettiva è pari a:

Potenzialità produttiva effettiva: 12.000.000 [flaconi/anno·turno] / (220 [gg/anno] · 8 [h/turno] · 2 [turni/giorno] ≈ **3.400 [flaconi/ora]**

A partire da questi dati, è possibile valutare quale sia il costo differenziale legato ad un singolo setup:

- **Costo mdo dir.**: 3 · 3,5 [h/setup] · 30 [euro/ora] = **315 [euro/setup]**
- **Costo opportunità**[1]: 4[h/setup]·3.400[flaconi/h]·0,25[euro/flacone][2] – 0,5[h/setup]·3.400 [flaconi /h]·0,25[euro/flacone][3] ≈ **2975 [euro/setup]**

Il costo totale di un setup è dunque pari a 3.290 [euro/setup]. Si consideri ora l'introduzione di un nuovo prodotto: dal momento che la Flebocin lavora su campagne mensili, aggiungere un nuovo prodotto implica l'aggiunta di 11 nuovi setup all'anno, con un costo complessivo pari a **36.190 [euro/anno]**.

[1] Come si ricorderà il mercato è perfettamente ricettivo, quindi la perdita di capacità produttiva implica tout court un costo opportunità.

[2] 0,25 è il margine di contribuzione di un prodotto appartenete al vecchio mix. Il dato è fornito dal testo nel caso 1.1.

[3] Questo secondo termine 0,25 si riferisce, invece, al costo delle materie prime impiegate nelle 0,1 ore di produzione di scarto, che non sono differenziali.

D'altra parte il nuovo prodotto, coerentemente con le ipotesi di equipartizione del mix e **trascurando l'impatto sulla capacità di questi nuovi 11 setup**, acquisterà un volume di vendita prossimo a 12.000.000 [flaconi/anno] / 11 [prodotti nel mix] ≈ **1.090.000 [flaconi/anno]**.

Questa quantità, in linea di massima, era precedentemente assorbita dal mercato sotto forma di flaconi a basso margine (prezzo di vendita 0,5 euro/flacone), e viene ora recepita come prodotto ad elevato margine (0,6 euro/flacone).

Pertanto il fatturato differenziale è pari 1.090.000 [flaconi/anno] · 0,1 [euro/flacone]= **109.000 [euro/anno]**, e giustifica almeno nei conti l'introduzione di un nuovo prodotto nel mix produttivo.

1.3 VESTEBENE SPA

L'azienda Vestebene SpA realizza prevalentemente camicie per uomo. Vestebene sta per lanciare una nuova line di camicie, la Medium, la quale ha la distinta base rappresentata in figura 1.1, che riporta anche i coefficienti di impiego medi dei vari componenti.

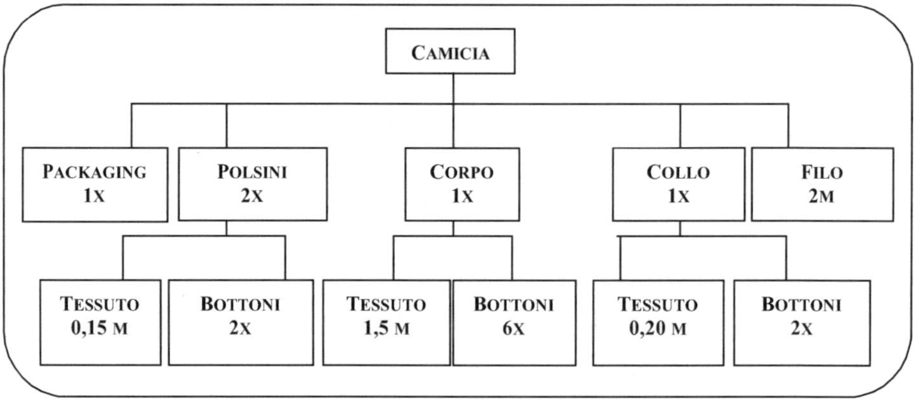

Figura 1: Distinta base della camicia Medium

Il tessuto utilizzato ha un costo di 12 euro/m, il filo di 1,2 euro/m e i bottoni di 0,1 euro/unità.

Il ciclo produttivo prevede tre fasi principali: taglio del tessuto, confezione del capo con apposizione dei bottoni e controllo qualità finale.

La direzione generale Vestebene si trova a dover scegliere fra due alternative tecnologiche per la produzione della nuova linea di camicie:

Confezione manuale. In questo caso si prevede l'acquisto una stazione semiautomatica per il taglio del tessuto e di 4 stazioni manuali per la confezione, ciascuna gestita da un operatrice. La stazione per il taglio ha un costo di 15.000 euro, mentre le stazioni per la confezione hanno un costo di 8.000 euro l'una. Questa soluzione comporterebbe dei costi legati al consumo di energia e di materiali ausiliari di circa 0,7 euro/capo.

Confezione semiautomatizzata. In questo caso si prevede l'acquisto di una stazione completamente automatizzata per il taglio, in grado di leggere il disegno direttamente dal software utilizzato per il progetto del taglio della camicia, dal costo di 140.000 euro. Tale stazione consentirebbe di ridurre gli sfridi e quindi di diminuire del 10% la quantità di tessuto necessaria a realizzare una camicia. Per la confezione della camicia si prevede l'utilizzo di stazioni ad elevata tecnologia, che permettono di raggiungere un ritmo produttivo più elevato. Con due stazioni, ciascuna presidiata da un'operatrice si riesce a realizzare la medesima cadenza produttiva che con 4 stazioni manuali. Il costo di queste stazioni è però di 90.000 euro l'una. Tale soluzione infine, comporterebbe dei costi di energia e di materiali di consumo pari a 1,4 euro/capo.

In entrambi i casi, per il controllo qualità finale (che verrà eseguito capo per capo), saranno necessarie due operatrici esperte, ed una postazione del costo di 6.000 euro. Il costo pieno di un'operatrice (per una qualsiasi delle fasi produttive considerate) è di circa 20.000 euro l'anno. Nell'alternativa manuale, si prevede un tasso di difettosità delle camicie del 7%, mentre nel caso semiautomatizzato, superato il transitorio iniziale, si prevede una non conformità interna del 2%. I capi difettosi verranno eliminati.

Sapendo che l'investimento è ammortizzabile in 4 anni e che Vestebene venderà le camicie medium a 60 euro l'una, si calcolino:

- il punto di pareggio (n°pezzi) per ciascuna delle due alternative
- il volume minimo che rende preferibile il ricorso alla confezione semi-automatica.

Soluzione

Per risolvere il caso, è necessario ricostruire la struttura di costo associata a ciascuna delle due alternative, distinguendo i costi fissi dai costi variabili. Successivamente sarà possibile calcolare il punto di pareggio per ogni alternativa ed il volume che rende conveniente passare alla produzione semiautomatica.

Si inizi con il caso di confezione manuale. Per quanto riguarda i costi variabili si avrà:

- Tessuto: 2 [m/capo] * 12 [euro/m]= 24 [euro/capo]
- Filo: 2 [m/capo] * 1,2 [euro/m] = 2,4 [euro/capo]
- Bottoni: 12 [pz/capo] * 0,1 [euro/pz] = 1,2 [euro/capo]
- Energia: 0,7 [euro/capo]

Va inoltre considerato che il 7% dei capi verranno scartati al controllo qualità. Di conseguenza la somma dei costi variabili sopra enunciati andrà incrementata, per ottente il costo di un capo buono, vendibile sul mercato.

Costo variabile camicia "buona": CV_1= (24 + 2,4 + 1,2 + 0,7) / (1-0,07) = **30,43 [euro/capo]**

Per quanto riguarda i costi di investimento si avrà:

- Taglio: 1 macchina dal costo di 15.000 euro;
- Confezione: 4 macchine dal costo di 8.000 euro l'una, cioè 32.000 euro
- Postazione controllo qualità: 6.000 euro

L'investimento è perciò pari a 53.000 euro ammortizzabili in 4 anni, con una quota di 13.250 euro/anno.

Per quanto riguarda i costi fissi di esercizio, questi sono dovuti all'utilizzo della manodopera. In totale si tratta di 7 operatrici dal costo annuo di 20.000 euro l'una, cioè 140.000 euro/anno.

Di conseguenza il costo fisso totale annuo (CF_1) è pari a **153.250 [euro/anno]**.

Relativamente all'alternativa semiautomatica si avranno i seguenti costi variabili:.

- Tessuto: 1,8 [m/capo] * [12 euro/m] = 21,6 [euro/capo] (si utilizza il 10% di tessuto in meno)
- Filo: 2 [m/capo] * 1,2 [euro/m] = 2,4 [euro/capo]
- Bottoni: 12 [pz/capo] * 0,1 [euro/pz] = 1,2 [euro/capo]
- Energia: 1,4 [euro/capo]

Considerato uno scarto pari al 2% dei capi, il costo variabile di una camicia "buona" (CV_2) sarà pari a (21,6 + 2,4 + 1,2 + 1,4) / (1-0,02) = **27,14 [euro/capo]**.

Per quanto riguarda i costi di investimento invece:

- Taglio: 1 macchina dal costo di 140.000 euro;
- Confezione: 2 macchine dal costo di 90.000 euro l'una
- Postazione controllo qualità: 6.000 euro

L'investimento è perciò pari a 326.000.000 euro ammortizzabili in 4 anni, con una quota di 81.500 euro/anno.

Costi fissi di esercizio. In totale sono necessarie 5 operatrici, dal costo annuo di 20.000 euro l'una, cioè 100.000 euro/anno.

Di conseguenza il costo fisso totale annuo (CF_2) è pari a **181.500 [euro/anno]**

E' possibile ora costruire la curva di costo e di ricavo per entrambi i casi. Si ricorda che:

Costo totale = CF + CV*q ,dove q è la quantità prodotta
Ricavo totale = P*q ,dove p è il prezzo di vendita e q la quantità venduta
Break-even point: è il volume che eguaglia Costi totali e Ricavi totali, cioè.
tale che CF + CV*q = P*q.

Di conseguenza, Q (BEP) = CF / (P-CV) = CF / m.c.u. , essendo m.c.u. il margine di contribuzione unitario.

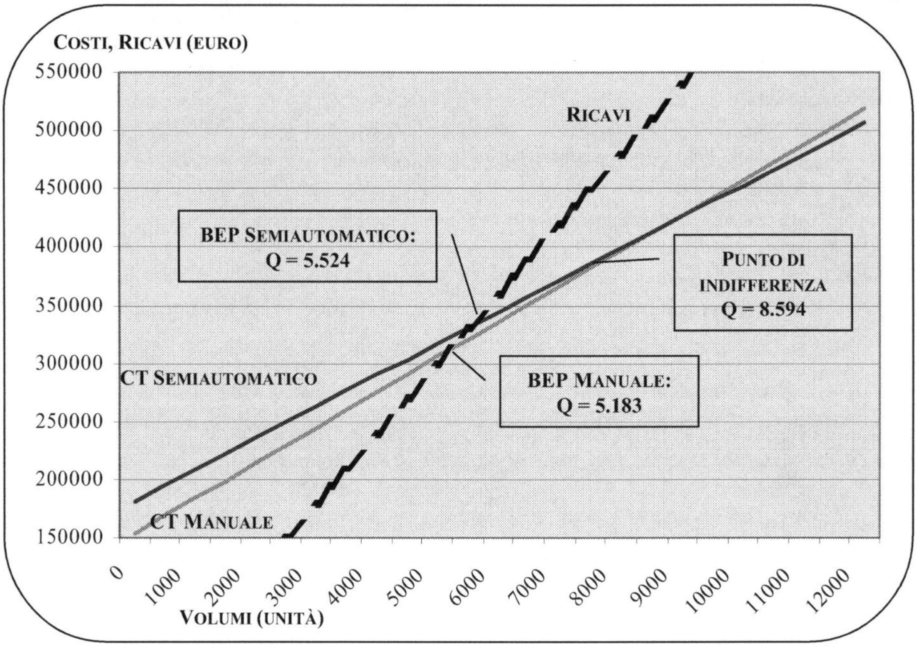

Figura 2: Curve di costo totale e di ricavo per le due alternative

Nell'alternativa manuale vale che:

$CT_{manuale}$ = 153.250 + 30,43 * q [euro/anno]
R = 60 * q [euro/anno]
Q (BEP) = 5.183 unità prodotte e vendute
m.c.u. = 29,57 [euro/capo]

Per l'alternativa semiautomatica invece:

$CT_{semiautomaitco}$= 181.500 + 27,14 * q [euro/anno]
R = 60 * q [euro/anno]
Q (BEP) = 5.524 unità prodotte e vendute
m.c.u. = 32,86 [euro/capo]

Tali curve, rappresentate in figura 1.2 mostrano che, come si poteva supporre, l'alternativa manuale ha costi fissi minori dell'alternativa semiautomatica, ma presenta costi variabili di produzione superiori. Di conseguenza, la prima alternativa ha un punto di pareggio inferiore della seconda, che però presenta un margine di contribuzione unitario più elevato. Oltre un certo volume, quindi, il minor costo variabile dato dall'alternativa 2 sarà sufficiente a far fronte ai più elevati costi fissi, e quindi converrà effettuare questo investimento. Per trovare tale volume, si cerca il valore di q che uguaglia i costi fissi nei due casi:

$$CT_{manuale} = CT_{semiautomatico}$$
$$153.250 + 30,43 * q = 181.500 + 27,14 * q$$
$$q = 8.594 \text{ unità}$$

Questo valore costituisce il punto di indifferenza tra le due tecnologie. Per volumi inferiori converrà l'investimento a minor livello di tecnologia, mentre per volumi superiori converrà l'investimento "semiautomatico".

La prima alternativa ha come vantaggio una maggiore flessibilità, soprattutto per quanto riguarda la fase di confezione, dove è possibile incrementare o decrementare la capacità produttiva ad un costo limitato. La seconda alternativa è invece più efficiente, e quindi più profittevole per alti volumi di vendita, ma più rigida per volumi ridotti.

1.4 MOTORGRILL SPA

Motorgrill è uno delle centinaia di ristoranti di una nota catena operante su scala internazionale distribuiti prevalentemente sulla rete autostradale. Il ristorante è aperto 24 ore al giorno per 7 giorni a settimana.

La raccolta delle ordinazioni

Entrando nel ristorante, il cliente si avvicina al bancone dove trova esposte tutte le tipologie di panini standard venduti con il relativo prezzo e una lista di tutte le possibili aggiunte di ingredienti particolari per i panini speciali. Al bancone ci sono vari registratori di cassa. Una cassiera accoglie il cliente e prende l'ordinazione, quindi batte l'ordine alla cassa, legge l'importo totale dell'ordinazione, dà corso all'ordinazione stessa e, una volta servito il cliente, riceve i soldi e dà il resto. Mettere insieme l'ordinazione significa andare a un ripiano situato tra la cucina e il bancone e raggruppare i prodotti ordinati. Per l'ordinazione di bibite, la cassiera spilla quanto ordinato dai distributori automatici, disposti anch'essi tra il bancone e la cucina. L'ordinazione, una volta completata, viene quindi portata al cliente, per poi dedicarsi a quello successivo.

Il registratore di cassa ha molti tasti: non solo per i panini standard, ma anche per le loro più diffuse varianti (con insalata, pomodoro, senza cipolle, senza salsa, ecc.). In cucina sono installati due terminali video, uno di fronte al bancone dei panini standard e uno innanzi a quello dei panini speciali. Sullo schermo compaiono le ordinazioni fatte alla cassa: panini standard sulla destra del video e speciali sulla sinistra.

Motorgrill differisce dagli altri ristoranti posizionati sulla rete autostradale per i criteri di servizio al cliente: sono infatti ammesse molte più personalizzazioni rispetto al *catalogo* standard. Questo fa sì che ci si impegna un pò di più a servire il cliente, però si può tenere conto delle sue esigenze specifiche. Per assicurare un servizio di tale genere, cercando di minimizzare i tempi di attesa, è necessario un sistema di produzione estremamente flessibile. Si richiedono due tipi di flessibilità: una nell'andare incontro ai desideri dei clienti e una nel rispondere al picco di domanda che si ha nell'ora di pranzo o di cena. Tale flessibilità dipende da numerosi aspetti del sistema produttivo.

Il sistema di produzione

Il processo di preparazione dei panini e lo smaltimento delle ordinazioni vengono esplicitamente intesi come *linea di assemblaggio*. Tutti i prodotti che richiedono cottura (cotoletta di carne o pesce, frittata, wurst, verdure grigliate, etc.), sia quelli freschi (affettati vari, formaggio, mozzarella) seguono un percorso ben preciso dalla cucina fino al bancone in sala, attraversando una serie di *stazioni di lavoro.*

Per qualsiasi prodotto di cottura, l'inizio del processo consiste nel prelevare lo specifico prodotto da cuocere e una focaccia da un contenitore igienicamente controllato e nel porli sul nastro trasportatore che alimenta una graticola, collocata nel retro della cucina. I prodotti di cottura, in particolare, vengono prelevati da un frigorifero e stanno sulla graticola un tempo maggiore rispetto a quello di cottura delle focacce, le quali vanno solo rosolate per renderle più stuzzicanti.

Per i prodotti freschi, l'area di cottura è sostituita dalla zona del taglio dove su specifiche macchine vengono affettati i salumi e i formaggi. I prodotti da taglio vengono di volta in volta prelevati da un banco refrigerato dove vengono nuovamente riposti una volta ultimata l'operazione di taglio. Adiacente alla linea di produzione, si trova il reparto dove le focacce e i prodotti cotti o crudi vengono assiemati e diventano panini (con cotoletta, wurst, al formaggio, vegetariani, mediterraneo, grigliato e così via).

Questa è la fase chiave della linea, perché è qui che si tiene conto delle eventuali preferenze del cliente (per esempio farcendo con mozzarella, insalata, salse, sottaceti o con doppio formaggio). Il bancone non è altro che un lungo tavolone in acciaio inossidabile, al centro del quale sono collocati barattoli di sottaceti, cipolline, sottilette di formaggio, bottigliette in plastica di ketchup e senape, pomodori a fette, mozzarella, insalata tagliata e maionese, il tutto a temperatura ambiente. Sotto il tavolo ci sono scaffalature per stoccare scorte di questi condimenti e anche contenitori per immondizie e scarti.

Ai lati delle scorte del condimento ci sono due zone di lavoro, al di sopra delle quali sono collocate alcune piastre per riscaldare i panini, e una serie di tasti che fanno parte del *sistema informativo* della cucina. Oltre il bancone, presso la cassa, si trova un'area in cui i panini una volta ultimati vengono collocati per essere prelevati e consegnati al cliente.

Al lato di questa catena di assemblaggio ci sono il forno per le pizze con timer controllato da computer e le illustrazioni dei panini speciali. Oltre il forno c'è un tavolo per la preparazione dei panini speciali, con un proprio assortimento di condimenti, focacce e contenitori. Dall'altra parte della linea principale di assemblaggio ci sono i distributori di bibite.

Le modalità produttive in funzione della domanda

Nel ristorante, le stazioni di lavoro sono gestite differentemente a seconda del ritmo di domanda. Quando la domanda è molto bassa, operano al ristorante squadre estremamente ridotte: una cassiera al registratore di cassa, un addetto di cucina al forno delle pizze e ai panini speciali; un unico addetto per tutta la linea di assemblaggio dei panini standard, dal forno alla preparazione dei panini. Nei periodi di punta ci possono essere fino a venti addetti nel ristorante, più due gestori. Il management conosce perfettamente, in base alle proiezioni dei dati storici, quali sono le ore di punta al ristorante e quindi come pianificare l'arrivo degli operatori. Prima delle quotidiane punte per il pranzo e la cena, vengono avviate notevoli attività preparatorie, come rifornire il frigo, affettare i pomodori, ecc. Se le cose vanno come previsto, durante il periodo di ressa si consumano le scorte preparate, senza la necessità di reintegrarne la consistenza. Man mano che cresce la domanda, vengono aggiunti più addetti e le mansioni assegnate diventano più specializzate.

Durante i periodi morti, la maggior parte della produzione di panini e bibite viene avviata all'ordine stesso del consumatore. Il panino consegnato al cliente viene, quindi, effettivamente piazzato sulla graticola solo dopo l'esecuzione di uno specifico ordine. Per certo, la bibita ricevuta è stata spillata come conseguenza dell'ordinazione del cliente. Alcuni articoli, comunque, possono essere tenuti a scorta. Una riserva dei panini più richiesti viene normalmente tenuta sugli scivoli, ma mai per più di 10 minuti; se i clienti non li richiedono essi infatti debbono essere scartati.

Le pizze vengono trattate in modo differente. Occorrono più di 10 minuti per prepararle e cuocerle, un tempo eccessivo perché il cliente possa aspettare. Esse sono pertanto prodotte sempre anche senza ordini e collocate su apposite piastre circolari riscaldate che con l'ausilio dei computer aiutano a registrare i tempi di permanenza di ciascuna pizza sulla piastra, in modo da non farle giacere troppo a lungo. Per fronteggiare la crescita della domanda si innalzano le riserve di panini pronti dei tipi più richiesti, e può succedere che l'addetto alla griglia operi badando al livello delle riserve più che alle effettive ordinazioni evidenziate sul videoterminale.

Per programmare la produzione, gli addetti al bancone registrano costantemente quanti panini sono sugli scivoli e gettano un'occhiata al video per le particolari variazioni negli ordini immessi dalle cassiere.

L'esigenza di mantenere omogeneo il flusso produttivo comporta particolari incombenze ai responsabili di produzione. Il loro compito non è solo quello di eliminare ogni impedimento, ma anche di prevedere il loro possibile verificarsi. Essi richiedono costantemente informazioni dai lavoratori circa il posizionamento dei colli di bottiglia, quante persone sono in fila, quali materiali vengono a mancare e incoraggiano gli addetti a risolvere da soli ogni problema senza il loro diretto intervento.

La gestione della manodopera

Tutti i dipendenti lavorano part-time. La manodopera viene reclutata direttamente dal direttore. L'estrema variabilità della domanda richiede continui aggiustamenti nel numero degli addetti, al fine di garantire, in ogni momento della giornata, che non ci sia personale in eccesso o in difetto. E' quindi necessaria una notevole flessibilità nella programmazione, cosa, questa, che viene ottenuta utilizzando studenti lavoratori e pianificando i loro arrivi e le loro partenze fin nei differenti periodi della giornata (alcuni, ad esempio, arrivano solo 15 minuti prima del periodo di punta di mezzogiorno). L'unica restrizione è fornita dal regolamento, che impone da parte ci ciascun addetto l'esecuzione di un certo numero di ore al giorno.

Spunti per la discussione

A supporto della discussione del caso in aula, si sviluppi la riflessione sui seguenti punti-chiave:

a) *Definizione del prodotto.* Identificare bene la natura del "prodotto" venduto da Motorgrill. Prodotto fisico, o servizio? Prodotto omogeneo, oppure assemblato? Che distinta base? Sviluppare uno schema ad albero della distinta base del prodotto. Inoltre, quantificare con attenzione il numero di referenze diverse che possono essere realizzate da Motorgrill come prodotto finito ed ai vari livelli intermedi della distinta base, sino a giungere alle materie prime.

b) *Definizione del processo.* Sviluppare uno schema di flusso del processo produttivo Motorgrill. Identificare tutti i diversi processi sviluppati all'interno della Motorgrill e classificarli secondo i vari schemi di analisi: modalità di realizzare il prodotto; modalità di realizzare il volume di produzione; modalità di rispondere alla domanda; livello di automazione. Inoltre, definire l'intero sistema produttivo Motorburger in relazione alla classificazione tipologica dei sistemi produttivi.

1.5 CARTIERE FASSA SPA

La carta d'identità di Fassa Italia

Fassa è un gruppo multinazionale di medie dimensioni, operante essenzialmente in Italia, Francia ed Ungheria. Al gruppo appartengono 6 impianti produttivi più una serie di divisioni commerciali che si occupano di curare il mercato anche in quei paesi in cui la Fassa non possiede insediamenti di produzione.

In particolare, la divisione Italia della Fassa, con sede e stabilimento principale a Busto Arsizio, viene da una recente ristrutturazione del proprio sistema informativo che ne ha fatto, nella gestione e nel trattamento dei dati di produzione, il fiore all'occhiello del gruppo. E' proprio su questa realtà che si concentra il presente caso di studio.

Lo stabilimento di Busto Arsizio è il più grande degli insediamenti produttivi della Fassa, essendo l'unico dotato di due linee continue, e vi viene prodotto cartoncino da imballo (alimentare, farmaceutico, ecc.). Sviluppato su un'area di circa 60.000 m^2 coperti, ed un totale di 200.000 m^2 complessivi, lo stabilimento impiega circa 300 persone tra operatori diretti ed indiretti, impiegati e dirigenti. Il processo produttivo che vi si svolge non è integrato, ovvero per la preparazione della pasta non si parte dal legno, ma si usano carta da macero, pastalegno e cellulosa acquistati dall'esterno. Tra l'altro, questo insediamento produttivo riveste un certo interesse poiché in esso si trova il più grande impianto di produzione di pasta disinchiostrata (a partire dalla carta da macero) di tutta Italia, con una capacità produttiva di **86.000 tonn/anno.**

A Busto Arsizio si producono tre famiglie principali di cartoncino multistrato (patinati in pasta legno a bassa densità; triplex a tre strati e duplex a due strati), ulteriormente distinte per grammatura, spessore e rigidezza, a partire da 15 impasti diversi per tipologia di materie prime, loro concentrazione e tenore di materia secca. Al livello della produzione del cartoncino finito, variando lo spessore, si arriva fino ad un totale di 30-40 prodotti finiti differenziati. Alcuni di questi 30-40 codici sono producibili solo su una delle macchine continue presenti a Busto Arsizio e/o solo nell'impianto di Busto Arsizio, mentre altri possono essere prodotti anche in altri insediamenti della Fassa, anche se con caratteristiche talvolta notevolmente diverse, dovute alla differente durezza dell'acqua, alle materie prime fornite, ecc. L'ampiezza della gamma di prodotti esplode letteralmante a livello di bobine di carta finite, considerando che il cliente può richiedere di realizzare tali bobine con altezze e diametri personalizzati, oltre che con confezionamenti a richiesta.

Le funzioni d'uso del prodotto di Fassa in genere e dello stabilimento di Busto Arsizio in particolare sono le più varie, nell'ambito del confezionamento e della cartotecnica. Nel campo del confezionamento, in particolare, si ricordano le scatole di dolciumi, della pasta e gli astucci dei medicinali; un impiego particolare, che richiede il trattamento di politenatura del cartoncino è, inoltre, quello per la realizzazione dei contenitori per fluidi (latte, succhi di frutta, etc) noti sotto il nome di "tetra pack". Nel settore della cartotecnica, gli impieghi tipici sono per la realizzazione di copertine (libri, quaderni, blocchi, ..) e raccoglitori (tra cui il prodotto storico è rappresentato dalle famose "cartelline manila"). Pertanto, i clienti di Fassa Italia sono a loro volta dei trasformatori, che si occupano di trattare il cartoncino preventivamente al suo impiego nei mercati di sbocco sopra indicati: centri di taglio; fustellatori; stampatori; politenatori. Solo in pochi, ma significativi casi, il cliente finale si preoccupa di acquisire direttamente all'origine il cartoncino da destinare alle proprie confezioni e pertanto diviene cliente diretto di Fassa Italia.

Il processo di produzione del cartoncino

In Figura 1 è riportata la pianta schematica dello stabilimento. Più in particolare, il processo produttivo può essere suddiviso nelle seguenti 4 fasi: A). Disinchiostrazione della carta da macero; B). Preparazione della miscela; C). Fabbricazione del nastro di carta; D). Taglio a misura,imballo e confezionamento della carta e sua spedizione. Il flusso produttivo si snoda dai depositi di materie prime (1 e 2 in figura1) verso le fasi di lavorazione (disinchiostratura per la carta da macero, pulpers per la pastalegno e la cellulosa), che si concludono con la linea continua e con le fasi di taglio e di spedizione. All'interno dell'impianto vi sono anche dei centri di cogenerazione per provvedere al fabbisogno elettrico e termico delle fasi produttive, così come alla depurazione delle acque.

Dal punto di vista impiantistico, il ciclo produttivo viene descritto nei paragrafi seguenti.

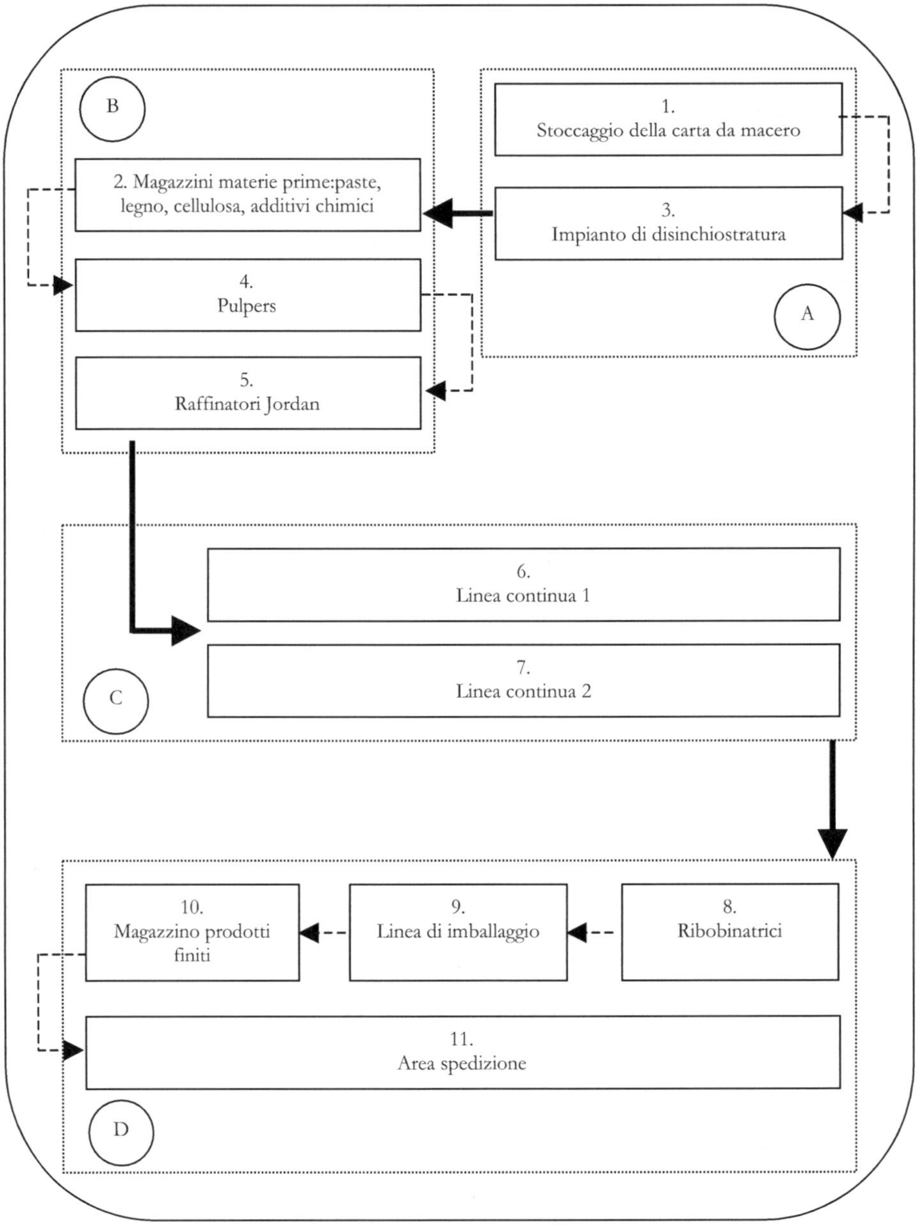

Figura 1: Schema generale dell'impianto di Busto Arsizio

Impianto di disinchiostratura

Questa fase del processo serve a lavorare la carta da macero impiegata nel processo produttivo della Fassa, in modo da farle riacquistare un candore sufficiente al reimpiego. Infatti, specie con taluni tipi particolarmente comuni di carte di riciclo (es: elenchi telefonici, giornali e riviste, ..) la forte presenza di parti stampate (anche il 30-40% della superficie della carta) ed il conseguente passaggio dell'inchiostro nell'impasto, rischierebbe di conferire all'impasto un colorito grigiastro, tale da rendervi difficoltosa la stampabilità e la leggibilità.

Il processo viene alimentato con la carta da macero (suddivisa per tipologie in cataste: quotidiani, cartoncini, elenchi telefonici, riviste) stoccata nella zona indicata con il numero 1 in figura 1. La zona, parzialmente coperta e parzialmente all'aperto, è di grande vastità e normalmente immagazzina il fabbisogno di numerosi mesi di produzione di entrambe le continue. Un magazzino di carta da macero si è reso necessario a causa dell'aleatorietà dei prezzi della carta di riciclo sul libero mercato, per cogliere così opportunità speculative. Circa 2 o 3 anni fa, come ricordano quasi tutti i dipendenti della Fassa, vi fu un lungo periodo di crisi legato al rialzo del prezzo della carta da macero, che era quasi raddoppiata di prezzo sui mercati di tutto il mondo. Fu da allora che la dirigenza della Fassa, imitando le politiche di acquisto delle grandi aziende petrolchimiche, iniziò ad acquistare molta più materia prima di quanto servisse, nei periodi in cui si riteneva il prezzo fosse destinato a salire, in modo da poter sostenere senza troppi problemi l'onere legato a significativi rialzi.

La carta da macero viene alimentata all'impiento di disinchiostrazione secondo un programma, stilato dai tecnologi di processo, che tiene conto delle particolari caratteristiche richieste al prodotto in uscita dall'impianto, e della qualità e quantità del prodotto disponibile in ingresso. Tale programma è stilato in termini di numero di carichi-ora da riversare nella bocca dell'impianto per tipologia di carta da macero. In relazione a tale programma, gli operatori del magazzino realizzano i carichi con grandi pale meccaniche e li recapitano all'imboccatura dell'impianto, dove un grande nastro trasportatore consente di introdurli nell'impianto stesso.

Al termine della lavorazione si ottiene una pasta disinchiostrata adatta ad essere processata dalla macchina continua. Questa fase del processo, che abbatte il livello di inchiostratura da 4.000 mm^2/m^2 [area inchiostrata su area totale] a 80 mm^2/m^2, a sua volta può essere scomposta nelle sottofasi descritte nel diagramma di Figura 2.

L'impianto testè descritto funziona in continuo, a 3 turni di 8 ore al giorno per 354 giorni lavorativi annui, poiché è direttamente posto in alimentazione agli impianti di preparazione della miscela, senza la cui produzione le linee continue rimarrebbero ferme. Il suo funzionamento non richiede un impiego particolarmente elevato di manodopera, poiché il procedimento viene eseguito sempre allo stesso modo, indipendentemente dal tipo di carta processata o dal suo livello di inchiostrazione.

Pertanto, le 3 persone che lo presidiano sono addette essenzialmente alla regolazione del flusso dei vari reagenti chimici, alla periodica pulizia e sostituzione dei filtri posizionati in varie sezioni dell'impianto ed al controllo che il livello delle schiume scaricate sia compatibile con le severe norme di controllo degli effluenti inquinanti.

Tutti questi controlli potevano essere effettuati in continuo da una sala controllo dove erano state remotate tutte le sonde di rilevazione e controllo in grado di monitorare su grandi schermi il funzionamento dell'impianto.

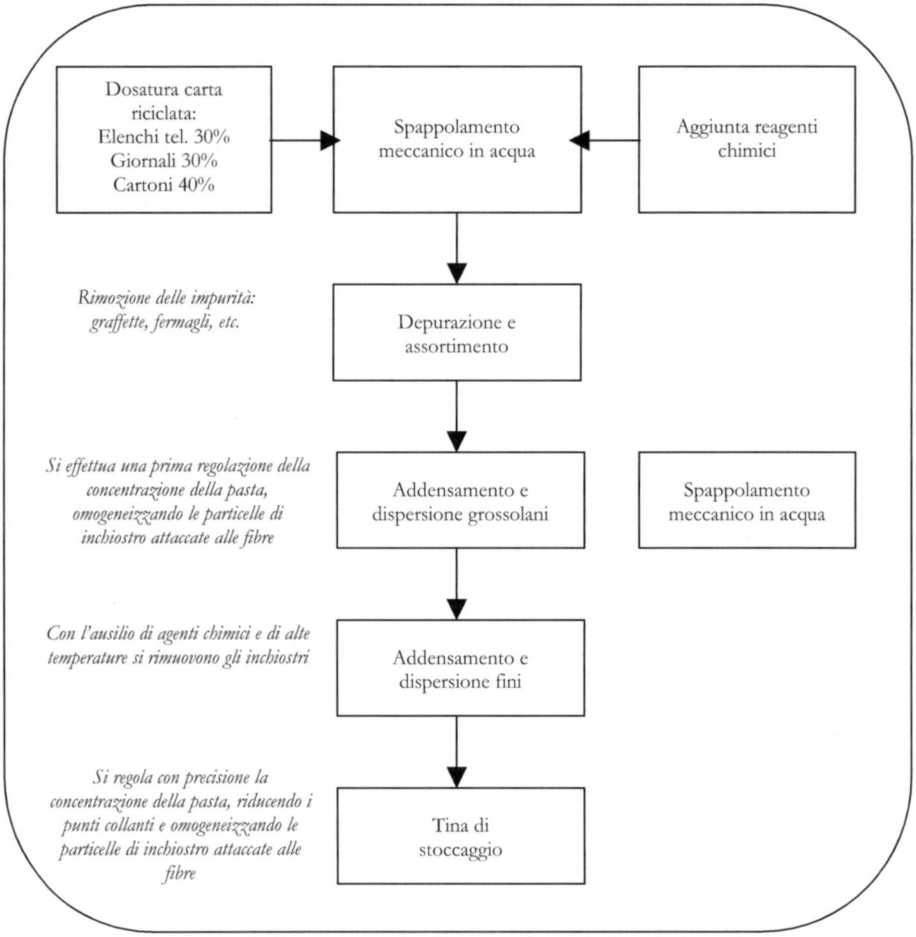

Figura 2: Schema del processo di disinchiostratura

Preparazione della miscela

Questa fase del processo di preparazione della miscela serve a mescolare e ad omogeneizzare le varie componenti, tra cui in particolar modo è opportuno ricordare la carta di riciclo disinchiostrata proveniente dall'impianto descritto nel paragrafo precedente, la pasta legno, la cellulosa e gli altri additivi chimici. In uscita, si ottiene la miscela, che poi alimenta le macchine continue.

A tale proposito, è bene specificare che quasi tutti i prodotti della Fassa, essendo realizzati da più strati di cartoncino sono ottenuti accoppiando fogli realizzati a partire da impasti di qualità differenti. Normalmente, il foglio superiore, cosiddetto di copertina, poiché svolge la funzione estetica, deve essere molto candido e quindi viene realizzato a partire da carta sbiancata nell'impianto di disinchiostratura e fortemente addizionata di pastalegno. Viceversa, lo strato cosiddetto di fondello, ossia quello opposto alla copertina, che normalmente non ha compiti estetici ma puramente strutturali, può essere realizzato con un impasto meno costoso, realizzato con carta di riciclo non disinchiostrata e con materie prime meno nobili.

Pertanto le materrie prime sono in parte prelevate dal magazzino posto su figura 1 in posizione 2 (cellulosa, pasta legno, addittivi chimici) e in parte (carta da macero disinchiostrata) vengono pompate dall'impianto di disinchiostratura. La scorta che viene mantenuta per le varie materie prime serve per ovviare ai ritardi nella consegna, soprattutto da parte dei fornitori della pasta di legno, che implicherebbero onerose modifiche al programma di produzione, o addirittura arresti delle linee continue.

La sequenza di fasi di preparazione della pasta è descritta in Figura 3.

Figura 3: Schema del processo di preparazione della miscela

Il pulper è costituito da una grosso contenitore entro il quale vengono gettati interi carichi delle differenti materie prime a cura degli operatori dei corrispondenti magazzini. Costoro si servono di apposite ruspe o pale meccaniche per svolgere tale operazione, spingendo il materiale lungo un piano inclinato o su un nastro trasportatore. All'interno del pulper, un grande agitatore provvede ad operare una prima miscelazione trra le varie materie prime immesse e l'acqua, anch'essa immessa in quantità attentamente controllate. A intervalli costanti di qualche ora, il contenuto dei pulpers, una fanghiglia grigiastra dall'aspetto tutt'altro che invitante, viene pompato verso i raffinatori Jordan.

I raffinatori Jordan sono una serie di macchinari, in batteria, ciascuno costituito da una serie di dischi alettati controrotanti, attraverso i quali la miscela è fatta passare. L'azione delle alette controrotanti provoca uno sminuzzamento delle fibre di cellulosa e di tutte le impurità eventualmente presenti all'interno della miscela, rendendola più liscia ed uniforme. Qualora gli operatori di controllo notino delle imperfezioni nella miscela in lavorazione, essi possono agire su grosse valvole di ricircolo, costringendo la miscela ad effettuare un nuovo processo di raffinazione.

Alla fine della fase di raffinazione, la miscela così ottenuta è raccolta entro la tina di omogeneizzazione, dove si procede ad un'olteriore processo finale di agitazione, perfezionando il risultato delle due fasi precedenti, Inoltre, la tina svolge anche il compito di disaccoppiamento della fase di fabbricazione a valle rispetto alle fasi a monte, particolarmente utile, ad esempio, quando sia necessaro eseguire un ricircolo.

Poiché l'investimento necessario per effettuare l'installazione di un intero impianto di preparazione della miscela è almeno 2 ordini di grandezza più basso di quello necessario per installare una linea continua, dell'ordine delle centinaia di miliardi, vi sono sempre 5 impianti di preparazione completi in asservimento a ciascuna delle linee. Poiché il massimo numero realizzabile di strati è di 4, almeno 1 impianto è costantemente inattivo, la quale cosa viene impiegata per realizzare operazioni di manutenzione straordinaria soprattutto sul valvolame (riparazione delle perdite) e sui raffinatori Jordan, che sono macchine piuttosto delicate.

I parametri fondamentali da monitorare durante la fase di preparazione della miscela, per assicurare una buona qualità del foglio di cartoncino sono i seguenti.

a) *Percentuale di contenuto secco*, che deve essere tenuta entro limiti molto bassi e strettamente controllati, compresi, a seconda del tipo di miscela in realizzazione, tra il 2% e il 4%.

b) *Grado di raffinazione*: esprime la presenza d'impurità ed addensamenti nella pasta prodotta. Al suo aumentare diminuisce il rischio di problemi nella continua.

c) *Tipo d'impasto*: vi sono circa 15 ricette diverse, in funzione di spessore, resistenza, porosità, densità, colore, ecc.

Fabbricazione del nastro di carta

La linea continua per la realizzazione della carta è da ritenersi sotto ogni profilo un vero e proprio miracolo dell'ingegneria meccanica moderna. Il continuo progresso della tecnologia ha consentito il raggiungimento di potenzialità produttive addirittura incredibili solo 10 anni fa, attraverso il progressivo allargamento della luce (per "luce" si intende la larghezza utile del nastro di carta prodotta) delle linee continue ed il continuo aumento della velocità di avanzamento del nastro di carta. Le più moderne macchine dedicate alla produzione di carta da giornale, per esempio, hanno luci anche di 10 metri, con velocità che ormai sono molto prossime ai 10 metri/secondo. Per di più, tali impianti sono caratterizzati da dimensioni enormi (la lunghezza è spesso superiore a 100 metri e si contano centinaia di grandi rulli) e dalla necessità di molteplici collegamenti a servizi d'impianto (acqua, vapore, rimozione effluenti, ..). Infine, l'applicazione delle moderne tecnologie dell'automazione di processo, hanno consentito di gestire una grande linea continua con meno di 10 persone. Consistentemente con la grande complessità tecnologica e dimensionale di questi impianti, l'investimento per installarne uno, inclusi tutti gli impianti di servizio necessari al suo funzionamento, è misurabile nell'ordine delle centinaia di miliardi.

L'impianto di Busto Arsizio è dotato di due linee continue di una certa età, con una luce rispettivamente di 240 e 360 cm, e con una potenzialità produttiva di targa rispettivamente di 180 e 220 tonn/giorno, per una capacità produttiva teorica totale di poco più di 140.000 tonn/anno, considerando un tempo di apertura dell'impianto di 354 giorni all'anno. Di seguito vengono riportate le principali fasi della fabbricazione del nastro di carta, con riferimento alla figura 4, che rappresenta schematicamente una linea continua.

1). Immissione nella tina di macchina. A partire dalla tina di stoccaggio posta a valle dell'impianto di preparazione della miscela, la miscela viene pompata in questo grande contenitore che alimenta direttamente la macchina continua. Poiché ciascuna delle linee continue della Fassa è costruita per realizzare cartoncino multistrato accoppiando 2, 3 o 4 nastri di carta di tipologia differente, ciascuna delle linee continue dello stabilimento di Busto Arsizio è equipaggiata con 4 tine di macchina indipendenti.

2). Deposizione del nastro di carta. La pasta fuoriesce dalla tina di macchina per gravità, attraverso un "labbro" costituito da una lama spalmatrice in acciaio, che deposita un flusso di miscela costante ed uniforme lungo tutta la larghezza della luce macchina su di un tapis-roulant (vedi di seguito). Per garanntire la massima uniformità di spessore e grammatura al nastro di carta lungo il suo sviluppo ed anche attraverso la luce della macchina, è dunque fondamentale garantire nel tempo e nello spazio il massimo controllo sia del flusso di miscela, sia della regolazione della lama spalmatrice. In tal senso, l'ultima innovazione messa a punto dai tecnici di processo della Fassa consiste in una serie di pistoncini idraulici, solidali alla lama stessa, che possono indurre delle piccole deformazioni alla lama e dunque variare lo spessore della miscela deposta, in relazione a stimoli elettrici provenienti da una sezione a valle della linea continua, dove opportune sonde misuravano in tempo reale lo spessore del nastro in fabbricazione. Naturalmente, anche questa fase della linea continua veniva realizzata fino a 4 volte in parallelo, uno per ciascuno degli strati da accoppiare.

3). Formazione del nastro di carta. La pasta, prelevata dalla tina di macchina, viene deposta, come sopra anticipato, su di un tapis-roulant di fine maglia metallica, con l'obiettivo di far immediatamente ridurre il grado di umidità della miscela, che viene portato dal 2-4% di pasta secca della miscela al 44% tipico del nastro ala fine del tapis-roulant. Il valore del 44% è tale per cui il nastro di carta sia dotato di una sufficiente consistenza per poter essere elaborato da solo, senza il bisogno di un supporto meccanico quale quello offerto dal nastro trasportatore in rete metallica. La rimozione dell'acqua all'interno della sezione di formazione del nastro avviene essenzialmente per gravità: l'acqua in eccesso semplicemente sgocciola dal nastro in formazione, drenata dal tapis-roulant; dove vi sono vincoli spazio-temporali che spingono verso l'accelerazione di tale fenomeno, esso viene aiutato mediante casse di aspirazione. La più piccola delle due linee di Busto Arsizio, è inoltre dotata di un altro sistema di asciugatura del nastro di carta in formazione, costituito dall'impiego di un nastro di feltro di lana, che viene accoppiato al nastro di carta in formazione per alcuni metri, e funge dunque da carta assorbente, prelevando l'acqua in eccesso. Nel completare il proprio giro, il nastro di feltro passa attraverso una sezione di tubi riscaldati che a loro volta fanno evaporare l'acqua prelevata, in modo che il feltro possa ripresentarsi nuovamente asciutto all'appuntamento con la carta. Vista l'alta cadenza produttiva, l'elevato stress termoigrometrico, e il continuo flusso di imputità trasportate dalla miscela e quindi anche dal nastro di carta in formazione, sia la reticella metallica che costituisce il tapis-roulant, sia i feltri di asciugatura, sia i filtri delle casse d'aspirrazione devono essere periodicamente sostituiti, con cadenze che oscillano tra i 15 e i 30 giorni, a seconda dell'impianto considerato, del tipo di prodotti realizzati e della qualità della materia prima impiegata. L'operazione di sostituzione, che normalmente viene fatta congiuntamente, può richiedere anche 1 giorno completo di fermo impianti. Dal momento che ogni cartoncino è composto da più strati, ciascuna continua ha più tapis-roulant su cui vengono fabbricati i diversi nastri di carta che poi vengono sovrapposti nella fase successiva.

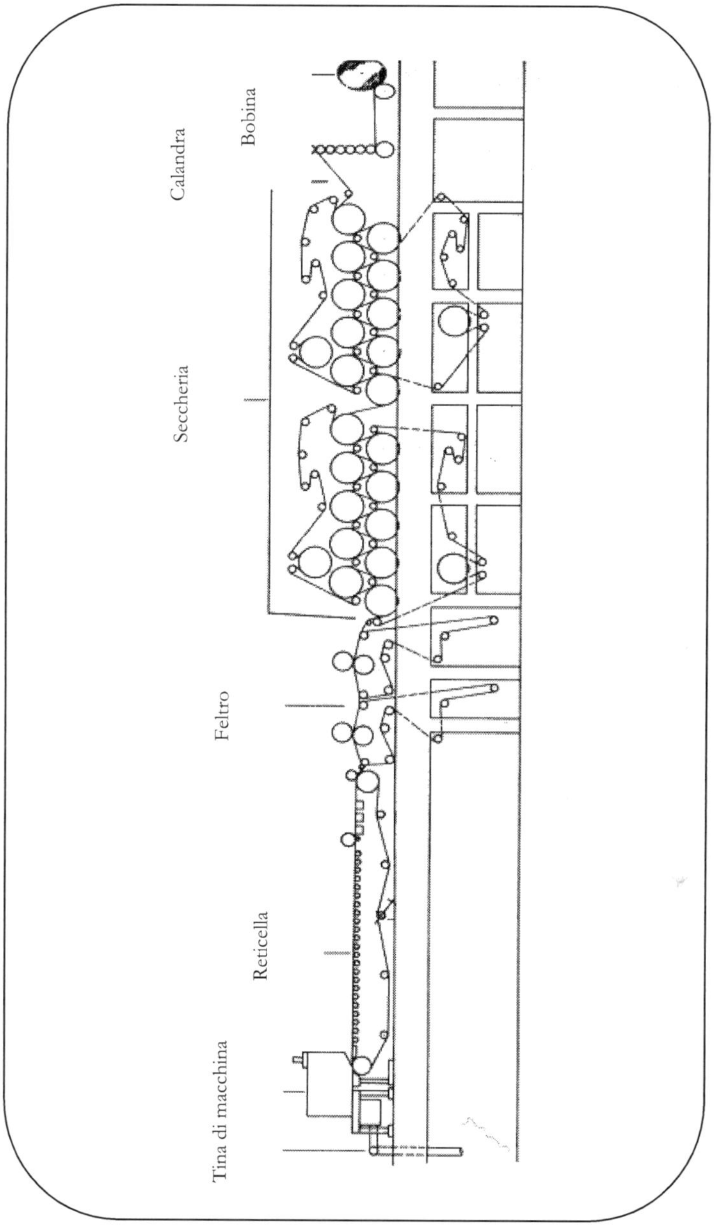

Figura 4: Schema di funzionamento della linea continua di fabbricazione della carta

4). Accoppiamento degli strati. A valle della formazione, i diversi nastri di carta in formazione, come è già stato anticipato, possono reggersi senza supporti esterni, in virtù del livello relativamente elevato di essiccamento raggiunto. A partire da questo punto essi verranno elaborati all'interno dell'impianto guidandoli tramite una serie di rulli. La prima operazione che viene eseguita è il loro accoppiamento, che viene eseguito per semplice giustapposizione, senza bisogno di alcun collante, grazie alla umidità residua, ed alla pressione esercitata da una coppia di rulli. A partire da tale sezione dell'impianto vi è dunque solo 1 nastro in fabbricazione.

5). Seccheria. Il cartoncino accoppiato viene sottoposto ad un ulteriore trattamento di asciugatura per essiccazione, che viene ottenuto facendo passare più volte il nastro di cartoncino attorno a cilindri cavi, scaldati ad alta temperartura facendoli attraversare da vapore d'acqua sovrariscaldato. A valle della seccheria, il processo di fabbricazione del nastro di carta può dirsi quasi concluso, poiché viene raggiunto un grado di umidità inferiore al 10%. L'importanza della fase di seccheria sta nel fatto che grazie a questa fase il nastro di cartone raggiunge il giusto livello di umidità. Se il nastro esce dalla seccheria troppo umido, una volta avvolto rischia di seccare male a magazzino, deformandosi e formando bolle. Se, invece, esce troppo secco, diventa troppo facilmente infiammabile, con i conseguenti comprensibili rischi. In questa fase, inoltre, sono particolarmente critiche le rotture del nastro. Può accadere che, per vari motivi, il nastro in un certo punto abbia un intaglio e che questo si propaghi sino a resecare completamente il nastro. L'operazione di ri-intestatura del nastro di carta richiede che un operaio specializzato entri tra il pacco dei cilindri di seccheria e svolga una complessa operazione, che richiede circa un'ora per riportare nuovamente la produzione a regime.

6). Calandratura. A valle della seccheria, il nastro viene fatto passare su un cilindro di grandi dimensioni (raggio anche di 6 metri), che comprime e tira il nastro stesso. La motivazione del grande raggio del cilindro superfinitore della calandra è legata alla necessità di evitare che, sollecitato da un cilindro di dimensioni piccole, il nastro assuma permanentemente una forma "avvolta". Per i cartoncini di migliore qualità viene eseguita anche la patinatura, che consiste nella spalmatura di una resina di finitura e nella successiva asportazione del materiale in eccesso per mezzo di una lama. Ovviamente, la fase di calandratura e finitura del nastro è responsabile per le caratteristiche estetiche del cartoncino. In particolare, la calandratura regola sia la rugosità superficiale del nastro di carta, sia anche lo spessore e dunque la grammatura dello stesso: di conseguenza è responsabile delle sensazioni tattili del cartoncino. Viceversa, il processo di patinatura è responsabile della brillantezza del nastro di cartoncino, e dunque del suo aspetto visivo.

7). Avvolgimento. Infine il cartoncino, terminato il processo di fabbricazione, viene avvolto intorno a pesanti rocchetti in acciaio, detti "pope". Il processo di avvolgimento, anche se potrebbe parere il più semplice tra quelli descritti, è caratterizzato dalla necessità di realizzare automaticamente e senza interrompere la produzione il cambio del "pope". Il problema non è da poco, considerando che un rullo di svariati metri di luce e almeno 2 metri di diametro, compreso il proprio rocchetto metallico, può pesare diverse tonnellate. La procedura di cambio rapido, abbastanza spettacolare, prevede le seguenti fasi. a). un nuovo pope viene posizionato opportunamente, in parallelo a quello in esaurimento; b). una cesoia taglia il nastro di carta ed indirizza il troncone di nastro tagliato verso il nuovo rocchetto; c). contemporaneamente un motore pone il nuovo pope in rotazione vorticosa; d). il nastro aggancia automaticamente il nuovo rocchetto, con un meccanismo non troppo dissimile dall'aggancio automatico dei film fotografici; e). la produzione riprende a regime. Alle volte, la procedura di cambio rapido fallisce poiché non riesce l'aggancio automatico tra il nastro di carta e il pope: vista la velocità della linea, prima che la produzione possa essere fermata ciò implica che l'intera sezione finale della sala di fabbricazione del nastro di carta venga invasa di cartoncino. Anche a Busto Arsizio questa evenienza accade almeno 4-5 volte all'anno, ed il capo macchina sa benissimo che prima che si riesca a ripartire con la produzione a regime, passano diverse ore di tempo.

Oltre alle interruzioni produttive specifiche di ciascuna sezione dell'impianto, come illustrato nell'ambito dei punti precedenti, la produzione può essere interrotta per svariati motivi, tra i quali il più importante è il cambio di tipo di impasto. Quando è necessario produrre un lotto di cartoncino per il quale uno o più degli strati cambiano composizione, è necessario procedere ad un'accurata pulizia anzitutto delle sezioni "umide" della continua, onde evitare che il nuovo tipo di impasto introdotto nell'impianto abbia a sporcarsi con i residui di quello vecchio, compromettendone le caratteristiche funzionali e/o estetiche. Tale operazione richiede almeno mezz'ora di fermo macchina, più un'ulteriore periodo di 45' circa in cui l'impianto viene fatto funzionare, a ritmo ridotto, e produce cartoncino di scarto (la cosiddetta"cernaglia"). Viceversa, il cambio di spessore e grammatura, a pari tipologie di impasto utilizzate, può essere realizzato con la macchina in marcia, fermo restando che la sezione di nastro prodotta nel transitorio viene opportunamente segnalata e verrà poi estratta e scartata, come cernaglia, nella successiva fase di ribobiantura.

Confezionamento, magazzinaggio e spedizione del cartoncino

In questa fase si abbandona la produzione per processo, per orientarsi verso tipologie di lavorazione tipicamente manifatturiere. Infatti, i cicli di lavorazione del cartoncino prodotto dalle due continue sono realizzati lavorando uno alla volta i grandi rotoli prodotti dalle continue stesse. Le fasi principali del processo di confezionamento sono brevemente descritte di seguito.

1). *Ribobinatura.* Le dimensioni dei grossi rotoli di cartoncino in uscita dalla continua non sono compatibili coi vincoli posti dal cliente o dai mezzi di trasporto. Pertanto, in un'operazione realizzata fuori linea, i nastri di cartoncino vengono svolti dal rotolo originale e vengono ribobinati su rulli di cartone, secondo lo specifico formato richiesto dal cliente. Tale formato viene definito specificando: il diametro interno del rullo di cartone che funge da rocchetto; il diametro esterno realizzato dalla bobina e l'altezza del nastro di carta necessario. E' quindi da notare che, durante l'operazione di ribobinatura, si possono eseguire uno o più tagli longitudinali per alterare l'altezza del nastro di cartoncino. Tale aspetto naturalmente si ricollega direttamente alla problematica degli sfridi, più diffusamente trattata in seguito. La fase di ribobinatura, che non è caratterizzata né da particolari problematiche tecnologiche e neppure da un elevato costo degli impianti, lavora normalmente su uno, o al più due turni al giorno. Un importante elemento da ricordare relativamente alla bobinatura è l'etichettatura delle bobine prodotte. Poiché il prodotto comincia ad esistere nella forma richiesta dal cliente in questa fase del processo di produzione, gli operatori della bobinatura provvedono a stampare delle etichette barcodate contenenti tutte le informazioni principali del prodotto, del cliente e dell'ordine. La disponibilità in tempo reale di queste informazioni, come si vedrà nel prosieguo, è della massima importanza per la corretta gestione del processo di produzione e spedizione. Inoltre, la fase di bobinatura è anche quella durante la quale viene qualificato il livello qualitativo del materiale. In Fassa e più in generale nell'intero ambiente dell'industria cartaria si riconoscono 4 diversi livelli qualitativi di materiale, descritti come segue.

- *Prima scelta*: costituita dal prodotto a norma rispetto a tutti i parametri di valutazione della conformità. Le bobine di prima scelta vengono regolarmente avviate al confezionamento e poi al magazzino prodotti finiti.
- *Seconda scelta*: costituita da prodotto visivamente indistinguibile dalla prima scelta, ma che è fuori tolleranza almeno per una delle caratteristiche quailitative rilevanti. Le bobine di seconda scelta vengono avviate al cosiddetto "magazzino malus", da dove vengono prelevate per il confezionamento e la vendita in relazione a specifici ordini di acquisto.
- *Cernaglia:* che raccoglie tutto il materiale vistosamente non conforme. Tale materiale, ribobinato in dimensioni standard, viene anch'esso versato nel magazzino malus.
- *Collaterale:* tale frazione del cartoncino prodotto corrisponde, piuttosto che ad un certo livello qualitativo maturato nella fase di fabbricazione, ad uno stato morfologico derivante dalla fase di ribobinatura stessa. Infatti,

per il mercato servito dalla Fassa si ritiene difficilmente commerciabile un'altezza inferiore a 400mm. Pertanto, ogniqualvolta le operazioni di ribobinatura portino a generare dei residui di altezza minore a tale soglia, le corrispondenti bobine vengono classificate come collaterale e versate anch'esse a magazzino malus.

2). *Imballaggio.* Questa fase prende in consegna le bobine realizzate in fase di bobinatura e deve provvedere a confezionarle come richiesto dal cliente. Le modalità di imballaggio previste per le bobine sono: tramite avvolgimento di film termoretraibile, e tramite reggiatura su paletta. Per di più, specie per le bobine di piccole dimensioni, sono anche fornibili a richiesta confezioni multiple. La linea di imballaggio è costituita da un sistema altamente automatizzato, alimentato da una via a rulli motorizzati. Le bobine vengono depositate sulla via a rulli direttamente in uscita dalle macchine di ribobinatura, una volta etichettate. Un lettore laser interpreta l'etichetta barcodata di ciascuna bobina, ed invia il collo verso il tunnel di confezionamento con film termoretraibile oppure verso la stazione di palettizzazione e reggiatura, a seconda della richiesta del cliente. Entrambe queste stazioni agiscono in modo completamente autonomo, realizzando le confezioni come richiesto dal cliente e confezionando i colli che verranno impiegati per la spedizione a cliente. Un aspetto importante, anch'esso realizzato automaticamente, è la stampa dell'etichettona adesiva che viene applicata alla confezione e che replica, in dimensioni maggiorate e pertanto più facilmante leggibili, il contenuto del cartellino barcodato. Gli operatori di stazione, che permangono esclusivamente con mansioni di supervisione, provvedono semplicemente ad assicurarsi che tutte le operazioni si svolgano correttamente ed eventualmente rimuovono i blocchi macchina e fanno ripartire gli impianti. Sebbene l'impianto sia di nuova installazione, e quantunque l'investimento richiesto, pur significativo, sia stato di 2 ordini di grandezza inferiore a quello di una linea continua, la stazione di imballaggio è presto divantata uno dei colli di bottiglia delllo stabilimento. Ciò soprattutto a fronte dei seguenti 3 fattori. a). benchè l'impianto sia stato progettato per smaltire un'uguale volume di colli avvolti in film termoretraibile e pallettizzati, da tempo ormai le richieste dei clienti sono andate verso la prima forma di confezionamento, intasando il relativo impianto, mentre spesso la stazione di palletizzazione rimaneva inattiva. b). La richiesta dei clienti, si sta progressivamente spostando verso confezioni piccole: queste, mentre richiedono un tempo ridotto in bobinatura, occupano la stazione di confezionamento per un tempo sostanzialmente uguale a quello delle confezioni più grandi. c). Per motivi che verranno specificati più avanti, è in crescita la percentuale di colli danneggiati nel magazzino prodotti finiti, che dunque deve essere riconfezionata. A causa di tali aspetti, l'imballaggio lavora di frequente su tre turni, ed alle volte ha difficoltà a smaltire il flusso di confezioni da realizzare.

3). *Magazzinaggio e spedizione confezioni.* Una volta confezionate, le unità di imballo vengono prelevate alla fine della via a rulli a cura del personale del magazzino prodotti finiti, e recapitate attraverso carrelli a forche alla locazione di magazzino destinata dal sistema informatico e stampata sull'etichettona esterna della confezione. Tale personale, che si incarica di eseguire le movimentazioni del prodotto finito sia in entrata, sia in uscita dal magazzino, non è direttamente dipendetnte dalla Fassa, ma fa parte di una cooperativa esterna che la Fassa ha incaricato di tale mansione. I carrellisti del magazzino lavorano su tre turni giornalieri, con 5 squadre di lavoro, 4 delle quali si sovrappongono a due a due nelle ore di punta della giornata. Le operazioni di consegna sono pilotate dalle picking list che viene emessa giornalmente dal sistema informativo. Seguendo tale lista di prelievo, gli operatori provvedono a prelevare dal magazzino il materiale richiesto per una determinata consegna, ed a prepararlo in corrispondenza di una specifica baia di carico. Appena arriva alla baia l'autoarticolato adibito al trasporto, esso viene caricato e fornito della relativa bolla di accompagnamento merci; successivamente passa alla pesa prima di partire per i clienti di destinazione. Se le cose andassero sempre come descritto, in linea di principio le operazioni di carico-scarico sarebbero svolte rapidamente e senza troppe attese per i autisti ed i mezzi. Purtroppo, non è infrequente che vi siano difficoltà a realizzare i carichi, per esempio a fronte di confezioni danneggiate e dunque da rifare, oppure poiché non viene ritrovata una o più delle confezioni da spedire, o infine per il ritardo con cui vengono confezionate una o più delle unità in consegna. Per di più, poiché i mezzi vengono normalmente caricati in un ristretto lasso temporale compreso all'incirca tra le 10 e le 14, spesso si creano situazioni di assembramento che non hanno nulla da invidiare ai più intricati ingorghi di traffico autostradali.

La gestione del sistema produttivo

Il ciclo attivo

Fassa ha attivato negli anni scorsi un sistema informativo, chiamato ATP (Available to Promise), attraverso il quale le diverse sedi commerciali possono allocare i loro ordini direttamente, ricevendo in tempo reale una risposta relativa alla data di approntamento. In particolare, il sistema consente di inserire le richieste del cliente relativamente alle alternative commerciali di seguito descritte.

a) *Qualità del materiale.* In base alle necessità di livello qualitativo, il cliente può scegliere se desidera che il suo ordine venga soddisfatto a partire da materiale di prima scelta, di seconda scelta, da cernaglia o da collaterale. Per gli ordini standard di materiale di prima scelta viene seguita la procedura descritta in seguito; per gli altri ordini il sistema si limita a concedere al cliente piena visibilità sulla disponibilità del magazzino malus, da cui il cliente potrà "impegnare" il materiale declassato che desidera. Chiaramente viene messo a disposizione solo quanto è attualmente nel magazzino, poiché non si fanno previsioni sugli scarti. Inoltre, come è ovvio, poiché il materiale viene posizionato a magazzino malus nel formato in cui si trova quando viene valutata la qualità delle diverse unità prodotte, esso può essere ribobinato, a richiesta del cliente, e deve essere comunque confezionato.

b) *Tipo di ordine.* In particolare, la Fassa offre ai propri clienti la possibilità di ordinare con la modalità di consegna "tassativa" o "a richiamo". Un ordine è tassativo nel caso in cui la data di spedizione venga esplicitamente prevista all'atto dell'emissione dell'ordine; in tal caso, l'accettazione dell'ordine per la data richiesta implica l'accettazione dell'impegno, da parte di Fassa, di spedire il materiale richiesto, imballato come richiesto, entro la data richiesta. Nel caso, invece, l'ordine sia "a richiamo", Fassa si impegna a versare l'ordine al proprio magazzino prodotti finiti entro la data indicata, ma per avviare la spedizione vera e propria sarà necessario che il cliente esegua per l'appunto il richiamo del materiale. Tale servizio si configura quindi come una sorta di servizio di magazzinaggio gratuito; il fatto che i clienti, a valle dell'introduzione del nuovo sistema, mostrano di gradirlo molto (infatti, più del 50% degli ordini è eseguito a richiamo, ed in media tale richiamo si fa attendere per più di un mese dopo il versamento) ha determinato una progressiva crescita del magazzino prodotti finiti, con l'aggravarsi continuo delle problematiche di deterioramento delle confezioni dianzi accennato.

Sulla base dei dati comunicati dal cliente, e conoscendo lo stato di utilizzo pianificato del sistema produttivo l'ordine viene classificato come "*ordine da produzione*" o "*ordine da scorta*" in base alla fonte di disponibilità che è volta per volta in grado di garantire il soddisfacimento più rapido dell'ordine stesso. Ad esempio, qualora il sistema sia saturato dalla produzione di un formato speciale, un ordine di un formato standard può essere evaso eventualmente con le disponibilità a stock, mentre in caso contrario l'ordine viene evaso mediante produzione. Si noti che, anche nel caso in cui l'ordine sia classificato "da scorta", ATP seleziona una modalità di prelievo "al più tardi", cercando di evadere tutti gli ordini con la produzione e riservando le giacenze per i casi più urgenti.

Un parametro rilevante nella gestione del ciclo d'ordine sono le cosiddette *quote commerciali*. Poiché nel gruppo tutte le aree commerciali possono competere per la capacità produttiva di tutti gli stabilimenti, e poiché Divisioni diverse adottano politiche diverse di accettazione degli ordini, la allocazione degli ordini commerciali in produzione è soggetta ad un vincolo massimo mensile di quantità ordinabile per ogni unità commerciale e per ciascuna linea continua. Questo vincolo, tranne in rari casi, non è rigido, ma è servito in passato per tutelare quelle divisioni più orientate ad inoltrare gli ordini "al più tardi", rispetto a quelle orientate all'anticipo.

La pianificazione e programmazione della produzione.

Innanzitutto è fondamentale precisare che esistono 3 diversi flussi di produzione da programmare e gestire, che corrispondono alle possibili strade che si dipartono dalla macchina continua, come di seguito descritto.

1). *Materiali richiesti a misura e forniti da produzione.* Questi materiali corrispondono ad ordini evasi con modalità di commessa (MTO) e coprono l'80% dell'ordinato totale. I rotoli di cartoncino fabbricati dalle continue vengono subito inviati in ribobinatura, e le bobine prodotte vengono immediatamente imballate e versate a magazzino finiti.

2). *Materiali prodotti per lo stock.* In questo caso (15% delle evenienze) si adotta una politica di produzione per il magazzino di bobine di dimensioni standard di cartoncino di tipo standard. Pertanto, la bobina prodotta dalla continua viene subito ribobinata in un formato standard e messa a magazzino semilavorati, senza inviarla in confezionamento. Questa modalità si usa per quelle varianti di cartoncino meno richieste, per le quali si usa una politica di stoccaggio al fine di evitare continui riattrezzaggi, o per quelle a minor tempo di consegna concesso (ex. settore farmaceutico). Inoltre, non è infrequente che vengano lanciati degli ordini di produzione per il magazzino durante il periodo invernale, da sempre la parte dell'anno anticiclica rispetto alla stagionalità cui è tipicamente soggetta la Fassa. Tali ordini hanno il compito di mantenere pieno il portafoglio delle varie continue, evitando che, per mancanza temporanea d'ordini, una o più di esse debbano essere spente; al tempo stesso, se i lanci in produzione per il magazzino sono stati azzeccati, nel periodo di punta (da Maggio a Settembre) aiutano non poco a fare fronte al picco della domanda senza incorrere in un eccessivo allungamento dei tempi di consegna. Un'ultima motivazione per porre del materiale a magazzino è l'assenza di buoni abbinamenti di formato tra gli ordini a portafoglio in un certo istante temporale.

3). *Materiali richiesti a misura e forniti da stock.* Questo flusso corrisponde a quei materiali che, prodotti a stock (5% dei casi), devono essere riportati in ribobinatura perché l'ordine cliente non si adatta perfettamente al loro formato; tali ordini vengono pertanto prelevati dal magazzino semilavorati, ricondotti alle bobinatrici, ribobinati nei formati desiderati dal cliente, ed inviati poi normalmente in confezionamento.

La pianificazione della produzione viene fatta centralmente nella sede di Busto Arsizio, mentre programmazione operativa e controllo sono assegnati ai singoli stabilimenti. Il piano di produzione, realizzato per singola linea continua, copre l'intero portafoglio ordini a disposizione, ed ha un'ampiezza molto variabile nel tempo, in funzione del periodo nell'anno. Durante i periodi di picco della domanda, nella stagione estiva, il portafoglio può avere una profondità anche di un mese, mentre a Gennaio più volte è sceso sotto una settimana. Avere un portafoglio ordini di pochi giorni rappresenta una condizione critica per una cartiera, poiché è prassi comune iniziare le procedure di chiusura delle continue quando queste hanno un portafoglio di 2 giorni o meno: pertanto quando il portafoglio ordini di una specifica continua scende sotto alla settimana normalmente si accende una lampadina rossa nell'ufficio dell'Amministratore Delegato, e la forza vendita viene fortemente stimolata ad acquisire ordini con ogni modalità possibile. La modalità di ordini a richiamo è stata – tra l'altro- una delle idee scaturite all'interno di un'interminabile riunione della forza vendita, tenutasi per l'appunto durante uno di questi periodi di vacche magre. Anche la frequenza di pianificazione non è determinata a priori, come invece accade in altri contesti produttivi, ma stabilita secondo le esigenze, così come di seguito descritto.

Alla base della pianificazione vi è l'ipotesi che le continue siano il collo di bottiglia del sistema, ragione per la quale il piano di produzione viene steso per le continue, presupponendo che tutte le altre fasi produttive siano sempre in grado di disimpegnare il volume produttivo pianificato. Il piano di produzione viene realizzato, per ciascuna continua, dai pianificatori, con un approccio misto tra l'utilizzo delle previsioni della domanda e l'impiego delle informazioni a disposizione sugli ordini a portafoglio, come di seguito meglio descritto.

L'elemento fondamentale della programmazione sono le *campagne*, ossia dei cicli di produzione in cui vengono posti in produzione tutti i tipi di cartoncino correntemente allocati alla continua in esame, in tutti i loro spessore a catalogo. La durata delle campagne, dell'ordine dei 15-30 giorni, viene dettata dalle necessità manutentive di sostituzione delle reticelle, dei filtri di aspirazione e dei feltri, oltre che dalla profondità del portafoglio: pertanto le campagne sono intervallate tra loro da un giorno di manutenzione, in cui vengono eseguiti tutti gli interventi manutentivi necessari.

Ciascuna campagna viene suddivisa in *fabbricazioni*, che sono distinte per il diverso tipo di miscela in input alla continua: pertanto, come descritto precedentemente, tra una fabbricazione e l'altra è necessario un setup di pulizia dell'impianto della durata di 1-2 ore. Poiché, eseguendo una media, ciascuna continua realizza circa 10 diversi impasti, la durata media di una fabbricazione è dell'ordine di 2-3 giorni. Tuttavia, è facile comprendere come, in corrispondenza delle miscele più usate la durata possa essere anche di 7-10 giorni, mentre fabbricazioni relative a miscele non particolarmente importanti possono durare anche mezza giornata o un giorno. Poiché nel corso di una campagna le reticelle, i filtri ed i feltri tendono a sporcarsi e dunque tende a decrescere la qualità del prodotto in uscita alla continua, è buona norma programmare all'inizio della campagna le fabbricazioni relative ai prodotti di maggiore pregio, andando poi a terminare la campagna produttiva con i prodotti più grossolani.

All'interno della stessa fabbricazione poi si realizzano differenti spessori del nastro di carta. Quest'ultimo grado di distinzione del processo viene detto *tranche*, ha durata tipicamente minore o uguale a ½ giornata e rappresenta l'unità minima di pianificazione. Tipicamente, per minimizzare il livello di perturbazione sull'impianto, le diverse tranche all'interno di una fabbricazione vengono previste a scalare dallo spessore minimo a quello massimo, e poi nuovamente dal massimo al minimo, eccetera: come si ricorderà, infatti, ogni volta che lo spessore del nastro di carta viene variato non si arresta la marcia dell'impianto, ma si incorre comunque in qualche minuto di produzione di cernaglia.

Il compito dei programmatori è di stendere, per la continua di propria competenza, il piano delle campagne, fabbricazioni e tranche in base, come detto sopra, alle modalità storiche di manifestarsi della domanda ed alla dimensione del portafoglio: infatti, se il portafoglio è molto lungo, allora si preferisce programmare campagne lunghe, di modo da diradare le operazioni di manutenzione e guadagnare in tempo produttivo netto; viceversa, quando il portafoglio è magro, i programmatori accorciano le campagne, di modo da far tirare il fiato ai commerciali. Allo stesso modo, la dimensione delle fabbricazioni e delle tranche all'interno di ciascuna campagna viene fissata dai programmatori sulla scorta della popolarità storica della domanda dei corrispondenti impasti e spessori, eventualmente corretta sulla scorta del portafoglio ordini.

L'inserimento a sistema informativo delle date ed ore di inizio e fine di campagne, fabbricazioni e tranches produttive da parte dei pianificatori consente al sistema ATP di svolgere le proprie eleborazioni mano mano che gli ordini arrivano dalle diverse società commerciali: tali ordini vengono infatti allocati all'interno della prima tranche disponibile per l'articolo richiesto e vanno quindi ad impegnare una percentuale della capacità della tranche. A fronte di problemi di sovrasaturazione di specifiche tranches e concomitante sottosaturazione di altre tranches, i pianificatori possono aggiustare il dimensionamento delle tranches, assicurando la migliore corrispondenza possibile tra domanda e offerta. Tutto ciò sino ad una settimana prima del lancio in produzione di ciascuna fabbricazione, oppure fino a quando una fabbricazione non viene completamente saturata. A questo punto, il programmatore la dichiara "chiusa" e la lancia in produzione, cedendone il controllo ai colleghi dei reparti produttivi.

La gestione degli abbinamenti.

Il problema di programmazione più significativo che devono fronteggiare i diversi stabilimenti è quello dell'abbinamento geometrico tra ordini diversi. Infatti, il piano redatto dai programmatori con l'aiuto del sistema ATP è steso in termini di quantità per tipo di cartoncino, ma non tiene in considerazione il formato dei vari ordini che vengono accoppiati all'interno della medesima tranche, ed in particolare l'altezza. Come è evidente, un cattivo accoppiamento tra ordini all'interno della medesima tranche rischia di provocare l'insorgenza di un'elevata percentuale di cernaglia o quanto meno di una innaturale proporzione di prodotto mandata a stock, con il risultato di perdere sia in efficienza, sia in efficacia. Così, se per esempio sulla continua 1, la cui luce è di 240 cm, vengono abbinati nella medesima tranche 3 ordini dei quali uno di altezza 120, uno di altezza 200 ed uno di altezza 100, è abbastanza facile accoppiare tra di loro il primo ed il terzo, e porre loro in serie il secondo. Tuttavia, se solo il primo e terzo ordine avessero lunghezza molto differente, oppure se il terzo ordine fosse di altezza 130, risulterebbe difficoltoso qualsiasi accoppiamento.

Naturalmente, quindi, la gestione degli accoppiamenti viene facilitata dall'avere luci macchina molto grandi rispetto all'altezza media degli ordini e dall'allocare all'interno della medesima tranche molti ordini con altezze differenziate. Recentemente, per affrontare questo problema su cui molte generazioni di responsabili della produzione avevano perso la testa è stato acquistato un pacchetto sw che, recepiti gli ordini e la loro allocazione per tranches come è stata generata dal sistema ATP, ricava l'allocazione degli abbinamenti che minimizza la produzione di cernaglia (obiettivo principale) e in secondo luogo la produzione di materiale per il magazzino, attraverso algoritmi di programmazione lineare a numeri interi. Il sistema fornisce graficamente l'allocazione dei vari ordini all'interno del nastro corrispondente a ciascuna tranche, disegnato dalla stampante come un lungo rettangolo bianco. Tale tabulato viene prodotto nella settimana di tempo intercorrente tra la chiusura di una campagna ed il suo rilascio in produzione, e costituisce di fatto il programma operativo della ribobinatura.

La gestione degli approvvigionamenti

Come già affermato in precedenza, le problematiche gestionali più significative riguardanti la fase di approvvigionamento delle materie prime sono da un lato l'estrema oscillazione dei prezzi per la carta da macero, dall'altro lato i tempi lunghi ed alle volte poco affidabili nell'approvvigionamento di alcune altre materie prime, come ad esempio la pasta legno e la cellulosa.

Un problema abbastanza avvertito è anche la differenza tra cartoncini prodotti anche sulla medesima continua e realizzati a partire dalla medesima ricetta. Questo fatto inizialmente imputato alla diversa durezza dell'acqua impiegata nel processo, è più verosimilmente legato alla differente qualità delle paste di legno e della cellulosa fornita, oltre che, soprattutto, alle differenti varietà di carte da macero che vengono volta per volta utilizzate. Infatti, sebbene queste vengano accuratamente catalogate e gestite in modo separato, è più che evidente come non sia assolutamente garantibile che –per fare un solo esempio- le guide telefoniche stampate da differenti agenzie telefoniche d'Europa siano realizzate con carte del medesimo tipo.

Ad ulteriore rafforzamento di tale aspetto buona parte delle caratteristiche di una carta dipendono anche da piccole percentuali di componenti della miscela assai difficilmente controllabili, quali colle, patine, coloranti, additivi chimici di vario tipo, sostanze di carica, ecc. che vengono aggiunte all'impasto della carta per conferirle specifiche caratteristiche utili all'uso a cui sono dedicate nel ciclo d'impiego precedente.

Infine vi è anche da rammentare l'elevata percentuale di impurità contenute da tali materiali, quali punti metallici, legature, polvere, che –sebbene si cerchi costantemente di evitarle- finiscono sempre per essere poi presenti all'interno delle miscele in percentuali incognite e di difficile controllo.

La gestione delle consegne al cliente

Giornalmente, il sistema informativo identifica le consegne da rendere operative all'indomani, che dipendono dagli ordini "tassativi" che sono stati ricevuti in precedenza e richiedono di attivare le consegne, oppure dai richiami pervenuti in relazione agli ordini di quel tipo. In seconda battuta, il sistema informativo esplora la disponibilità a magazzino dei materiali per realizzare le consegne in ordine, ed emette verso la produzione i solleciti del caso. Infine, compila la lista delle consegne effettivamente e sicuramente eseguibili, e la invia telematicamente alla sede dell'azienda di trasporti incaricata della distribuzione, arricchendola delle informazioni logisticamente rilevanti, quali: numero, peso ed ingombri dei singoli colli di cui si compone ciascuna consegna.

Tale azienda, sulla base dei mezzi disponibili, e delle quantità da consegnare per destinazione, esegue la programmazione delle consegne, allocando ciascun collo in consegna ad uno specifico automezzo. Il piano viene rispedito in Fassa entro le 6 del mattino successivo, sempre con collegamento telematico. In tal modo, all'inizio del primo turno delle squadre di carico è possibile stampare le liste di prelievo ed iniziare a predisporre i carichi in spedizione sulle relative baie di carico.

L'organizzazione di stabilimento e la manutenzione

Come detto in apertura, nello stabilimento di Busto Arsizio trovano impiego circa 300 addetti, di cui meno di 100 sono direttamente legati a vario titolo alle fasi di produzione. A tali 300 addetti andrebbero inoltre aggiunte alcune decine di operatori del magazzino prodotti finiti, che, come detto, dipendono da una cooperativa terza, sebbene lavorino stabilmente a Busto Arsizio. La produzione avviene per 354 giorni annui, su tre turni per tutto lo stabilimento, tranne che nei reparti di bobinatura e di spedizione; in quest'ultimo, essendo le consegne guidate dal piano di prelievo-consegna del trasportatore, si lavora su due turni parzialmente sovrapposti nelle ore di picco.

Il contributo numericamente più importante all'interno delle varie categorie dei dipendenti di Busto Arsizio è quello delle squadre di manutentori. Circa 150 persone, strutturate in squadre dislocate per specializzazione, sezione d'impianto e turno giornaliero sono costantemente all'opera in interventi di manutenzione ordinaria e straordinaria, oltre che in attività di modifica e miglioramento degli impianti, ritenuti da tutti necessarie per mantenere e migliorare nel tempo la produttività.

Nel settore cartario è molto sentita la necessità di assicurare la perfetta e continua funzionalità degli impianti a causa dell'elevatissima intensità dell'investimento necessario ad installare ed avviare uno stabilimento di produzione della carta. Come era solito affermare l'Amministratore Delegato della Fassa, solo per Busto Arsizio venivano messi a bilancio ammortamenti per circa 18 milioni di euro annui: pertanto, ogni giorno di fermo dell'impianto "costava" all'azienda circa 50.000 euro che non fruttavano.

A tale esigenza, dettata da valutazioni prettamente economico-gestionali, si aggiungevano gli aspetti di carattere tecnico-ingegneristico, poiché, come già affermato in precedenza, l'intero impianto per la produzione della carta è in sostanza un grandissimo sistema di tipo serie dal punto di vista affidabilistico, e pertanto estremamente soggetto a guasti. A fronte di tale considerazione, la Direzione Ingegneria di Produzione, che era responsabile della progettazione e manutenzione degli impianti produttivi, aveva stilato un corposo libro di manutenzioni che constava di più di 20.000 operazioni di manutenzione ordinaria che dovevano essere ripetute con frequenza settimanale, bigiornaliera, addirittura giornaliera. Tali operazioni comprendevano semplici ingrassaggi, registrazioni, pulizie e bilanciamenti (ad esempio dei raffinatori Jordan), revisione e controllo della tenuta di più di 2.000 tra valvole, saracinesche, giunti e rubinetti, verifica delle guarnizioni di protezione dell'impianto elettrico, registrazione e taratura di tutti gli strumenti (flussometri, termometri, ph-metri, sonde ottiche, ecc.) che consentivano di mantenere sotto controllo il sistema.

Una seconda categoria di mansioni a cui dovevano fare fronte gli uomini della manutenzione erano tutte le operazioni a cadenza medio-lunga, quali ad esempio la sostituzione delle reticelle, dei feltri e dei filtri nella sezione di formazione dei nastri di carta, ma anche le registrazioni e pulizie dei rulli delle continue (alcuni di essi venivano smontati e sostituiti con rulli revisionati ogni volta che la continua veniva arrestata, di modo che annualmente tutti i rulli venissero puliti almeno 1 volta), la verifica e registrazione delle bobinatrici, la pulizia dei pulpers e delle tine di raffinazione, ecc.

Come se non bastasse, una squadra di manutenzione era sempre allertata ed a disposizione per fare fronte a qualsiasi guasto potesse verificarsi all'interno dell'impianto, poiché nonostante tutti gli sforzi che venivano fatti per prevenire tali evenienze, era quasi all'ordine del giorno che qualche inconveniente dovesse manifestarsi, ed in tal caso non era possibile perdere tempo. Una volta, raccontava il capolinea della continua 2 di Busto Arsizio, si ruppe uno dei grossi rulli della seccheria per una cricca che non era stata adeguatamente seguita. Tra alti spruzzi di vapore in pressione, che per qualche minuto fu impossibile arrestare, intervennero i manutentori, che tra lo stupore generale riuscirono a sostituire il rullo guasto, ridare pressione all'impianto di generazione del vapore e riattivare la produzione a regime in poco più di 3 ore.

Infine, durante i 10 giorni di chiusura annua dell'impianto (una settimana a Ferragosto, e i giorni di Natale, Pasqua e Capodanno), c'è sempre una quadra di manutentori in attività per svolgere i grandi interventi di manutenzione straordinaria o migliorativa.

Il controllo qualità

Un'altra priorità seguita in modo quasi maniacale dai tecnici di Busto Arsizio, così come, in modo generalizzato all'interno del settore cartario, è il controllo di qualità. Nel settore cartario, la qualità del prodotto è facilmente identificabile in un certo numero di parametri ben misurabili, che devono essere mantenuti entro prestabilite tolleranze. Per la Fassa, tali parametri erano essenzialmente: spessore, grammatura, resistenza a trazione e a taglio, rugosità superficiale, inchiostrabilità e candore. Naturalmente, s'intende che non tutti i prodotti dovevano essere contraddistinti da tutte queste caratteristiche, poiché, ad esempio, i prodotti di maggiore spessore e resistenza strutturale (quelli, per intendersi, impiegati per la produzione di scatole per scarpe) erano interessati solo all'aspetto strutturale, mentre per i prodotti dedicati al mercato dei farmaci o dei dolciumi era molto importante anche l'aspetto estetico. Per di più, in alcuni casi andavano soddisfatte esigenze particolari, come ad esempio l'impermeabilità agli odori richiesto agli astucci di imballaggio di una nota ditta di cioccolato.

Il controllo di questi parametri in uscita veniva svolto, a campione ed in modo assai rigoroso, durante la fase di bobinatura, come dianzi anticipato. Tuttavia, come suole dire il Direttore Qualità, a quello stadio si poteva al massimo rilevare se il paziente era vivo o morto: l'aspetto decisivo veniva invece giocato nella scelta ed alimentazione delle materie prime e nel controllo dei processi di disinchiostrazione, di preparazione della miscela e di fabbricazione del nastro di carta.

Le difficoltà nel tenere sotto controllo la qualità delle materie prime sono state già sopra menzionate. Tuttavia, in uniformità a quanto richiesto dalle norme ISO9000, vengono regolarmente prelevati ed analizzati campioni da ciascun carico di ciascuna materia prima riversata all'interno degli impianti di disinchiostrazione e di preparazione della miscela. In secondo luogo, l'output di ciascuno di questi impianti viene testato ad intervalli regolari di tempo e qualsiasi condizione di fuori controllo da immediatamente adito alla retroazione sulla regolazione dell'impianto o dell'input. Infine, diversi parametri di processo (temperature, concentrazioni, percentuali di materia secca, ecc.) vengono tenute sotto controllo costantemente attraverso sonde elettroniche collegate al computer.

Un discorso a sè merita la linea continua. I recenti interventi di automazione di processo hanno consentito di rilevare in continuo più di 90 grandezze nelle varie sezioni della linea, e quindi di controllare virtualmente ogni minima variazione di funzionamento della linea stessa. Tali grandezze sono costantemente monitorate su dei grandi schermi posizionati in una sala operativa e qualsiasi variazione sospetta determina immediatamente un'ispezione dei tecnici in linea. Tutte queste innovazioni hanno sicuramente incrementato in modo determinante la capacità del servizio qualità di determinare le cause dei problemi e rimuoverle; tuttavia, non è ancora stato possibile risolverle il vero problema di tale servizio, e cioè la determinazione delle relazioni funzionali che legano i differenti parametri di processo menzionati ai parametri di prodotto.

A tale proposito, i tecnici della Fassa utilizzano delle tabelline ricavate empiricamente, in cui vengono fatti corrispondere ai vari valori nominali e di tolleranza dei differenti parametri di prodotto, altrettanti valori nominali e di tolleranza dei parametri di processo, ricavati da generazioni di addetti alla qualità tramite milioni di osservazioni, aggiustamenti, tarature, tentativi ed errori. Tali tabelline rappresentano dunque senz'altro il contenuto di know how più prezioso che sia detenuto dal servizio qualità stesso.

Spunti per la discussione

Per affrontare la discussione in aula, si sviluppi una riflessione preventiva sui temi di seguito suggeriti.

a) Relativamente al prodotto realizzato dalla Fassa, si individuino le seguenti caratteristiche e le si discutano brevemente.
   - Ampiezza di gamma: dobbiamo considerare la gamma di prodotti realizzati ampia oppure ristretta?
   - Il prodotto realizzato, relativamente alle funzioni d'uso è di tipo specifico, oppure generico?
   - Il prodotto realizzato è soggetto alla modularità e/o alla standardizzazione?
   - Qual è la presumibile durata del ciclo di vita del prodotto, e dove si trova attualmente all'interno del suo ciclo di vita?

b) Relativamente al *processo produttivo* ed agli *impianti* utilizzati per realizzarlo, si discutano i seguenti aspetti.
   - Dimensioni dell'impianto: lo dobbiamo considerare grande o piccolo? Esistono delle specifiche ragioni perché abbia tali dimensioni?
   - Qual è il grado di specializzazione dell'impianto relativamente ai prodotti realizzati? Sarebbero realizzabili altri prodotti con lo stesso impianto? E, gli stessi prodotti, sarebbero realizzabili altrimenti?
   - Qual è il livello di interconnessione fisica tra le varie fasi del processo produttivo che sono state illustrate?
   - Qual è ragionevolmente il tempo di attraversamento dell'impianto, e quale il suo rapporto con i tempi tecnici di lavorazione ed attrezzaggio?
   - In relazione a quanto sopra, quali sono presumibilmente i parametri di utilizzo, disponibilità, saturazione e resa dell'impianto in base alle valutazioni realizzabili sulla scorta del caso?

- La capacità produttiva dell'impianto è facilmente identificabile e ben misurabile? Perché? Qual è la sua unità di misura? E qual è l'importanza di tale misura?
- Rispetto a tale grandezza, qual è l'impatto dell'affidabilità e manutenzione? Quale quello della conformità? E quale quello della programmazione della produzione?
- Sempre rispetto alla capacità produttiva, esiste un'influenza da parte dei colli di bottiglia?
- Per quanto concerne, invece, la flessibilità, come è possibile valutare la capacità dell'impianto di avviare nuovi prodotti? E la sua capacità di realizzare un mix produttivo ampio riassortendolo in poco tempo? E la sua capacità di adattarsi a variazioni di volume aggregato? E la sua capacità di adattarsi a cambiamenti di piano produttivo nel breve?

c) Per quanto riguarda le varie *tipologie di materiali*, dalle materie prime ai prodotti finiti, si discutano i seguenti aspetti:
   - Qual è il livello di prevedibilità dei fabbisogni per i materiali tipici delle varie fasi (Materie prime, semilavorati, finiti)?
   - Qual è la stabilità di struttura dei prodotti finiti, per quanto concerne la distinta base dei materiali che li compongono ed il modo di accoppiare tali materiali?
   - Qual è l'entità ed il posizionamento prevalente delle scorte? Più in particolare: quanto sono rilevanti, come quantità e costo, le scorte di materie prime? E quelle di semilavorati? E quelle di prodotti finiti?
   - Qual è il livello di controllo esercitato sulla distribuzione dei propri prodotti finiti? E le possibilità di collaborazione con i clienti?
   - Qual è il livello di controllo sulla produzione delle materie prime a monte? E le possibilità di collaborazione con i fornitori?

d) Riguardo alle *metodologie ed attività di pianificazione, programmazione e controllo* della produzione, si meditino i seguenti spunti.
   - Qual è, in relativo, la complessità e rilevanza delle varie fasi del processo di pianificazione, programmazione e controllo: pianificazione a medio-lungo termine, programmazione a breve termine, controllo di avanzamento in tempo reale?
   - Quale è, nel contesto visto, la criticità e l'affidabilità delle previsioni di vendita? E la lunghezza dell'orizzonte previsionale?
   - Quali sono i prevalenti fabbisogni informativi, e qual è il flusso prevalente delle informazioni in azienda?
   - Qual è la modalità prevalente di assorbimento delle variazioni della domanda (in quantità, in mix)?

e) Relativamente alle *risorse umane ed alla loro organizzazione*, anche in relazione al contesto tecnico-produttivo, si rifletta criticamente sui seguenti punti.
   - Qual è il contenuto di lavoro per unità di prodotto? In altri termini: all'interno del prezzo finale del prodotto prevale: il costo delle materie prime? Il costo del lavoro? Il costo fisso? Il margine del produttore?
   - Qual è il livello di qualificazione richiesta al personale nelle sue differenti specializzazioni o tipologie? Valutare sia la qualificazione di tipo professionale, sia quella attitudinaria.
   - Qual è il grado di polivalenza richiesta al personale nelle sue differenti specializzazioni e tipologie?
   - Qual è il rapporto tra MdO indiretta e MdO totale?

f) Infine, relativamente alle tematiche di *amministrazione, gestione ed organizzazione* del sistema logistico-produttivo descritto nel suo complesso, si rifletta sui seguenti aspetti:
   - Quali sono le principali prestazioni chiave esterne (e quindi, visibili dai clienti) del sistema?
   - E quali le prestazioni chiave interne, quindi non visibili dai clienti, ma in grado di influenzare in modo determinante l'ottenimento delle prestazioni esterne o degli obiettivi di business?
   - In relazione all'ottenimento delle prestazioni interne ed esterne che risultassero maggiormente rilevanti, quali sono i compiti chiave del management?
   - Infine, come sono prevalentemente orientati i flussi di informazioni necessari per supportare le decisioni gestionali finalizzate al raggiungimento degli obiettivi sopra definiti?

1.6 Metallugica Salvi Srl

Contesto

All'inizio del 1999, la Metallurgica Salvi SpA si trovava nel pieno di uno dei più significativi cicli di sviluppo della propria storia. Fondata nell'immediato dopoguerra dal Cavalier Omar Salvi, si era ben presto specializzata nella progettazione e produzione di profili speciali in acciaio, ottenuti con il processo di trafilatura a freddo.

Tale processo, se realizzato con elevato livello di specializzazione, garantisce l'ottenimento di profili a sezione anche fortemente articolata e complessa, con livelli di precisione superficiale elevatissimi, dell'ordine del centesimo di millimetro. La Salvi era riuscita a sfruttare la propria maestria tecnologica in tale settore per inserirsi in diversi mercati di sbocco. Quello delle guide lineari per macchine utensili era solo il maggiore, potendo infatti la Salvi contare tra i propri clienti grandi aziende del settore armi, motoristico, autoveicolistico ed aeronautico, oltre che del meccanotessile.

La competitività del prodotto Savi dipendeva dal fatto che, una volta ottenute barre di diversi metri di lunghezza sagomate con il profilo desiderato, era possibile ottenere i pezzi meccanici richiesti semplicemente tagliando le barre a misura, risparmiandosi così costose e lunghe lavorazioni per asportazione di truciolo, che -tra l'altro- avrebbero anche comportato un peggiore livello di precisione dimensionale e finitura superficiale.

L'azienda, che aveva vissuto periodi di crisi negli anni '80, era tornata a nuova vita quando il Cavalier Salvi, ormai in età avanzata e senza figli, aveva venduto il pacchetto di controllo alla famiglia Fini, una piccola dinastia di imprenditori bresciani, con solide basi finanziarie e idee chiare in testa. Il principale sforzo dell'Ing. Edoardo Fini, che aveva assunto le redini dell'azienda, lungo tutti gli anni '90 era stato quello di spingere in diversi settori e nelle varie aree geografiche il proprio prodotto, ben conscio che la crisi aziendale derivava più da carenze direzionali che da problematiche di ordine tecnico-produttivo.

Il risultato degli investimenti realizzati era stato spettacolare, tanto che l'azienda, meno di 9 anni dopo il cambio di proprietà, poteva festeggiare un raddoppio del fatturato. Nell'esercizio 1998, infatti, le vendite complessive avevano totalizzato più di 30 milioni di euro, con circa 140 dipendenti complessivi, ed una capacità produttiva installata di circa 700 tonnellate al mese.

Il sistema produttivo

Le attività tecnico-produttive alla Metallurgica Salvi erano tutte accorpate nell'unico insediamento dell'azienda, sito sin dalla fondazione a Osnago, nell'alta Brianza. In tale stabilimento avevano sede anche tutte le altre funzioni aziendali, tra cui la Direzione, l'Amministrazione e l'Ufficio Commerciale.

Vista anche la forma dei prodotti realizzati, costituiti da barre metalliche della lunghezza tipica di 4-7 metri e dello spessore di 20 - 60 millimetri, le attività produttive erano allocate in 4 capannoni contigui, tutti di forma allungata, per una superficie coperta complessiva di circa 10.000 mq. La superficie totale dell'insediamento, superiore ai 4.000 mq, lasciava molto spazio ad eventuali espansioni.

I prodotti

Come è già stato anticipato nel primo paragrafo, i prodotti della Metallurgica Salvi sono barre d'acciaio, di sezione sagomata opportunamente, secondo il disegno cliente. A parte pochi codici di profili scanalati, che venivano prodotti per il magazzino ed offerti a catalogo, i profili erano tutti realizzati rigorosamente su ordine cliente, sin dall'acquisto delle materie prime.

Tra i diversi profili realizzati, diversi venivano ripetutamente richiesti dai clienti; tuttavia, circa il 30% delle commesse via via ricevute riguardavano profili nuovi. Ogni volta che veniva ricevuto un ordine per un profilo nuovo, occorreva realizzare le fasi di progettazione e realizzazione delle attrezzature produttive e del ciclo di lavorazione, prima di poter procedere alla produzione vera e propria. Tali attività erano realizzate dall'Ufficio Studi, una struttura dotata di stazioni CAD ad avanzatissima tecnologia e di un'attrezzeria con macchine di elettroerosione a filo e a tuffo e torni a CNC.

Vista l'estrema varietà del prodotto Salvi, venivano realizzati ogni anno circa 1.000 profili differenti, su un numero totale di profili "producibili" (cioè, per i quali erano disponibili sia le attrezzature, sia il ciclo di produzione) pari a circa 6.000. Tuttavia, per rendersi pienamente conto della vastità della gamma produttiva realizzata, occorre considerare che ciascun profilo può essere realizzato a partire da diversi acciai, con finiture superficiali differenti e -soprattutto- con trattamenti superficiali diversi. Infine, le barre dovevano essere della lunghezza richiesta dai clienti, che poteva variare, anche per il medesimo profilo, da una commessa alla successiva.

Le materie prime

Anche le materie prime utilizzate dalla Metallurgica Salvi erano assai diversificate, così come i prodotti finiti realizzati. Anzitutto, occorre infatti suddividere le materie prime tra *barre* e *rotoli*. Per sezioni di diametro superiori ai 30 mm[1], il prodotto arriva

[1] Tale misura ovviamente dipende dalla forma della sezione e dalla rigidezza del materiale. La misura citata rappresenta un valore medio.

dall'acciaieria in formato di barre della lunghezza desiderata; viceversa, per sezioni più piccole di tale valore viene avvolto in bobine, o *rotoli*.

In secondo luogo, vi è una forte diversificazione sulla forma e sulle dimensioni della sezione: pur prevalendo i tondi, anche svariati tipi di quadri e piatti vengono impiegati. Dimensionalmente, il macchinario a disposizione della Salvi è in grado di lavorare barre dai 10 ai 60 mm di diametro. Infine, occorre anche specificare il tipo di acciaio, in base alla composizione (tenore di carbonio e di altri componenti di lega) ed al trattamento termico eventualmente ricevuto.

Uno dei problemi più importanti, in sede di ordinazione e controllo della materia prima è quello della colata. Infatti, molto spesso le acciaierie, per le quali gli ordini Salvi creavano continui problemi, vista l'elevata frammentazione e l'entità piuttosto piccola, fornivano quantitativi di barre del medesimo tipo, ma provenienti da colate differenti. Come sapeva molto bene il Sig. Consolati, responsabile della qualità (si veda paragrafo "la Qualità"), la presenza di colate diverse all'interno della medesima commessa era sinonimo di problemi, poichè presto o tardi le barre appartenenti a colate differenti avrebbero manifestato comportamenti diversi.

La fase di ordinazione delle materia prima costituiva uno dei veri problemi della Metallurgica Salvi. Come si è già detto, infatti, i quantitativi ordinati tendevano ad essere limitati, assai differenziati e poco stabili nel tempo, ponendo a dura prova l'elevata rigidezza degli impianti di laminazione primaria delle acciaierie. Inoltre, il potere contrattuale esercitato dall'Ufficio Acquisti della Salvi era assai piccolo nei confronti degli Uffici Commerciali delle grandi aziende produttrici di acciaio.

Ne conseguiva un elevato costo della materia prima, unitamente a tempi di consegna lunghi ed inaffidabili. Molto spesso tali problematiche finivano per intaccare il servizio a cliente offerto dalla Salvi stessa, provocando lamentele senza fine da parte del responsabile commerciale, Sig. Piva e produttivo, Sig. Zanetti.

Il processo produttivo

Il processo produttivo che era necessario realizzare per l'ottenimento dei prodotti finiti richiesti dai clienti era assai variabile e mutevole, e non solo in funzione del tipo di prodotto richiesto. Infatti era possibile realizzare il medesimo prodotto in più modi differenti, come si cercherà di rendere conto nella descrizione di seguito riportata. Per adesso, valga semplicemente l'osservazione che ciascun prodotto poteva avere da 1 a 4 differenti cicli di produzione (la media essendo circa 2,5) e che -anche nell'ambito del medesimo ciclo di produzione- vi era frequentemente la possibilità di realizzare specifiche lavorazioni con centri di lavoro differenti da quelli previsti a ciclo.

Nonostante la scarsa possibilità di generalizzare, ciascun ciclo poteva essere composto da 3 macrofasi, di seguito descritte. Ciascuna macrofase, a sua volta, poteva essere composta da una serie piuttosto ampia di fasi tecnologiche diverse, in funzione, per l'appunto, del prodotto da realizzarsi e della modalità scelta di volta in volta in funzione delle condizioni esterne ed interne.

1). Fase di sbozzatura della barra: quando il profilo da realizzare aveva una forma molto differente dalla barra grezza che ne costituiva la materia prima, oppure quando le dimensioni della sezione della materia prima differivano molto dalle dimensioni finali della sezione del finito che si intendeva ottenere, occorreva modificare le caratteristiche del materiale in ingresso. Tale modifica avveniva principalmente attraverso le operazioni di *laminazione* e di *pelatura.*

- La *laminazione* avveniva su 2 impianti ad induzione, il primo dedicato alla materia prima in rotoli, il secondo alla materia prima in barre. Ciascun laminatorio disponeva di 4 gabbie di rulli (pre-schiacciatori, schiacciatori, pre-finitori, finitori), che dovevano essere appositamente attrezzati in funzione dello specifico profilo da ottenere e della materia prima di partenza. Tale aspetto rendeva assai rigida l'operazione di laminazione, che era costretta quindi a funzionare con lottizzazioni molto più grandi del resto delle fasi produttive. All'uscita dal laminatoio la barra già iniziava ad assumere una forma simile alla sezione finale, anche se il grado di finitura superficiale e la tolleranza dimensionale erano molto lontane da quelle richieste.
- La *pelatura* veniva eseguita su un grande tornio a controllo numerico che, operando come un grande temperamatite asportava lo strato esterno delle barre, riducendone il diametro. Ovviamente, la pelatura poteva processare solo materia prima in barre di sezione circolare, ed il suo unico effetto era quello di ridurne il diametro.

La macrofase di sbozzatura avveniva circa nel 20% delle commesse prodotte, anche se la percentuale di commesse che la richiedevano era in continuo aumento, anche per la tendenza dell'Ufficio Acquisti a standardizzare sempre più le materie prime, per cercare di realizzare economie nella fase di acquisto. Ciò poneva sempre più sotto stress la fase di sbozzatura, che spesso si trovava in arretrato rispetto al programma di produzione e rischiava di continuo di lasciare senza materiale le fasi successive. A seconda del tipo di materia prima impiegata e del tipo di risultato che era necessario ottenere, si potevano distinguere differenti cicli di sbozzatura (oltre -naturalmente- a tutti i profili che non richiedevano tale macrofase):

- sbozzatura per semplice pelatura;
- sbozzatura per semplice laminazione
- sbozzatura per pelatura e laminazione

Sebbene solo il 20% della produzione della Metallurgica Salvi richiedesse necessariamente di eseguire la fase di sbozzatura, essa veniva effettuata molto più di frequente, in quanto poteva aiutare nel caso di indisponibilità della materia prima corretta. Pertanto, la fase di sbozzatura veniva in media attraversata circa dal 30 - 35% dell'intero volume prodotto. Molto di frequente, in specifici periodi tale percentuale saliva e dunque la fase di sbozzatura nel suo complesso, oppure qualcuno dei centri che la componevano diveniva un collo di bottiglia dell'impianto.

2). Fase di trafilatura: una volta operata la sbozzatura della barra, quando necessaria, le barre, raccolte in fasci del peso di circa 2.000 kg l'uno, venivano avviate alla fase di trafilatura. Come meglio chiarito anche al # 1, tale macrofase poteva anche essere la prima del ciclo produttivo. Il processo di trafilatura era eseguito attraverso la ripetizione ciclica di una serie di operazioni, eseguite tante volte quante erano necessarie per garantire il sufficiente livello di deformazione al profilo della barra. Ciascun ciclo veniva definito: "tiro di trafila", cosicchè si distinguevano profili da 1 a 6 tiri di trafila, ciascuno composto dalle seguenti operazioni.

- *Ricottura*, eseguita in grandi forni in atmosfera controllata, che serviva per distendere le tensioni originate dal tiro precedente oppure dalla fase di sbozzatura appena realizzata. L'azienda era dotata di due grandi forni, ciascuno in grado di allogiare circa 10 - 12 fasci. Poichè il ciclo termico da realizzare variava anche notevolmente in funzione del tipo di materiale e del livello di deformazione ricevuto in precedenza, i tecnologi della Salvi avevano definito 7 differenti tipologie di ciclo. I forni si comportavano rispetto a tali tipologie di ricottura come dei veri e propri centri di tipo *batch*, poichè era frequentemente necessario attendere prima di iniziare una ricottura, che uno specifico fascio arrivasse per riempire completamente il forno. La ricottura vera e propria, ivi comprese le fasi di carica e scarica dei fasci, realizzate per mezzo di un carro-ponte, poteva durare da un minimo di 16 ore, ad un massimo di 24 ore a seconda del ciclo termico realizzato. Ciò richiedeva un'attenta programmazione dell'ora di inizio del processo, per poter usufruire pienamente delle nottate come di capacità produttiva utile.
- *Pulizia delle barre*: in questa fase l'obiettivo era di rimuovere qualsiasi residuo derivante dalle precedenti fasi di lavorazione, dalle operazioni di manipolazione delle barre o da altre cause, al fine di approntare la barra per la successiva trafilatura. La pulizia, a seconda dei casi, e spesso su decisione del caporeparto, poteva essere effettuata secondo varie metodologie: attraverso *decapaggio chimico*, ottenuto immergendo le barre da trafilare entro vasche contenenti differenti soluzioni acide, oppure tramite *sabbia-*

tura, un'operazione eseguita da grosse macchine che bombardavano le barre con un getto di sabbia silicica, ottenendo la rimozione delle impurità per azione meccanica. In presenza di incrostazioni particolarmente resistenti, si decideva di agire con entrambi i metodi, a rotazione sinchè le barre non erano pulite a sufficienza.

- *Appuntitura*: la preparazione delle barre all'operazione di trafilatura richiedeva anche di ricavare una punta rastremando un'estremità di ciascuna barra, per consentire il passaggio di tale estremità dalla filiera ed il suo bloccaggio sulla testa traente del banco di trafila. Tale operazione doveva essere ripetuta ad ogni tiro, poichè le punte dei tiri precedenti erano quasi sempre inutilizzabili e dovevano essere quindi tagliate (vedi seguito).
- *Trafilatura*: la trafilatura vera e propria avveniva su appositi banchi, di lunghezza maggiore o uguale a quella delle barre da trafilare. Prima di poter processare una certa commessa, ciascun banco doveva essere equipaggiato con l'attrezzatura necessaria, consistente nella filiera (o matrice di trafila) e nella ganascia necessaria per afferrare l'estremità appuntita (vedi sopra), entrambe specifiche del tipo di profilo lavorato. L'intera operazione di riattrezzaggio richiedeva circa 15 - 30 minuti all'operatore diretto. Una volta pronta l'attrezzatura, occorreva impostare la forza di trazione, che dipendeva dal grado di deformazione da eseguire e dalla resistenza del materiale lavorato. Gli operatori sapevano bene che per realizzare deformazioni elevate occorreva lavorare con forze sostenute; inoltre, a pari deformazione e materiale, maggiore forza significava maggiore velocità. Tuttavia, molti erano i casi in cui, per aver cercato di accelerare troppo il processo di trafilatura, si era provocata la rottura della filiera e quindi un aggravio di costo e di tempo era stato imputato alla commessa in oggetto. Determinare il compromesso ottimale tra numero di tiri, grado di deformazione, velocità del processo e probabilità di rottura delle matrici era il nocciolo del vantaggio competitivo della Salvi e dipendeva da una vecchia esperienza detenuta in parte dai progettisti dell'Ufficio Studi (si veda paragrafo successivo) ed in parte dagli operatori diretti. La fase di trafilatura poteva essere eseguita su uno dei 12 banchi di trafila della Salvi. Tali banchi potevano essere suddivisi in diversi centri a seconda della loro predisposizione a lavorare *barre* o *rotoli*, alla loro lunghezza lineare ed al loro tonnellaggio, che rappresentava la massima forza di trazione esercitabile. Rispetto alle dimensioni di lunghezza e tonnellaggio, occorre sottolineare che barre corte e con piccoli requisiti di trazione potevano essere realizzate da qualsiasi banco, mentre le barre di elevata lunghezza e/o con elevati requisiti di forza di trazione richiedevano un

banco ben specifico per essere realizzate. Tale peculiarità rendeva difficile un perfetto bilanciamento tra carico di lavoro e capacità produttiva disponibile, poichè la ripartizione percentuale degli ordini nelle varie tipologie (barre / rotoli; lunghe / corte; forze elevate / limitate) era assai mutevole nel tempo. In tal modo, il collo di bottiglia del reparto era continuamente diverso di periodo in periodo.

- *Taglio punte*: una volta avvenuta la trafilatura, occorreva rimuovere le estremità precedentemente appuntite, poichè normalmente esse non erano riutilizzabili per il tiro successivo. Tale operazione era eseguita tramite alcuni seghetti meccanici.

3). Fase di finimento: durante la fase di finimento si procedeva a far raggiungere alle barre trafilate lo stato finale richiesto dal cliente. Tale risultato era ottenuto attraverso una sequenza di operazioni, alcune delle quali risultavano sempre necessarie, mentre altre potevano alle volte essere evitate.

- *Raddrizzatura*: era richiesta praticamente su tutte le barre ed aveva il compito di riportare le barre a valori accettabili di assial-simmetria; infatti, a valle della macrofase di trafilatura ben poche barre presentavano ancora tale caratteristica, specialmente nel caso di profili fortemente asimmetrici. La raddrizzatura poteva essere eseguita in 3 modi differenti, a seconda della forza dell'azione da esercitare: pressatura, rullatura e raddrizzatura manuale. Nel caso della pressatura, occorreva predisporre sulla pressa dei tamponi in teflon sagomati con la forma del profilo da raddrizzare, così come accadeva per la rullatura.
- *Trattamento superficiale*: a volte il cliente richiedeva trattamenti superficiali di indurimento (tempra, cementazione, ...) oppure di finitura (lappatura, cromatura, ..). Tali trattamenti, quando richiesti, venivano fatti eseguire all'esterno attraverso il meccanismo del conto lavoro.
- *Taglio a misura*: in base alla lunghezza richiesta dal cliente ed alla lunghezza finale delle barre (risultante dalla lunghezza iniziale delle barre e dalle varie fasi di lavorazione subite) poteva occorrere un taglio a misura delle medesime, realizzato tramite una serie di seghetti meccanici. In realtà, la scelta della lunghezza iniziale delle barre assumeva un'importanza elevatissima, poichè l'esecuzione di tutte le operazioni connesse alla lunghezza finale delle barre (laminazione, appuntitura e taglio punte) poteva portare a risultati assai aleatori, sia in virtù delle caratteristiche di deformabilità del materiale, sia relativamente all'abilità dell'operatore addetto all'appuntitura ed al taglio punte. Così, poteva capitare di arrivare con barre di 3,8 metri, con una richiesta cliente di barre lunghe 2 metri, determinando elevatissimi coefficienti di sfrido di materiale (per giunta,

completamente lavorato). Si preferiva allora abbondare nella scelta della lunghezza iniziale delle barre, con il risultato che comunque le barre risultavano sempre da tagliare a misura e veniva sempre e comunque generato un centro sfrido.

- *Confezionamento*: le barre tagliate, venivano infine confezionate in cassoni di legno delle dimensioni richieste dal cliente e predisposte per la spedizione.

Durante le differenti fasi del complesso processo produttivo sopra illustrato, il materiale circolava nel sistema sotto forma di fasci, ossia aggregati di barre della dimensione di circa 2.000 kg ciascuno. Tutte le volte che la lavorazione di un fascio terminava presso una fase, esso veniva ricomposto e depositato in una zona d'accumulo a catasta a valle della stazione stessa. Quando era necessario movimentare un fascio tra una fase e la successiva, era dunque necessario provvedere a selezionare il fascio dalla catasta e tale operazione richiedeva spesso di spostare altri fasci. Inoltre, molte volte il carro ponte addetto era impegnato in altre movimentazioni e dunque il fascio in oggetto doveva attendere che si liberasse. Infine, quando i fasci dovevano essere trasferiti da un capannone ad un'altro, tale trasporto avveniva a bordo di un rimorchio trainato da un trattore industriale. Molto spesso, si attendeva che il rimorchio fosse pieno prima di muoverlo e, dunque, le attese potevano essere anche di molte ore.

La fabbricazione degli utensili

Come già anticipato, molta attenzione era dedicata alla progettazione e fabbricazione degli utensili, che venivano tutti realizzati internamente. Ogni volta che perveniva all'Ufficio Vendite un ordine relativo ad un profilo nuvo, questo ultimo Ufficio inoltrava all'Ufficio Studi una richiesta di sviluppo. Sulla base di tale richiesta, l'Ufficio Studi si preoccupava di svolgere le seguenti attività.

a) *Definire a livello macro il ciclo produttivo* del nuovo profilo, determinando: la materia prima necessaria, l'esistenza o meno e la natura della fase di sbozzatura; il numero dei tiri di trafila necessari; il tipo di raddrizzatura presumibilmente necessaria. Sulla base di tali informazioni, l'Ufficio Studi redigeva anche una prima ipotesi di costo e tempo, che veniva comunicata all'Ufficio Vendite per l'eventuale conferma d'ordine.

b) *Progettazione di dettaglio delle fasi di lavorazione e delle attrezzature*: attraverso un sofisticato sistema CAD tridimensionale, in grado di simulare i processi di deformazione plastica e di calcolare gli sforzi derivanti, i tecnici dell'Ufficio Studi provvedevano alla definizione di dettaglio delle fasi di lavorazione e delle corrispondenti attrezzature: cilindri di laminazione; matrici e morse di trafilatura; tamponi e rulli di raddrizzatura.

c) *Realizzazione degli utensili*: l'Ufficio Studi disponeva anche di una Attrezzeria, per la realizzazione degli utensili specifici, dotata di macchinari assai perfezionati. In particolare, venivano utilizzati torni a CNC per la realizzazione dei cilindri di laminazione (che poi venivano mandati all'esterno a cromare) e dei rulli di raddrizzatura e macchine di elettroerosione a filo e a tuffo per la realizzazione delle filiere e delle morse di trafilatura. Il processo di finitura delle filiere avveniva invece con lavorazioni di lappatura manuale, eseguite da operatori espertissimi.

d) *Prova e certificazione degli utensili*: una volta realizzati, gli utensili dovevano essere provati per poter procedere alla certificazione degli stessi, richiesta dalle norme ISO 9000. Le prove occupavano i centri produttivi e dovevano quindi essere realizzate di comune accordo con la Produzione per non stravolgere troppo i programmi operativi. Inoltre, doveva essere presente un rappresentante dell'Ufficio Qualità in veste di certificatore. Se veniva riscontrata un'anomalia, l'utensile veniva rimandato in Attrezzeria per essere sistemato e successivamente collaudato una seconda volta, e così via sino alla definitiva certificazione. Non erano rari i casi in cui era necessario provvedere a più ricircoli.

e) *Manutenzione degli utensili*: durante tutto il loro periodo di utilizzo in produzione, gli utensili rimanevano in carico all'Attrezzeria, che interveniva personalmente in qualsiasi caso venissero rilevati problemi. Oltre alle già citate rotture delle filiere, potevano infatti manifestarsi ad esempio deformazioni ed usura degli utensili, tali da non renderli funzionali: tali problematiche potevano essere segnalate dalla Produzione, oppure dall'Ufficio Qualità, a fronte di problemi qualitativi nel mantenere le tolleranze previste.

La gestione del sistema produttivo

Gestione dell'ordine cliente

Quando la richiesta cliente perveniva alla Salvi, poichè come detto precedentemente, essa era nella grande maggioranza dei casi relativo ad un profilo nuovo, tale richiesta del cliente veniva immediatamente girata all'Ufficio Studi. Tale ufficio elaborava una prima versione di massima del ciclo produttivo, finalizzata a identificare tutte le informazioni rilevanti al fine di emettere verso il cliente un'offerta economica. Tali elementi erano: il tipo di materia prima richiesta (il costo della materia prima poteva infatti costituire anche il 50-55% del fatturato della Salvi); il macrociclo produttivo necessario, ed in particolare l'esigenza di laminazione secondaria ed il numero di tiri di trafila: anche questo secondo elemento era della massima importanza per comprendere il costo da addebitare al cliente; infine, i tecnici dell'Ufficio Studi predisponevano la distinta di massima delle attrezzature da realizzare (cilindri di laminazione, matrici di trafila, rulli di raddrizzatura, ecc.), che venivano completamente addebitati al cliente. In funzione della risposta fornmita dall'Ufficio Studi, formulata su un modulo denominato GOC 1, l'Ufficio Commerciale forniva al cliente l'offerta economica sulla base della quale veniva eseguita la trattativa commerciale.

Una volta che l'ordine vero e proprio veniva formalizzato, esso passava nuovamente all'Ufficio Studi per la definizione di dettaglio del ciclo di produzione e la costruzione degli utensili e delle attrezzature specifiche. Tutto ciò avveniva attraverso una richiesta emessa dall'Ufficio commerciale e denominata GOC 2. L'Ufficio Studi provvedeva dunque a riprendere lo studio già svolto in sede di GOC1 (vedi sopra) ed a progettare in dettaglio sia le varie fasi del ciclo tecnologico, sia le relative attrezzature ed utensili. Per fare questo, venivano impiegate modernissime stazioni CAD, in grado di simulare ad elementi finiti il processo di deformazione plastica a freddo durante la trafilatura e le altre lavorazioni, supportando i tecnici nella definizione delle forme degli utensili specifici, e delle velocità di deformazione. Una volta definiti completamente gli utensili, questi venivano costruiti, sempre a carico dell'Ufficio Studi, entro una attrezzeria dotata di torni a controllo numerico e macchine per elettroerosione a filo e a tuffo. Molte volte, anche se non sempre, venivano svolte delle prove di produzione, per assicurarsi sia del risultato ottenibile con i nuovi utensili, sia della loro attitudine a resistere alle velocità di lavoro designate.

In parallelo al modulo GOC2, partiva sempre dall'Ufficio Commerciale anche la richiesta GOC3, rivolta all'Ufficio Programmazione, che aveva il compito di fornire una data per il completamento dell'ordine. Tale data veniva emessa passando attraverso il processo di pianificazione di medio termine descritta nei paragrafi successivi.

Infine, quando l'ordine veniva completato dalla produzione, era sempre l'Ufficio Commerciale che gestiva la consegna, prendendosi anche cura di ricontrattare le date, in funzione dei ritardi della produzione, che per la verità avvenivano abbastanza di frequente, come era solito ripetere il direttore vendite, Sig. Piva.

Naturalmente, la fase di elaborazione e discussione dell'offerta sopra descitta poteva essere by-passata nei casi di ordini relativi a codici già eseguiti per il medesimo o altri clienti. In questo caso, tuttavia, era necessario che l'Ufficio Studi si preoccupasse di verificare lo stato di efficienza degli utensili e delle attrezzature, e pertanto veniva comunque svolta una fase di verifica tecnica di fattibilità prima del lancio dell'ordine in produzione.

Emissione delle commesse di produzione

Settimanalmente, il Sig. Zanetti, responsabile dell'Ufficio Programmazione, raccoglieva tutte le richieste GOC3 pervenute a partire dell'ultima programmazione, ed iniziava al proprio PC una nuova sessione di emissione delle commesse di produzione, che si svolgeva secondo la seguente procedura.

a) Anzitutto, scaricava le richieste d'ordine cliente, che l'Ufficio Commerciale aveva provveduto a caricare sul programma gestionale, allocato nel calcolatore centrale, ed apriva di base tante commesse di produzione quante erano le richieste cliente, le quali corrispondevano tra l'altro ai moduli GOC3 che aveva in mano. Eccezionalmente, una commessa veniva emessa a fronte di più richieste: ciò poteva capitare quando due o più clienti richiedevano il medesimo codice con una data di consegna molto vicina nel tempo, ed era pertanto molto raro. Più frequente, invece, era il caso opposto, di apertura di più commesse di produzione a fronte del medesimo ordine cliente, misura questa che veniva adottata a fronte di richieste di consegna scaglionate nel tempo.

b) Ogni volta che apriva una commessa, il sig. Zanetti doveva identificare il ciclo di produzione da associare allo specifico codice da produrre. Tale operazione poteva essere realizzata solamente se l'Ufficio Studi aveva già provveduto a dettagliare tale informazione ed a caricarla a Sistema Informativo. Altrimenti, occorreva lasciare in sospeso la commessa, e veniva anche emessa una nota di sollecito verso tale Ufficio. Non era infrequente che i cicli a disposizione fossero più d'uno, in funzione della materia prima scelta e pertanto Zanetti doveva operare la scelta tenendo conto anche delle problematiche di fornitura.

c) Una volta eseguita tale operazione, Zanetti immetteva le nuove commesse, poste a stato 1 (inserita), a portafoglio.

Pianificazione di medio termine della produzione

Anche la pianificazione di medio temine della produzione era affidata all'Ufficio Programmazione, ed aveva l'obiettivo di adeguare reciprocamente, nel medio temine ed in modo aggregato, il carico di lavoro determinato dal portafoglio di commesse di produzione emesse, con la capacità produttiva dei singoli reparti. L'attività, svolta dal Sig. Zanetti, e supportata da un programma informatico appositamente sviluppato, richiedeva di eseguire i seguenti passi procedurali.

a) Anzitutto, il sig. Zanetti apriva il portafoglio commesse in essere: tali commesse si potevano trovare in differenti stati, che andavano dallo stato 1 (inserita) allo stato 5 (chiusa). Ciascuna commessa consisteva di un certo numero di operazioni, ciascuna delle quali legata ad una specifica fase del ciclo produttivo scelto per il codice da realizzare all'interno della commessa. Ogni operazione indicava con chiarezza: il codice, la fase, la quantità già realizzata, da realizzare ed in giacenza, i parametri tecnologici, la macchina da utilizzare, insieme ad altre informazioni più di dettaglio.

b) Il sistema procedeva successivamente alla pianificazione in automatico delle commesse ancora in stato 1 (inserita), che non erano ancora state programmate. La pianificazione di una commessa consisteva nell'attribuzione di ciascuna delle sue operazioni ad una specifica settimana del calendario lavorativo, in modo da definire complessivamente la tempificazione delle diverse fasi produttive. Il sistema supportava 4 differenti forme di pianificazione automatica, lasciando naturalmente la piena libertà all'utente di procedere a una pianificazione manuale:

- pianificazione all'indietro a capacità infinita, in cui il sistema allocava l'ultima operazione nella settimana immediatamente precedente la consegna, poi eseguiva un arretramento di un numero di settimane LT pari al lead time standard indicato per il centro incaricato di svolgere tale operazione e posizionava quindi la data di consegna dell'operazione precedente a LT settimane prima, procedendo in questo modo sino alla prima operazione.
- pianificazione all'indietro, a capacità finita, in cui il sistema di pianificazione è analogo a quello illustrato sopra, ma l'arretramento avviene non di un lead time gestionale statico, ma fintantochè non si identifica una settimana con sufficiente capacità produttiva a disposizione.
- pianificazione in avanti a capacità infinita: il meccanismo è esattamente analogo a quello della pianificazione all'indietro a capacità infinita, salvo il fatto che si procede verso la direzione positiva dell'asse dei tempi, a partire da un'ipotetica data di disponibilità della materia prima.
- pianificazione in avanti a capacità finita: come al punto precedente, ma con l'effettuazione di shift in avanti legati non a lead times statici, ma al ritrovamento di una settimana con una sufficiente quantità di capacità produttiva per il sottocentro in esame.

c) Una volta eseguita la pianificazione di tutte le commesse a portafoglio, Zanetti poteva esaminare l'eventuale insorgenza di infattibilità legate alla corrente pianificazione. Tali infattibilità sono legate a 2 fenomeni diversi:

- infattibilità di tempo che vengono a manifestarsi quando una commessa richiederebbe di essere lanciata in produzione nel passato;
- infattibilità di capacità, legate all'evidenziazione di settimane in orizzonte durante le quali uno o più dei centri è soggetto ad un superamento della capacità produttiva disponibile, a fronte del carico di lavoro allocato.

d) L'evidenziazione delle eventuali infattibilità, consentiva a Zanetti di agire nell'ottica di modificare i dati del problema, al fine di rimuovere dette infattibilità. La rimozione poteva avvenire attraverso l'utilizzo di molte leve, le principali delle quali sono qui sotto delineate.

- modifica del profilo della domanda, in particolare attraverso la ricontrattazione delle date di consegna degli ordini, oppure l'esternalizzazione di una o più lavorazioni, attivando rapporti di sub-fonitura;
- modifica del profilo dei carichi, indipendentemente dal profilo della domanda, identificando cicli oppure operazioni alternative in grado di evita-

re il sovrautilizzo di uno specifico centro sovrautilizzato, a vantaggio di un centro alternativo, eventualmente risultato meno utilizzato;

- modifica del profilo di capacità, attuata attraverso la modifica del calendario lavorativo di specifici sottocentri, mediante la diversa organizzazione della risorsa uomo, oppure l'attivazione di turni di straordinario o festivi.

e) Una volta pianificate, le commesse passavano in stato 2 (pianificate) e si poteva provvedere da un lato all'emissione delle richieste d'acquisto (RDA, vedi paragrafo "Approvvigionamenti"), dall'altro a rispondere all'Ufficio Vendite (vedi paragrafo "Gestione dell'ordine cliente") in relazione alla richiesta GOC 3, ed anche ad avvisare l'Attrezzeria in relazione alle date richieste per l'approntamento degli utensili ed attrezzature specifici. Una volta giunte in questo stato, le commesse erano tutte dotate di una data di consegnabilità al cliente, verificata a capacità finita, e di una serie di date di consegna per ciascuna fase produttiva, il cui rispetto avrebbe garantito l'ottenimento della data di consegna generale della commessa.

f) Qualora il risultato del processo di pianificazione non fosse tale da rispettare le tempistiche richieste dal cliente, l'Ufficio Programmazione e l'Ufficio Vendite programmavano un incontro e decidevano congiuntamente la politica dei ritardi da adottare, cercando di anticipare e gestire al meglio le inevitabili lamentele dei clienti danneggiati.

Programmazione operativa della produzione

Il processo di programmazione operativa della produzione, in Metallurgica Salvi, era condotto giornalmente dall'Ufficio Programmazione, diretto dal Sig. Zanetti, in base: ai piani di medio termine definiti settimanalmente (vedasi paragrafo precedente); agli effettivi ordini di produzione da lanciare; allo stato di disponibilità della materia prima e di approntamento degli utensili ed attrezzature, ed infine all'effettivo stato di avanzamento delle commesse in produzione.

L'intero processo era estremamente complesso, come si potrà evincere dalla descrizione che viene di seguito fornita, a fronte sia della molteplicità delle risorse di cui verificare la presenza simultanea, sia delle differenti tipologie di macchinari da gestire, sia –ancora- delle eventuali perturbazioni di tipo esterno (fornitori o clienti) o interno (assenteismo, guasti macchina, conformità, ..) che potevano verificarsi all'interno del sistema. A fronte di tali considerazioni, si può ben dire che la programmazione di breve termine della produzione sia il vero e proprio banco di prova per l'abilità degli addetti dell'Ufficio Programmazione. Per questo motivo, l'azienda ha recentemente investito parecchio per rimodernare e completare un sistema informativo specificamente progettato e realizzato per supportare l'Ufficio Programmazione in questo difficile compito.

Le principali fasi di cui il processo si compone sono di seguito descritte.

a) *Analisi di rilasciabilità delle commesse*: tutte le mattine, appena arrivato in ufficio, il Signor Zanetti o qualche suo collaboratore, accedeva al sistema informativo attraverso il PC posto sulla propria scrivania, e consultava le informazioni necessarie per la definizione della commesse di produzione da lanciare quel giorno. Le informazioni necessarie, automaticamente fornite in modo integrato dal sistema, erano le seguenti.

- *Lista delle commesse da lanciarsi nella settimana in corso e/o nella prossima e non ancora lanciate in produzione:* questa lista viene automaticamente ricavata tenendo conto della settimana di lancio decisa in fase di pianificazione di medio termine (vedi paragrafo precedente) e dello stato delle commesse (vedi seguito).
- *Disponibilità delle materie prime:* solo le commesse per le quali le materie prime risultano presenti a magazzino sono effettivamente lanciabili; per contro, per tutte le commesse per le quali pur essendoci una data pianificata di lancio in produzione entro la settimana corrente o la successiva, non sia ancora disponibile la materia prima, il sistema supporta l'emissione in automatico di un sollecito da indirizzarsi all'Ufficio Acquisti. In base alle risposte fornite da tale Ufficio, era poi possibile ridefinire l'eventuale settimana di prevista disponibilità della materia prima, e di conseguenza reiterare un nuovo processo di pianificazione aggregata di medio termine, come descritto nel paragrafo precedente. Normalmente, poiché il vincolo sulla disponibilità delle materie prime era particolarmente severo, il sig. Zanetti decideva di eseguire il lancio in produzione anche senza la disponibilità completa di tutto il materiale necessario, se solo era a disposizione la quantità necessaria a costituire un fascio, pari a circa 2.000 kg di materiale.
- *Disponibilità / approntamento degli utensili e delle attrezzature specifiche:* come è già stato anticipato, nessuna commessa poteva essere lanciata qualora non fosse predisposta dall'Attrezzeria almeno l'attrezzatura completa relativa alla fase di laminazione (se richiesta) oppure al primo tiro di trafila. Si stimava, infatti, che una volta assicurata la disponibilità delle attrezzature della prima fase produttiva l'Attrezzeria sarebbe stata in grado di approntare utensili ed attrezzature relative alle fasi successive prima che la produzione avesse portato a termine la prima fase. Il problema dell'approntamento di utensili ed attrezzature non riguardava solo le commesse per articoli nuovi (peraltro la maggioranza), ma anche quelle relative ad articoli già prodotti nel passato, a fronte della necessità di rivedere lo stato di conservazione, ed eventualmente ripristinare le funzionalità di detti utensili.

- *Stato di funzionamento del macchinario:* anche questo ultimo dato serviva a definire le condizioni di lanciabilità delle commesse, poiché era abitudine di Zanetti non lanciare in produzione le commesse la cui prima fase fosse allocata su una macchina correntemente guasta. Era invece tollerato che si operasse il rilascio di commesse che richiedessero centri di lavoro guasti nelle fasi successive, a fronte del fatto che era per lo più possibile provvedere al ripristino delle funzionalità produttive normali prima che la nuova commessa raggiungesse il centro in stato di down.

b) *Rilascio delle commesse*: una volta identificate le commesse rilasciabili in base ai criteri precedentemente discussi, l'addetto dell'Ufficio Programmazione provvedeva al rilascio, agendo ad una ad una sulle singole commesse per cui ciò era possibile. Il processo determinava il ricalcolo dei carichi macchina, che venivano aggiornati non solo per i centri che avrebbero operato la prima fase di ciascuna commessa rilasciata, ma anche per tutti i successivi, secondo una modalità di calcolo probabilistico. L'addetto sapeva che se avesse rilasciato un numero di commesse tale da intasare uno o più centri, non sarebbe stato possibile mantenere i tempi di attraversamento prefissati, il cui rispetto era invece basilare per mantenere il piano redatto a medio termine (vedi paragrafo precedente): pertanto, ogni volta che uno specifico centro risultava caricato per un numero di ore macchina maggiore o uguale ad una soglia prefissata, evitava di rilasciare nuove commesse che richiedessero tale centro, operando in tal modo un ribilanciamento dinamico dei carichi di lavoro. Alle volte, a fronte di commesse particolarmente urgenti che richiedessero centri già sovrautilizzati, si poteva operare una nuova modifica del ciclo di produzione, impiegando un centro alternativo, in modo da garantire comunque la producibilità di quanto rilasciato entro i tempi pianificati. Il medesimo ragionamento sopra sviluppato per i macchinari, vale anche per il carico di lavoro della manodopera, che spesso risulta critico (almeno in trafilatura e finimento), poiché è presente in reparto un numero di addetti inferiore a quello ipoteticamente necessario per attivare contemporaneamente tutti i macchinari a disposizione. Anche la sequenza di rilascio era particolarmente importante, per tenere conto di tutta una serie di vincoli ed opportunità, legati sia alla tecnologia produttiva, sia anche al portafoglio di ordini cliente da soddisfare. Sinteticamente, i vincoli considerati erano i seguenti.

- *Necessità di sincronizzazione tra commesse:* molto spesso, capitava che un cliente ordinasse due o più articoli, da consegnarsi in un'unica soluzione: in questo caso era necessario lanciare un numero di commesse corrispondenti al numero di articoli richiesti, ed era quindi necessario prestare particolarmente attenzione al fatto che le commesse procedessero in modo sincrono all'interno del sistema produttivo, in modo tale da garantirne la consegna simultanea.

- *Lottizzazione della laminazione:* mentre la trafilatura, a fronte di tempi di attrezzamento macchina piuttosto brevi poteva utilizzare i singoli fasci (di circa 2.000 kg) come lotti minimi, la laminazione, che richiedeva tempi piuttosto lunghi per la sostituzione delle varie gabbie, doveva essere ottimizzata attraverso la pianificazione di vere e proprie campagne di laminazione della dimensione di circa 10-20.000 kg. Tali campagne si ottenevano in particolar modo rilasciando in sequenza commesse richiedenti la medesima configurazione delle gabbie di laminazione, con la differenza al più dell'ultima.
- *Lottizzazione della ricottura:* anche i forni di ricottura, per la loro natura di tipo "batch", richiedevano di lavorare con lotti di circa 20.000 kg di materiale richiedente tutto il medesimo ciclo termico. Sfortunatamente, erano attivi in Salvi circa 7 differenti cicli termici, ed ogniqualvolta vi fossero in attesa ai forni quantitativi eterogenei nessuno dei quali sufficiente a riempire un'informata completa, la difficile scelta che il caporeparto si trovava di fronte era la seguente: mettere subito in produzione i semilavorati richiedenti il medesimo ciclo termico dei quali era disponibile la maggiore quantità, con il risultato di impegnare il forno per una frazione della propria capienza; oppure attendere l'arrivo di altro materiale, arrivando quindi ad un pieno utilizzo della capienza del forno, a costo di uno scadente utilizzo temporale della capacità di quest'ultimo. Zanetti cercava quindi di risolvere il problema alla radice, inviando in lavorazione commesse in grado di sposarsi in modo ideale alla fase di ricottura.

c) *Rilascio del piano di lancio:* le considerazioni sopra definite erano –tra l'altro- rese difficili dal fatto che era necessario svolgerle in un tempo molto breve. Infatti, tra le 9 e le 10 del mattino, dopo avere svolto tutti i ragionamenti sopra descritti, l'Ufficio Programmazione rilasciava il piano di lanci in produzione, stampandolo su carta ed inviandolo al Magazzino materie prime ed all'Ufficio Qualità. Il Magazzino provvedeva ad allestire tutte le materie prime richieste, nelle quantità indicate, ed a recapitarle in un'area di controllo, disposta di fronte all'Ufficio Qualità e delimitata da una striscia gialla a pavimento. L'Ufficio Qualità, una volta realizzati tutti i controlli previsti (vedi paragrafo "La Qualità") decretava il proprio benestare al rilascio della materia prima in produzione, e stampava il primo cartellino corrispondente a ciascun fascio appartenente alla commessa. A valle della stampa del piano di lancio, tutte le commesse lanciate e le corrispondenti operazioni modificavano il loro stato, che passava da "pianificate" a "lanciate".

d) *Analisi di lavorabilità delle singole operazioni.* La seconda grande attività relativa alla gestione di breve termine della produzione era quella relativa alla scelta delle sequenze produttive da realizzare turno dopo turno a livello di ciascuna macchina. Tale fase, molto simile concettualmente alla fase di rilascio in produzione sopra descritta, veniva realizzata in modo decentrato da singoli capireparto di: laminazione, trafilatura, ricottura e finimento. Anzitutto, costoro, all'inizio di ciascun turno produttivo, analizzavano quali quantitativi di quali commesse fossero lavorabili presso ciascuna macchina del proprio reparto. Tale attività richiedeva una grande quantità di informazioni, tutte disponibili da parte del sistema informativo di produzione, presso il PC dei capireparto stessi; esse sono di seguito delineate.

- *Stato di avanzamento delle singole commesse:* il sistema fornisce per ciascuna commessa la lista dei quantitativi di materiale per stato e posizione. Più in dettaglio, gli stati possono essere: in attesa, in lavorazione, lavorato, scartato; le posizioni riguardano invece i vari magazzini presenti nel sistema, ed i centri di lavorazione, ivi inclusi i sub-fornitori esterni. In tale modo è possibile conoscere quale e quanto materiale si trovi correntemente in attesa presso ciascun sottocentro, ed eventualmente dove si trovi il materiale rimanente che appartiene alla medesima commessa. La conoscenza di tali informazioni è fondamentale, poichè anzitutto consente di conoscere quale materiale sia effettivamente presente e quindi lanciabile da subito, mentre in seconda battuta permette anche di analizzare anche le fasi a monte, vedendo dunque se sia lecito attendersi a breve l'arrivo di nuovo materiale di un tipo già presente, fatto questo tale da suggerire il momentaneo congelamento della corrispondente operazione.
- *Disponibilità di utensili ed attrezzature specifiche:* mano mano che le differenti attrezzature specifiche vengono approntate dall'Attrezzeria, tale struttura provvede a variarne lo stato nella corrispondente tabella. Tale informazione è fondamentale, poiché risulta impossibile lavorare quanto non ha la disponibilità di tutti gli utensili e le attrezzature richieste. Pertanto, ogni volta che il caporeparto incontra un quantitativo di materiale le cui attrezzature non siano state ancora rese disponibili, autorizza l'emissione da parte del sistema di un sollecito verso l'Attrezzeria.
- *Disponibilità dei macchinari:* in questo caso ci si riferisce all'eventuale condizione di down di uno specifico macchinario, che viene segnalata off-line al caporeparto, e che determina l'esenzione di detto macchinario, per il turno in oggetto e fino alla risoluzione del problema, dalla programmazione dettagliata.

e) *Definizione delle sequenze produttive di turno*: in base alle informazioni sopra delineate, il caporeparto confeziona il piano di dettaglio per ciascuna risorsa del proprio reparto, utilizzando il calendario lavorativo e l'assegnazione operatori-centri decisa nella fase di pianificazione di medio termine (vedi § 3.3.3.). L'ordinamento avviene sulla base dei quantitativi e dei materiali effettivamente lavorabili (come definito sopra) e delle seguenti considerazioni.

- *Scelta della macchina:* la prima scelta da realizzarsi è relativa al'assegnazione di ciascuna lavorazione ad una specifica macchina del sottocentro. L'obiettivo perseguito in questa sede è ovviamente di bilanciare in modo ottimale i carichi di lavoro e ridurre, per quanto possibile, gli attrezzaggi macchina. Tutto, naturalmente, nel pieno rispetto del vincolo dettato dal numero di addetti assegnato per la settimana in corso al centro in esame, ulteriormente ridotto in caso di assenteismo, o malattia.
- *Appuntamenti produttivi*: in relazione alle problematiche relative al rispetto di specifici appuntamenti produttivi determinate (vedasi sopra) sia dalla fase di ricottura, sia dalla necessità di consegnare insieme due o più commesse, possono insorgere necessità di urgenza o, invece, di rallentamento di una o più commesse tra quelle lavorabili.
- *Urgenze:* a fronte delle perturbazioni produttive classiche, si possono determinare situazioni di ritardo, che debbono essere recuperate tramite l'applicazione alle corrispondenti commesse di uno specifico livello di priorità. Nel caso della Metallurgica Salvi, il sistema suddivideva le commesse in 3 diversi scaglioni, ad urgenza decrescente: commesse in ritardo, quando la data di consegna finale sia ormai nel passato; commesse operazionalmente in ritardo, quando la data di consegna di fase sia nel passato, ma ci siano ancora i margini per operare il recupero della puntualità della commesse, e commesse puntuali.
- *Attese:* una o più commesse possono essere poste temporaneamente in attesa, poiché le quantità lavorabili sono esigue ed è lecito attendersi, visto lo stato del materiale alle fasi a monte, che a breve possa arrivare presso la fase di lavorazione in oggetto, nuovo materiale delle medesime commesse: in tal caso viene preferito attendere per consentire la lavorazione di un lotto produttivo più grande, ottenendo quindi l'ottimizzazione dell'utilizzo delle macchine.
- *Quantità:* viene solitamente lanciata in produzione tutta la quantità in attesa presso la macchina in oggetto, per ottimizzare la lottizzazione: tuttavia, alle volte può essere necessario spezzare il lotto, o per fare spazio ad altre commesse più urgenti, oppure per non far arrivare troppo materiale di un certo tipo alla successiva fase di ricottura: tale materiale, infatti, non potendo essere direttamente caricato in forno, sarebbe comunque costretto

ad attendere il proprio turno per giorni, ed è dunque del tutto inutile lavorarlo subito.

f) *Stampa del piano di dettaglio:* una volta terminato il proprio lavoro, il caporeparto stampa il piano di ciascuna delle macchine del proprio reparto, che consegna agli addetti di macchina, ed all'Attrezzeria, per la predisposizione degli utensili e delle attrezzature da impiegarsi nel prossimo turno.

Controllo avanzamento produzione

Vista l'importanza di alimentare il processo di pianificazione e programmazione della produzione con informazioni di prima mano riguardanti l'avanzamento lavori, la Metallurgica Salvi ha prestato particolare attenzione, nello sviluppo del proprio sistema informativo di produzione, al supporto della fase di controllo avanzamento. Lasciando i dettagli informatici del caso al § 3.4.3., ci si soffermerà nel seguito ai soli aspetti di carattere logico.

Il concetto principale su cui si basa il disegno del sistema di controllo avanzamento della Salvi è la necessità di controllare dettagliatamente, con consistenza e tempestività la posizione fisica e gestionale entro l'azienda di qualsiasi quantitativo di materiale. In fase di sviluppo del sistema, si scelse pertanto di identificare univocamente ciascun singolo fascio di barre o rotolo, essendo i fasci ed i rotoli gli elementi minimi movimentabili all'interno del sistema. Un secondo concetto fondamentale, sul quale si è basato lo sviluppo del sistema di controllo è stato di garantire in qualsiasi momento la riconducibilità di qualsiasi entità di materiale alla commessa che lo richiede, e quindi al cliente vero al quale è destinato.

Mano mano che i materiali arrivano al magazzino materia prima, essi vengono immediatamente ricollegati alla commessa madre; pertanto, il tracciato di magazzino riporta: codice – commessa e quantità, rimanendo quindi chiaro che, anche in presenza dell'assegnazione della medesima materia prima a 2 commesse, è sempre riconoscibile il quantitativo destinato ad una rispetto a quello associato all'altra. In questa fase, i materiali non sono ancora confezionati in fasci, e pertanto rimangono caricati a magazzino sfusi.

All'atto del lancio in produzione (vedi paragrafo precedente), l'Ufficio Qualità provvede, una volta verificata la congruenza e conformità dei materiali (vedi paragrafo "La Qualità"), a suddividerli in fasci ed a dichiarare numero e caratteristiche di ciascun fascio realizzato al sistema. Mano mano che ciascun fascio viene fisicamente confezionato, pesato ed associato alla corrispondente commessa dichiarandolo al sistema, viene stampato il corrispondente cartellino identificativo. Il cartellino identifica lo specifico fascio, la commessa di riferimento, e dichiara la prossima fase produttiva cui il fascio dovrà essere sottoposto, riportando tutte le informazioni suddette sia in termini alfanumerici, sia attraverso un codice a barre. In tale modo, il fascio viene reso identificabile anche visivamente, e –per esempio- diviene esplicito dove esso debba essere recapitato per la fase successiva, a cura del personale addetto alle movimentazioni.

Il cartellino identificativo, una volta stampato, viene applicato ad un'etichetta di latta, che può essere collegata direttamente al fascio attraverso un anello di filo metallico. Una volta messo a punto il sistema di cartellinatura, il direttore di stabilimento ha esplicitamente vietato che un generico fascio possa circolare in stabilimento sprovvisto del cartellino di riferimento. La scelta del materiale per la realizzazione del cartellino identificativo ha comportato non pochi problemi: infatti, le lavorazioni svolte in Metallurgica Salvi (sabbiatura, bonderizzazione acida, ricottura, ecc.) insieme alla rudezza delle fasi di movimentazione, pongono fortemente a rischio l'integrità del cartellino medesimo: dopo molte prove, si è deciso di impiegare un materiale plastico molto resistente sia al calore, sia agli agenti corrosivi. Inoltre, il cartellino e le relative stampanti sono stati dimensionati in modo tale da garantire la possibilità di stampare tutte le informazioni ed i bar code in doppio, caso mai una chiazza d'olio rendesse illeggibile qualche area del cartello medesimo.

Ogni volta che l'operatore inizia la lavorazione su uno specifico fascio, ne stacca il cartellino e lo legge con uno scanner a sua disposizione, comunicando al sistema, in modo semplice ed automatico l'informazione inerente l'inizio lavorazione. Automaticamente, il sistema cambia lo stato dell'operazione corrispondente, che da "lavorabile" passa a "in lavorazione". Non appena viene terminata la lavorazione del fascio in oggetto, l'operatore lo dichiara al sistema mediante un'ulteriore lettura del cartellino; se necessario, si possono anche dichiarare scarti o sfridi di produzione, variando così il peso del fascio stesso. Il sistema reagisce a questa seconda transazione stampando il nuovo cartellino, relativo alla nuova operazione produttiva che dovrà subire il fascio.

Ogni volta che viene consuntivata per un fascio l'operazione di finimento, il sistema provvede automaticamente al versamento del corrispondente quantitativo di prodotto a magazzino finiti. I quantitativi giornalmente versati vengono poi comunicati dal sistema informativo di produzione al sistema gestionale, che rende tali quantitativi visibili all'ufficio vendite per un'eventuale consegna.

Evidentemente, l'insieme del sistema di pianificazione, programmazione e controllo della produzione sopra descritto consente ai responsabili di Metallurgica Salvi di fornire con tempestività ai clienti delle informazioni relative alla posizione dei propri ordini, ed alle possibili date di consegna dei medesimi.

Approvvigionamenti

Sulla base dei moduli RDA ricevuti dal responsabile della pianificazione, l'Ufficio Acquisti provvede ad emettere gli ordini ai fornitori. Quasi sempre i tempi di attesa sono assai lunghi e poco affidabili, a fronte del fatto che i quantitativi richiesti da Metallurgica Salvi erano troppo piccoli e disomogenei per risultare interessanti per le grandi acciaierie, che di conseguenza non dedicavano loro particolare interesse.

Qualora i tempi di consegna pianificati con il fornitore non coincidano con le richieste dell'Ufficio Programmazione, l'Ufficio Acquisti provvede ad avvisare tempestivamente tale secondo ufficio, in modo che questo possa provvedere tempestivamente alla ripianificazione della corrispondente commessa, secondo le modalità previstenel paragrafo "Pianificazione di medio termine della produzione".

La Qualità

Una delle maggiori priorità per la Metallurgica Salvi era la garanzia della massima qualità dei propri prodotti. La Salvi, infatti, sapeva che tutti i propri clienti avrebbero potuto approvvigionarsi anche presso fornitori diversi, dotati dei tradizionali processi di lavorazione per asportazione di truciolo, se solo la Salvi non si fosse dimostrata in grado di rispettare gli elevati standard di precisione che le erano propri. Va infatti specificato che la gran parte dei clienti, che appartenevano al settore motoristico e della macchina operatrice, avevano bisogno di pezzi dotati di un'elevatissima precisione nel rispetto delle tolleranze, delle resistenze strutturali, delle durezze e rugosità superficiali, ecc.

L'assicurazione qualità era assegnata all'Ufficio Qualità, diretto dall'Ing. Consoli, un uomo gioviale che faceva della meticolosità il proprio credo. In particolare, Consoli citava sempre con un malcelato orgoglio, il fatto che la propria azienda fosse stata la prima in Italia nel settore Metallurgico ad ottenere la certificazione ISO 9000, per di più con un prestigioso Istituto di certificazione del Nord Europa. Oltre alla stesura ed alle periodiche revisioni del manuale della qualità, la struttura di Consoli provvedeva a sbrigare tutte le articolate attività operative afferenti all'assicurazione ed al controllo della qualità in azienda.

Anzitutto, utilizzando la documentazione fornita dai produttori delle meterie prime acquistate, l'Ufficio Qualità provvedeva a benestariare il materiale prima del suo impiego in produzione. In particolare, era importante accertarsi che effettivamente si trattasse del materiale richiesto, che avesse tutte le caratteristiche di resistenza, resilienza, tenore di carbonio e di altri elementi microleganti previsti, e soprattutto che tutto il materiale destinato ad una medesima commessa fosse appartenente alla medesima colata, per garantire un'elevata uniformità di risultato.

In secondo luogo, a valle di ciascuna macro-operazione (laminazione, pelatura, tiri di trafila), un addetto dell'Ufficio Qualità prelevava un campione a caso da alcune barre di ciascun fascio, e le analizzava per ricavarne il contorno del profilo, che veniva poi messo a confronto con il profilo nominale a valle della fase in oggetto, così come definito a ciclo dall'Ufficio Studi. Qualora si rilevassero delle anomalie, l'Ufficio Qualità provvedeva ad avvisare la produzione, ed insieme si identificavano le contromisure del caso. Ad esempio, se si verificava che il profilo era "ricco" (cioè, eccedeva quello nominale di più di quanto non fosse consentito dagli intervalli di tolleranza impostati), si procedeva a realizzare nuovamente lo stesso triro di trafila: qualora il difetto permanesse, veniva richiesto all'attrezzeria di modificare la matrice, e si ripeteva l'operazione.

Un controllo ancora più dettagliato veniva compiuto a valle dell'ultima fase del finimento, prima della chiusura delle casse in legno. Una serie di campioni prelevati a caso erano sottoposti a tutte le prove relative non solo alla forma del profilo, ma anche: alla rugosità superficiale, alla durezza, alla linearità e lunghezza delle barre, ecc. Qualsiasi anomalia grave determinava la ripetizione delle prove su altri campioni, e, se confermata, la rottamazione immediata del lotto; viceversa, anomalie di più lieve dimensione venivano comunicate al cliente e si decideva insieme il da farsi.

Tutte le informazioni raccolte in relazione alle prove svolte lungo tutto il processo di produzione di ciascun singolo fascio e quindi di ogni commessa venivano raccolte antro opportuni archivi informatici a cura dell'Ufficio Qualità, che si incaricava anche di redigere tutta la documentazione di accompagnamento da allegare alle commesse in spedizione a cliente.

Manutenzione

A differenza della qualità, che era sentita in modo quasi maniacale all'interno della Metallurgica Salvi, la manutenzione dei mezzi produttivi non appariva al centro dei pensieri del capostabilimento.

Nonostante molti dei macchinari presenti avessero dei cicli di utilizzo e di guasto piuttosto ben prevedibili, nessuno aveva mai pensato di porre in atto un servizio di manutenzione preventiva; al contrario, si era proceduto alla progressiva riduzione delle squadre di manutentori, sino alla quasi complete delega esterna degli interventi manutentivi, che venivano sempre svolti in emergenza quando si manifestavano situazioni di guasto.

Ciò non mancava di creare anche significativi casi di perturbazione delle attività produttive, oltre che costituire il principale elemento di disturbo rispetto all'effettiva realizzazione dei piani produttivi stesi secondo le modalità illustrate in precedenza. Nonostante questo, sia il responsabile della programmazione, sia il capostabilimento, sapevano bene che in casi di emergenza era sempre possibile ricorrere a qualche subfornitore esterno (in particolare per guasto al laminatoio), oppure a centri alternativi (soprattutto per guasti in trafila o in finimento), così come confermava l'analisi storica dei principali eventi di guasto.

Aspetti organizzativi

Struttura organizzativa

La struttura organizzativa della Metallurgica Salvi era di tipo classicamente funzionale. I dirigenti che supportavano l'Amministratore Delegato nelle principali aree funzionali dell'azienda erano: il Direttore Amministrativo, Dr.Borgotaro; il Direttore Vendite, Sig.Piva; ed il Direttore di Stabilimento, Ing.Blevio. Dal Direttore di Stabilimento dipendevano direttamente i responsabili di: Acquisti, Ufficio Studi, Programmazione, Qualità, oltre che i vari capireparto. Infine, il responsabile Sistemi Informativi, Rag.Pinamonti, riportava al Direttore Amministrativo.

La forza lavoro in produzione era organizzata in modo da armonizzarsi con la struttura fisica del sistema. Più in particolare, ciascun reparto poteva contare su una propria squadra di operatori, che non potevano essere ceduti ad altri reparti se non in casi eccezionali. Infatti, da un lato ciò era di difficile attuazione per le grandi differenze nelle competenze tecnologiche necessarie per operare nei differenti reparti, dall'altro lato era resa difficile anche dalla struttura contabile interna, che identificava ciascun reparto come un centro di costo a sé stante.

Riguardo alle competenze dei singoli operatori, sebbene questo non fosse stato mai formalizzato a livello aziendale, i capireparto sapevano bene cosa i loro collaboratori potessero o non potessero fare. Più in particolare, sulla base delle competenze di ciascuno, erano state identificate delle squadre, composte da tutti e soli gli operatori in possesso della capacità e competenza per lavorare presso un certo mix di centri di lavoro. Per quanto i capireparto avessero ricevuto la disposizione di stimolare al massimo il progressivo estendersi delle competenze dei propri operai, risultava a tutti chiaro che le conoscenze necessarie per definire un buon trafilatore erano talmente ampie da rendere di fatto impossibile che costui potesse essere anche (ad esempio) un buon laminatore oppure finitore. Ad esempio, anche ad un osservatore inesperto, il lavoro del finitore poteva apparire come altamente specialistico: occorreva infatti risolvere tutte le piccole curvature delle barre, agendo attraverso vari tipi di macchine raddrizzatrici, a seconda del tipo di profilo, della lunghezza della barra, del tipo di materiale e del tipo di curvatura. Inoltre, qualora neppure le macchine potessero essere sufficienti, gli operatori disponevano le barre su piani di riscontro ed applicavano le deformazioni richieste attraverso piccole martellate, assestate in specifici punti della barra, ascoltando con perizia a volte sorprendente il rumore emesso dalla barra a verifica dell'avvenuta raddrizzatura.

A causa di tali importanti vincoli di competenza, la Metallurgica Salvi si sta avviando con molte difficoltà verso l'era della rotazione dei posti di lavoro, e con difficoltà ancora maggiori verso l'impiego di manodopera interinale, manodopera il cui impiego aveva provocato vere e proprie situazioni di conflitto con i clienti, a fronte di una qualità assai scadente del prodotto.

L'azienda ha recentemente varato un sistema premiante del tipo "MBO" (Management by Objectives) basato sul raggiungimento, da parte di ciascun reparto, di una serie di obiettivi annui autonomamente decisi dal caporeparto e successivamente approvati dal capostabilimento. Tali obiettivi, tassativamente multifunzione, riguardavano ad esempio: le tonnellate prodotte; la percentuale e l'entità media dei ritardi generati; la percentuale di rilavorazioni e scarti generati. Il premio di fine anno viene attribuito in relazione sia all'ambiziosità degli obiettivi posti, sia all'effettivo livello di raggiungimento di tali obiettivi.

Sistema Informativo

Come più volte riferito nei paragrafi precedenti, il sistema informativo della Metallurgica Salvi era costituito da un vecchio gestionale, sul quale era stato successivamente innestato un moderno sistema a supporto delle funzioni operative.

Il sistema gestionale, che girava su un elaboratore IBM AS400 standard, collegato a terminali e stampanti dislocati nei diversi uffici rilevanti, supportava tutte le funzionalità di carattere amministrativo. In particolare, erano allocate su tale sistema le funzioni di: contabilità generale ed analitica; gestione dipendenti, consuntivazione presenze, paghe e stipendi; contabilità ed amministrazione clienti, fornitori e magazzini; gestione contabile del libro cespiti, ecc.

Sul nuovo sistema venivano invece allocate le funzionalità più legate ai processi operativi, ed in particolare, come si è appreso nei paragrafi precedenti: ciclo attivo dell'ordine cliente; ciclo passivo degli ordini a fornitore; gestione materiali e magazzini; pianificazione, programmazione e controllo della produzione; gestione utensili e attrezzeria, gestione della qualità.

Il nuovo sistema era costituito da una rete locale, strutturata su 3 livelli. Al primo livello, vi era il server, che allocava il database, tutte le procedure e fungeva anche da interfaccia verso il sistema gestionale. Al secondo livello, erano presenti una serie di PC, collegati in rete a fibra ottica al server, ove erano allocate le diverse funzionalità sopra descritte: più in dettaglio, tali PC erano a disposizione di: Ufficio Vendite, Ufficio Acquisti; Attrezzeria, Ufficio Qualità, Ufficio Programmazione; Capireparto; Ufficio Studi. Infine, il livello 3 della struttura del sistema era costituito dai terminali di fabbrica, distribuiti nelle diverse aree dei reparti in modo che qualsiasi operatore vi potesse avere comodo accesso, e dalle relative stampanti per i cartellini di produzione.

L'aggiornamento dei due sistemi era garantito da collegamenti "quasi on-line" che provvedevano a riaggiornare gli archivi nelle due direzioni ogni 10 minuti circa, in modo da garantire la congruenza delle informazioni contenute.

Spunti per la discussione

Per affrontare la discussione in aula, si sviluppi una riflessione preventiva sui temi di seguito suggeriti.

a) Relativamente al *prodotto* realizzato dalla Metallurgica Salvi, si individuino le seguenti caratteristiche e le si discutano brevemente.
   - Ampiezza di gamma: dobbiamo considerare la gamma di prodotti realizzati ampia oppure ristretta?
   - Il prodotto realizzato, relativamente alle funzioni d'uso è di tipo specifico, oppure generico?

- Il prodotto realizzato è soggetto alla modularità e/o alla standardizzazione?
- Qual è la presumibile durata del ciclo di vita del prodotto, e dove si trova attualmente all'interno del suo ciclo di vita?

b) Relativamente al *processo produttivo* ed agli *impianti* utilizzati per realizzarlo, si discutano i seguenti aspetti.

- Dimensioni dell'impianto: lo dobbiamo considerare grande o piccolo? Esistono delle specifiche ragioni perché abbia tali dimensioni?
- Qual è il grado di specializzazione dell'impianto relativamente ai prodotti realizzati? Sarebbero realizzabili altri prodotti con lo stesso impianto? E, gli stessi prodotti, sarebbero realizzabili altrimenti?
- Qual è il livello di interconnessione fisica tra le varie fasi del processo produttivo che sono state illustrate?
- Qual è ragionevolmente il tempo di attraversamento dell'impianto, e quale sia il suo rapporto con i tempi tecnici di lavorazione ed attrezzaggio?
- In relazione a quanto sopra, quali siano presumibilmente i parametri di utilizzo, disponibilità, saturazione e resa dell'impianto in base alle valutazioni realizzabili sulla scorta del caso?
- La capacità produttiva dell'impianto è facilmente identificabile e ben misurabile? Perché? Qual è la sua unità di misura? E qual è l'importanza di tale misura?
- Rispetto a tale grandezza, qual è l'impatto dell'affidabilita' e manutenzione? Quale quello della conformità? E quale quello della programmazione della produzione?
- Sempre rispetto alla capacità produttiva, esiste un'influenza da parte dei colli di bottiglia?
- Per quanto concerne, invece, la flessibilità, come è possibile valutare la capacità dell'impianto di avviare nuovi prodotti? E la sua capacità di realizzare un mix produttivo ampio riassortendolo in poco tempo? E la sua capacità di adattarsi a variazioni di volume aggregato? E la sua capacità di adattarsi a cambiamenti di piano produttivo nel breve?

c) Per quanto riguarda le varie tipologie di materiali, dalle materie prime ai prodotti finiti, si discutano i seguenti aspetti:

- Qual è il livello di prevedibilità dei fabbisogni per i materiali tipici delle varie fasi (Materie prime, semilavorati, finiti)?
- Qual è la stabilita' di struttura dei prodotti finiti, per quanto concerne la distinta base dei materiali che li compongono ed il modo di accoppiare tali materiali?

- Qual è l'entità ed il posizionamento prevalente delle scorte? Più in particolare: quanto sono rilevanti, come quantità e costo, le scorte di materie prime? E quelle di semilavorati? E quelle di prodotti finiti?
- Qual è il livello di controllo esercitato sulla distribuzione dei propri prodotti finiti? E le possibilità di collaborazione con i clienti?
- Qual è il livello di controllo sulla produzione delle materie prime a monte? E le possibilità di collaborazione con i fornitori?

d) Riguardo alle *metodologie ed attività di pianificazione, programmazione e controllo* della produzione, si meditino i seguenti spunti.

- Qual è, in relativo, la complessità e rilevanza delle varie fasi del processo di pianificazione, programmazione e controllo: pianificazione a medio-lungo termine, programmazione a breve termine, controllo di avanzamento in tempo reale?
- Quale è, nel contesto visto, la criticità e l'affidabilità delle previsioni di vendita? E la lunghezza dell'orizzonte previsionale?
- Quali sono i prevalenti fabbisogni informativi, e qual è il flusso prevalente delle informazioni in azienda?
- Qual è la modalità prevalente di assorbimento delle variazioni della domanda (in quantità, in mix)?
- Relativamente alle risorse umane ed alla loro organizzazione, anche in relazione al contesto tecnico-produttivo, si rifletta criticamente sui seguenti punti.
- Qual è il contenuto di lavoro per unità di prodotto? In altri termini: all'interno del prezzo finale del prodotto prevale: il costo delle materie prime? Il costo del lavoro? Il costo fisso? Il margine del produttore?
- Qual è il livello di qualificazione richiesta al personale nelle sue differenti specializzazioni o tipologie? Valutare sia la qualificazione di tipo professionale, sia quella attitudinaria.
- Qual è il grado di polivalenza richiesta al personale nelle sue differenti specializzazioni e tipologie?
- Qual è il rapporto tra MdO indiretta e MdO totale?

e) Infine, relativamente alle tematiche di *amministrazione, gestione ed organizzazione* del sistema logistico-produttivo descritto nel suo complesso, si rifletta sui seguenti aspetti:

- Quali sono le prestazioni chiave esterne (e quindi, visibili dai clienti) del sistema?
- E quali le prestazioni chiave interne, quindi non visibili dai clienti, ma in grado di influenzare in modo determinante l'ottenimento delle prestazioni esterne?

- In relazione all'ottenimento delle prestazioni interne ed esterne che risultassero maggiormente rilevanti, quali sono i compiti chiave del management?
- Infine, come sono prevalentemente orientati i flussi di informazioni necessari per supportare le decisioni gestionali finalizzate al raggiungimento degli obiettivi sopra definiti?

1.7 GENERAL CARS SPA

La carta d'identità di Menphis

Lo stabilimento di Menphis è un enorme complesso di oltre 2.700.000 m^2 (di cui circa 700.000 occupati dagli stabilimenti dei fornitori). Nello stabilimento, la cui area coperta supera i 390.000 m^2, sono impiegati 9.000 addetti (di cui 2.000 fanno riferimento ai fornitori) operanti su tre turni per sei giorni alla settimana. Lo stabilimento è integrato, ovvero al suo interno, includendo le oltre 70 linee produttive dei fornitori, si espleta quasi completamente il ciclo di fabbricazione e di assemblaggio delle vetture ivi prodotte.

Il valore complessivo dell'investimento si aggira intorno ai 4.600 miliardi di lire; la razionalità e la completezza del progetto sono testimoniati da buon livello di produttività dell'insediamento (79 vetture/addetto*anno); quest'ultimo valore resta comunque lontano dai massimi livelli di produttività raggiunti da impianti siti in Giappone e a capitale nipponico, che superano le 130 vetture/addetto*anno.

A Menphis si producono la Viper (in 30 versioni, incluse quelle speciali per il mercato giapponese ed inglese) e la più recente Python (in 6 versioni). Le auto, una volta prodotte, vengono fatte pervenire ai concessionari sia ricorrendo al trasporto su rotaia sia su gomma.

Come nasce un'automobile

Il primo concetto di catena di montaggio, reso famoso da Henry Ford e dal suo modello T, ha oggi perso gran parte della sua validità e non si adatta a descrivere il processo produttivo adottato a Menphis. Infatti per mezzo delle tradizionali tecniche di parcellizzazione, specializzazione e coordinamento del lavoro utilizzate di norma nelle catene di montaggio non si può ottenere una "**efficienza sostenibile**". Infatti l'alienante ripetitività di questo sistema fa sì che l'operatore perda in breve tempo la propria motivazione e la propria partecipazione agli obiettivi dell'impresa, con un gran numero di contenziosi tra l'azienda e le rappresentanze sindacali[1], ed in definitiva con scarsa produttività degli impianti.

---

[1] Un'indagine empirica avviata nella seconda metà degli anni '70 presso l'impianto General Motors di Terrytown (N. Y.) evidenziò con chiarezza l'impatto di un investimento in formazione e coinvolgimento delle risorse umane durato oltre 5 anni e costato 16 Milioni di dollari.

Così, nell'ottica di una moderna realtà industriale, si è percepito che la cura degli aspetti più propriamente legati a fattori sociologici dell'impiego ha giustamente il peso più elevato, dal momento che "la motivazione della forza lavoro è il vero segreto della qualità". Nel progetto dell'impianto di Menphis, questi aspetti hanno rivestito un ruolo fondamentale, particolarmente nella linea di assemblaggio, come si descriverà in seguito.

In Figura 1 è riportata una planimetria dell'impianto di Menphis. Uno degli elementi più rilevanti di questa configurazione, diversamente da quanto si era fatto per i precedenti insediamenti produttivi, consiste nell'aver definito il Lay-out d'impianto sostanzialmente basandosi sul flusso del processo di assemblaggio. In questo modo, si sono uniformate le logiche della logistica e quelle della gestione della produzione. Questo è lo schema generale del ciclo produttivo.

1). *Stampaggio (1).* Dal magazzino Lamiere (Capacità di stoccaggio 1.100 ton) vengono prelevate le lamiere da tranciare; quindi i pezzi vengono trasferiti in modo sincrono alle presse di stampaggio, che producono i pannelli di carrozzeria anche per altri stabilimenti della GENERAL CARS, tra cui quello di Dallas. La produzione è ovviamente a lotti, suddivisa nei tre corpi carrozzeria Viper 3-5 porte e Phyton 3 porte.

2). *Lastratura (2).* A partire dalle lamiere vengono formate le scocche mediante operazioni di saldatura completamente automatizzate; durante la movimentazione, sempre automatica, verso lo stadio successivo vengono effettuati numerosi controlli, anche questi automatizzati, relativi sia alle tolleranze dimensionali sia alla bontà dei punti di saldatura. Anche questo reparto opera a lotti, non per una rigidità dei robot, ma piuttosto per "assecondare" il flusso dei materiali proveniente dalla fase a monte.

3). *Verniciatura (3).* Anche questa parte del processo è completamente automatizzata ed in essa si provvede al pretrattamento delle scocche, alla verniciatura per elettroforesi, all'applicazione degli smalti, degli isolanti e dei protettivi sottoscocca. Questo reparto lavora raggruppando scocche del medesimo colore, e quindi a lotti, come si può facilmente capire pensando ai lunghi e costosi attrezzaggi richiesti per il cambio di vernice.

All'inizio del progetto vi erano oltre 2000 contenzioni all'anno, con un tasso di assenteismo del 7.5% e con il peggior livello qualitativo tra tutti i 18 impianti GM sul territorio americano; alla fine del progetto si era arrivati ad una situazione di 20 contenziosi all'anno, tasso di assenteismo ridotto al 2% e al migliore livello qualitativo e di produttività tra tutti gli impianti precedentemente considerati.

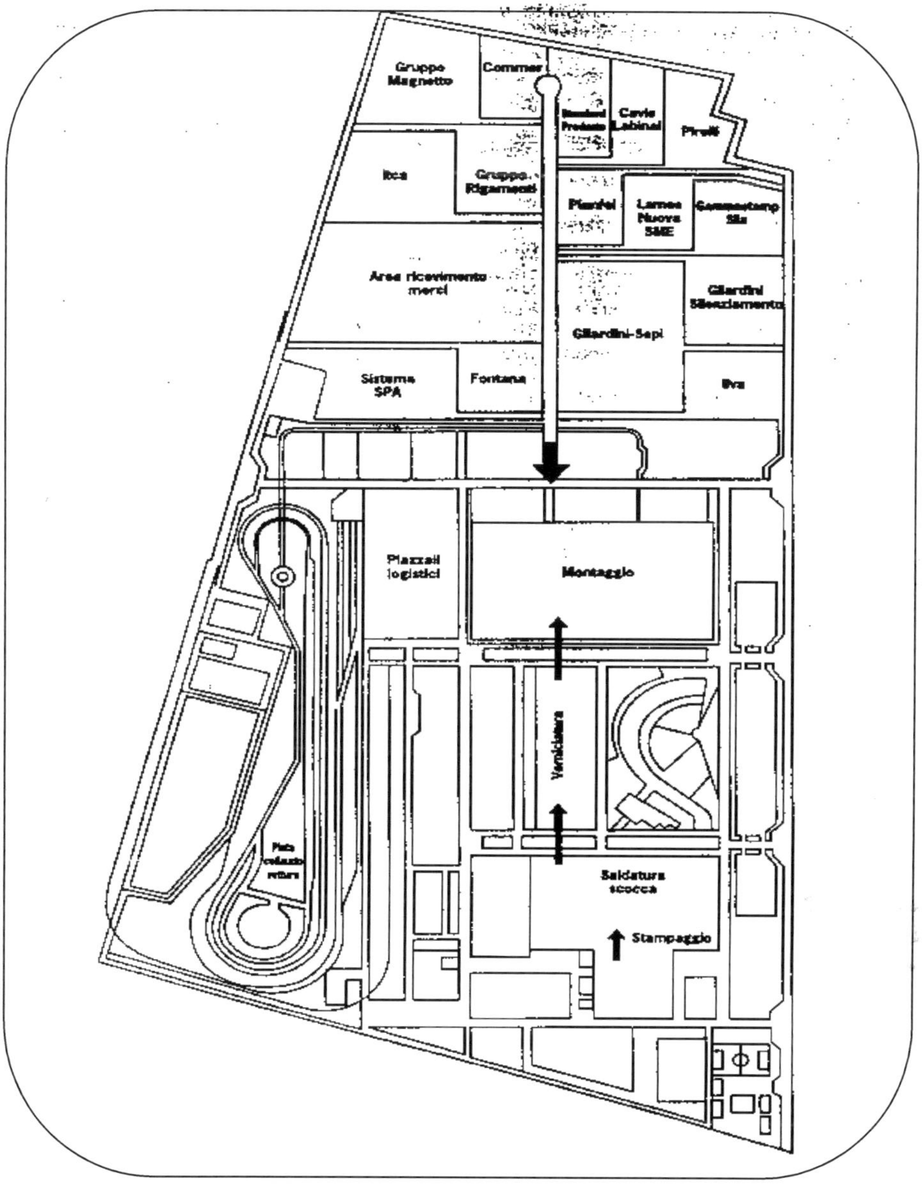

Figura 1: Planimetria dello stabilimento e del circostante parco produttivo di Menphis

4). *Assemblaggio (4).* La linea di assemblaggio è in realtà composta da due linee parallele, equivalenti ma in grado di produrre allestimenti diversi dei due modelli in produzione[2]; tutto il processo di montaggio ruota attorno alla scocca già verniciata e rifinita. In questa ultima fase si lavora secondo una logica Mixed Model.

La necessità delle due linee si è manifestata poiché all'impianto è richiesta una potenzialità produttiva di 1600 vetture/giorno, equivalenti ad una vettura ogni 54 secondi. Se si fosse dovuto conseguire un tale risultato con una sola linea si sarebbe dovuto contrarre il tempo di ciclo di ciascuna stazione, rinunciando a molti degli obiettivi di allargamento e di arricchimento delle mansioni degli operai che invece erano alla base del progetto.

Alle due linee vengono convogliati i sottogruppi da montare (es. pedaliera, sterzo, ecc.) a loro volta assemblati in sotto-rami delle linee principali, o direttamente consegnati dai fornitori. In Figura 2 viene data una descrizione grafica della sequenza delle operazioni di montaggio, con riferimento ad una singola linea.

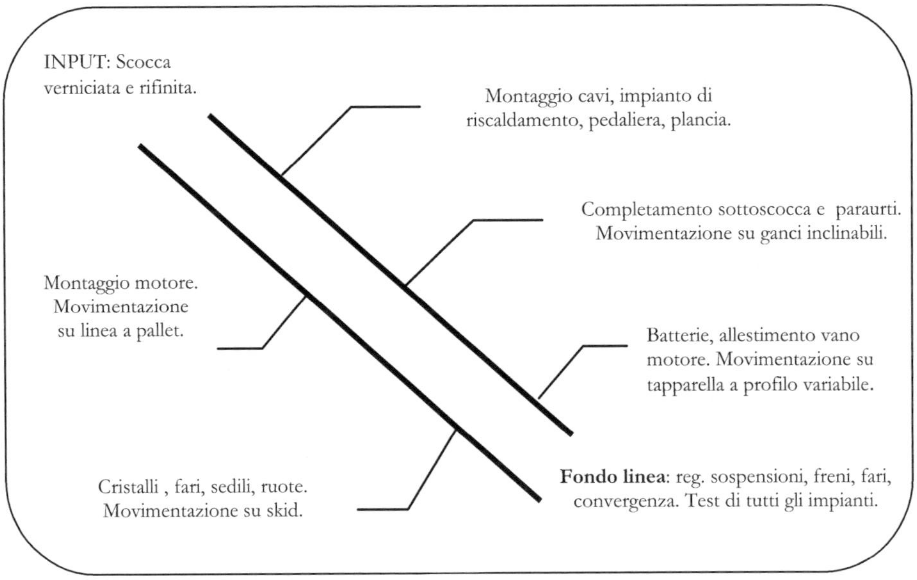

Figura 2: Schema della linea di assemblaggio

[2] In particolare la prima linea assembla la Viper nelle due versioni 3 e 5 porte, mentre la seconda è dedicata alla Viper 5 porte e alla Python 3 porte.

La linea di assemblaggio è dotata di 36 robot, su un totale di 335 presenti nell'impianto, e le singole postazioni sono progettate secondo moderni canoni ergonomici. Nel caso di versioni con molti optionals, alcune stazioni possono risultare sovrautilizzate, ovvero possono non riuscire a completare le operazioni nei 54*2=108 secondi assegnati. Per questo è molto importante sequenziare correttamente la produzione per bilanciare il carico delle singole stazioni alternando modelli/versioni che sovrautilizzano la stazione con modelli/versioni che la sottoutilizzano. Situazioni di questo tipo si sono realmente verificate nei primi periodi di introduzione dell'optional AirBag; infatti poche vetture ne erano dotate, ed il lungo tempo di montaggio contribuiva a sbilanciare molto il carico di alcune stazioni. Introducendo questo dispositivo come "di serie" su gran parte della gamma Punto si è risolto un problema di schedulazione, contribuendo inoltre a ridurre i costi di produzione.

La gestione del sistema produttivo

La programmazione della produzione.

Come è lecito attendersi, il processo produttivo è guidato dalle vendite, poiché le autovetture finite sono costose ed ingombranti. Per questo è necessario coordinare produzione e distribuzione, con forti vincoli legati alla versione, al colore e all'allestimento delle vetture ordinate. Ulteriore necessità è quella di raggruppare le auto che vanno spedite a concessionari e/o succursali geograficamente vicini tra loro per ridurre i costi di trasporto.

Nel dettaglio, questi sono i passi che vengono seguiti nella pianificazione della produzione.

1). Settimanalmente gli ordini inoltrati dai concessionari vengono raccolti ed inviati alla sede centrale della GENERAL CARS, ma entreranno nel piano di produzione "spostati" di otto settimane rispetto al momento in cui sono stati raccolti: queste otto settimane sono più o meno il tempo di attesa che il concessionario comunica al cliente.

2). La sede centrale analizza i modelli e le versioni richieste ed abbina ogni vettura ordinata allo stabilimento in grado di produrla[3]; a partire da questi dati viene elaborato mensilmente il programma di produzione, su un orizzonte semestrale, di cui solo i primi due mesi, come è facile capire, sono definiti dagli ordini dei concessionari, mentre i successivi quattro sono previsioni che servono a guidare gli acquisti di materiali a più lungo tempo di approvvigionamento. Dei due mesi legati agli ordini dei concessionari solo il primo è da considerarsi altamente rigido, mentre il secondo può essere soggetto a cambiamenti (ripensamenti legati al cliente, ecc.).

[3] Ad esempio: la Viper viene prodotta a Menphis nelle sole motorizzazioni 1.1 e 1.2 benzina.

3). Quindi il piano viene trasmesso ai vari stabilimenti e ciascuno, in funzione del proprio grado di integrazione con i fornitori e della tipologia del processo produttivo, individua quanta parte del mese debba essere considerata come rigida. A Menphis solo la prima settimana diventa esecutiva, mentre sulle restanti tre si possono operare delle limitate riorganizzazioni interne. Il piano dettagliato è comunicato alla linea di assemblaggio e ai fornitori ogni martedì per la settimana successiva.

Nella realtà il piano di produzione è ***inderogabilmente rigido*** solo quando le scocche sono già entrate in linea di assemblaggio, mentre è possibile un limitato risequenziamento fintanto che si resta nei reparti di Lastratura e Verniciatura. In ogni caso, quando il piano di produzione della prima settimana è formulato, esso diviene guida al "flusso teso" e coordinerà le attività produttive interne con quelle dei fornitori.

La gestione degli approvvigionamenti.

Il rapporto con le aziende fornitrici dello stabilimento di Menphis è stato oggetto di un complesso lavoro di ridefinizione. Infatti una delle fasi fondamentali dell'adozione della filosofia della Lean Production passava attraverso una drastica revisione del tradizionale e conflittuale rapporto con i fornitori. Pertanto, grazie ad un lungo lavoro di coinvolgimento e di ripensamento delle consolidate relazioni di fornitura, GENERAL CARS è riuscita a coinvolgere tutti i suoi principali fornitori[4] ad investire e a costruire impianti a Menphis , facendone così nel comparto automobilistico il **primo sito produttivo al mondo veramente "integrato"**.

Ciò è stato compiuto con la finalità di instaurare il Just In Time nella gestione degli approvvigionamenti. In particolare, intimamente connesse alla modalità di pianificazione della produzione prima descritta, vengono adottate queste differenti modalità di gestione degli approvvigionamenti, che corrispondono a livelli via via crescenti di sincronizzazione tra GENERAL CARS e fornitori:

a) *Kanban Elettronico.* Per 13 dei 22 fornitori che si sono posizionati nel complesso di Menphis, l'invio di materiali in linea avviene utilizzando dei contenitori dotati di codice a barre. Quando un contenitore è vuoto, la semplice lettura del codice inoltra automaticamente un ordine di riapprovvigionamento, secondo lo schema tipico della gestione kanban "vuoto per pieno". E' evidente come questa modalità sia riservata ai fornitori meno "tempestivi", dal momento che strutturalmente vengono previste delle scorte, in media pari alla metà del lotto di approvvigionamento.

[4] Nel complesso di Menphis sono concentrati gli stabilimenti di 22 fornitori, i cui componenti rappresentano il 40% del costo dell'intera auto. Considerando come il motore venga prodotto dalla stessa General Cars nell'impianto di Dallas, il 40% del costo dell'auto equivale alla quasi totalità dei componenti critici.

b) *Just in Time Sincrono.* I componenti vengono richiesti solo nel momento in cui non sono più possibili risequenziamenti del flusso produttivo, il che implica, stando al concetto di "flusso teso", che vengono emessi gli ordini di approvvigionamento esattamente nel momento in cui la scocca lascia il reparto di verniciatura e viene trasportata su una delle due linee di assemblaggio. Perché questo sia possibile, il Lead Time di fornitura deve essere inferiore al tempo che intercorre tra l'abbandono dello stadio di verniciatura ed il momento in cui il componente è richiesto in assemblaggio.

c) *Just in Time da Work in process.* Quando non si verifica la condizione di cui sopra, l'ordine viene effettuato quando ancora la scocca si trova ancora nel reparto di verniciatura o talvolta anche in lastratura. Dal momento che, come detto altrove, in questi due reparti è ancora possibile un risequenziamento della produzione[5], nonostante l'alta sincronizzazione può verificarsi un modesto accumulo di scorte.

Le modalità di fornitura Just in Time sincrono e da WIP sono riservate ai rimanenti 9 fornitori. Di questi uno solo, il fornitore di sedili, lavora in JIT di produzione[6], mentre gli altri forniscono i componenti richiesti dal loro magazzino interno.

Per gestire la componentistica che arriva dall'esterno esistono due centri di smistamento che prendono in consegna i vari materiali e si occupano del delivery fisico alle varie stazioni di assemblaggio di modo che, ai morsetti della linea, le procedure di approvvigionamento possano essere trattate tutte allo stesso modo, distinguendo solo tra classi di fornitori più o meno sincronizzati. Il sistema di movimentazione/smistamento di questi ultimi codici è molto scenografico, essendo basato su tradotte meccanizzate, gestite completamente dal calcolatore, di 1000m di lunghezza e ben 24m di larghezza.

L'organizzazione di stabilimento

Le linee guida del progetto di Menphis

Il progetto dello stabilimento di Menphis ha costituito per GENERAL CARS una grande occasione per rivedere il proprio concetto di organizzazione di stabilimento. La precedente esperienza di avvio di un impianto era costituita dallo stabilimento di Dallas, destinato alla produzione di motori e tuttora attivo; l'obiettivo fu allora quello di spingersi verso sistemi ad altissima automazione nella produzione, ma più ancora nell'assemblaggio, arrivando ad automatizzare addirittura l'85% del complicato ciclo di

[5] Ad esempio in verniciatura si possono permutare le auto per accorpare lotti del medesimo colore.

[6] Vale a dire produce nel momento in cui arriva dalla linea di assemblaggio l'ordine di approvvigionamento (MTO).

montaggio di un motore; questo per uniformare la qualità del prodotto e per ridurre l'incidenza del costo del lavoro.

Dallas è tuttora l'impianto tecnologicamente più avanzato ed automatizzato a livello mondiale ma, da un punto di vista sistemico, l'esperienza può dirsi non del tutto coronata dal successo. Infatti la complicazione del sistema di controllo non è stata supportata dal progetto di un adeguato sistema organizzativo. Il responsabile dello stabilimento di Dallas, intervistato a proposito della struttura dell'impianto, parla di "dissonanza tra un sistema produttivo (hardware) avanzatissimo ed uno organizzativo (software) tradizionale e chiamato semplicemente ad assecondare lo sviluppo tecnico del primo".

Con Menphis si è allora cercato di far "cooperare" le potenzialità derivanti dall'automazione flessibile con una sostanziale revisione di tutti i concetti di produzione, approvvigionamento ed organizzazione. Questa peculiarità fa nuovamente di Menphis un insediamento unico a livello mondiale, essendo stato il primo caso in cui si sia progettato congiuntamente il prodotto (la Viper), lo stabilimento destinato a produrlo e le modalità organizzative di controllo. Per fare ciò si sono percorse essenzialmente tre strade:

1). Si sono assunte quasi esclusivamente persone giovani (età media 26.6 anni) ed estranee ad ogni cultura industriale, per non dover rimuovere, in sede di formazione, mentalità consolidate.

2). Il personale neo-assunto ha un elevato potenziale umano ed un alto tasso di scolarizzazione, dal momento che risulta almeno diplomato.

3). Si è investito pesantemente nella formazione; per i ruoli professionalmente più rilevanti si sono tenuti corsi della durata di oltre due anni.

Le UTE

La struttura organizzativa della produzione si articola, come già si accennava altrove, in UTE (Unità Tecnologiche Elementari). Le UTE sono **unità elementari dotate di competenze multifunzionali che governano dei sottosistemi tecnologicamente omogenei** o un sottoprodotto ben definito; nelle UTE vengono saldate delle competenze diverse, a volte molto differenti, che tradizionalmente venivano collocate in reparti e centri di responsabilità distinti. L'elemento di rilievo è costituito dal fatto che l'UTE assume piena responsabilità della porzione di prodotto-processo assegnatole, potendo svolgere autonomamente le attività che ritiene opportune per introdurre miglioramenti, risolvere problemi, ecc., disponendo delle competenze e perfino delle risorse finanziarie necessarie.

Quello che si è fatto quindi è stato segmentare il processo produttivo in porzioni ben distinte sotto il profilo tecnico (es. rifinitura vano motore, montaggio quadro strumenti, ecc.), assegnando a ciascuna UTE non solo le competenze tecniche necessarie a tutte le operazioni, ma dotandola anche di ruoli che perseguissero obiettivi di miglioramento continuo in termini di costo-qualità.

Il coordinamento delle diverse UTE ed il trasferimento reciproco delle conoscenze maturate viene assicurato da enti trasversali, che sono tipicamente la Logistica e la Qualità.

Una menzione di rilievo merita il ruolo di **responsabile UTE**, che è il referente ed il coordinatore dell'unità elementare. Questa figura gerarchica sembra in antitesi con la partecipazione attiva e paritaria richiesta a ciascun componente della UTE, ma si è resa necessaria per adattare alla realtà americana un modello di organizzazione del personale che ha impiegato più di venti anni, in Giappone, per costruirsi quei requisiti di partecipazione e di coinvolgimento del tutto estranei alla realtà della GENERAL CARS. In questo modo la necessità di riadattare i modelli originali della Lean Production ad un diverso contesto di adozione è stata assai ben assecondata.

Si riporta in Figura 3 lo schema organizzativo dello stabilimento di Menphis.

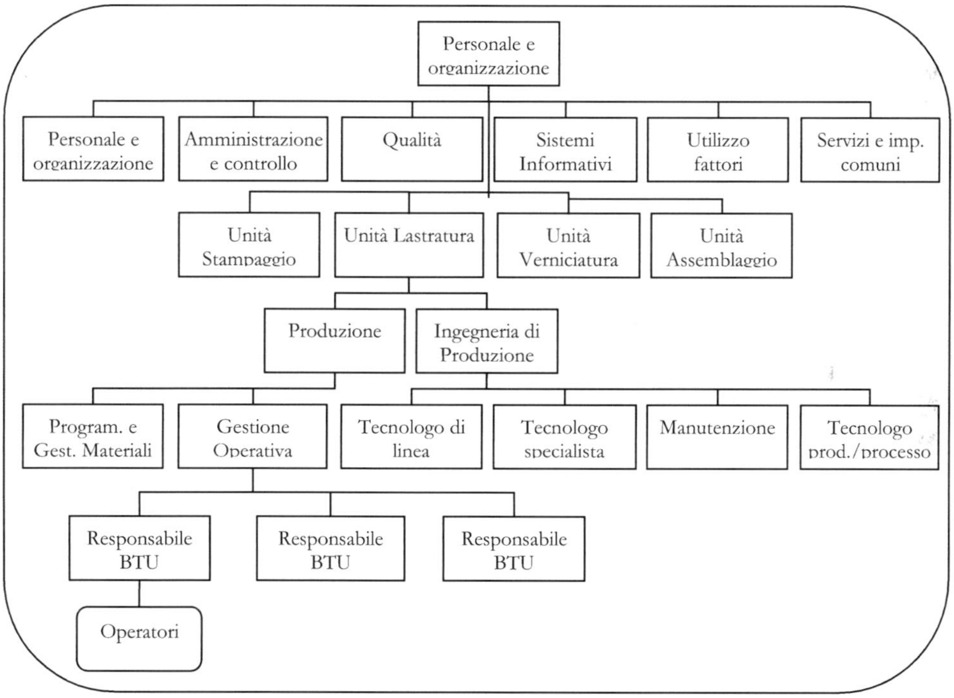

Figura 3: Schema logico dell'organizzazione dello stabilimento di Menphis

Un esempio di soluzione di assemblaggio evoluta

Per esemplificare quale possa essere una soluzione di organizzazione del personale e di parcellizzazione del contenuto di lavoro diversa dalla tradizionale linea Taylorista, si osservi la soluzione riportata in Figura 4; essa garantisce elevati allargamento e di arricchimento delle mansioni degli addetti, e trasforma la classica linea in un'isola di montaggio.

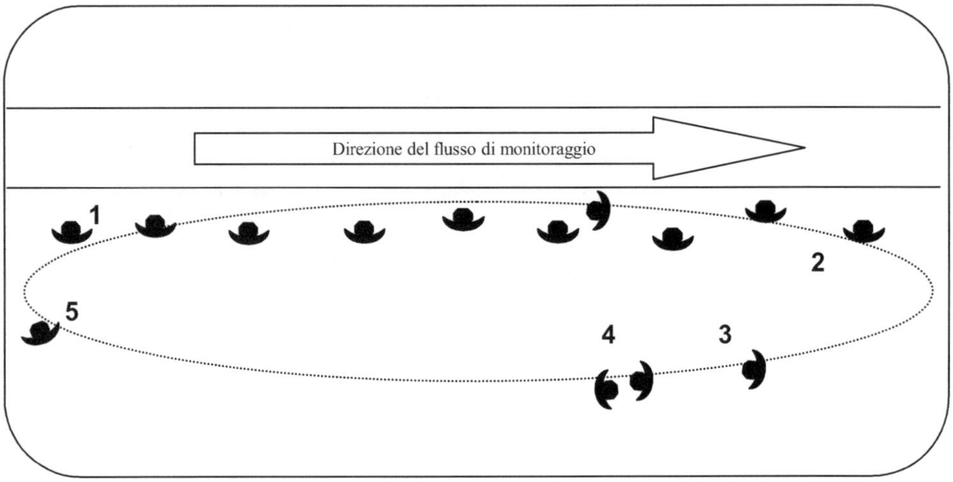

Figura 4: Schema di organizzazione del personale in montaggio

Con riferimento alla Figura 4, in posizione (1) l'addetto A entra in linea: spostandosi e seguendo, per un tratto limitato, le vetture che avanzano (2), egli compie via via tutte le operazioni del ciclo tecnologico della UTE. Alla fine esce dalla linea (3). Dal momento che gli addetti sono in soprannumero rispetto a quelli fisicamente necessari allo svolgimento di tutte le mansioni, si crea un istante di pausa (4), fintanto che tutti gli addetti usciti di linea prima dell'addetto A non sono rientrati, al che anche l'addetto A rientra in linea (5). Questa organizzazione assicura una certa varietà delle mansioni assegnate, ed è assai robusta perché delega il coordinamento agli addetti che compongono l'unità, isolando il sistema da micro-assenteismi. Inoltre si creano tanti operatori Jolly quanti sono gli operatori della UTE, dal momento che ciascuno di loro ne conosce tutto il ciclo tecnologico.

Il ruolo degli uffici tecnici e del Direttore di Stabilimento

Come detto precedentemente, Menphis ha costituito per GENERAL CARS l'opportunità di ripensare i propri processi organizzativi. In particolare sono stati definiti i seguenti nuovi ruoli a presidio del miglioramento continuo di qualità/costo nell'ambito della produzione di un modello.

a) Comitato Qualità Prodotto in esercizio. Distinto per veicolo e per meccanica, si occupa di individuare scostamenti dallo standard qualitativo e di produttività definiti a budget.

b) Responsabili Qualità del Modello. Sono i Direttori di tutti gli stabilimenti in cui un dato modello viene prodotto.

c) Gruppi Ω. Sono organismi interfunzionali di specialisti che collaborano alla risoluzione dei problemi tecnici evidenziati dai comitati di qualità.

d) Team di Piattaforma. Sono dei gruppi che si occupano dello sviluppo di nuovi modelli, trasferendo le conoscenze progettuali apprese nel corso di progetti aventi basi architetturali analoghe (cioè appartenenti alle medesime piattaforme); oltre a ciò collaborano alla gestione del prodotto in esercizio.

Al direttore di stabilimento sono assegnati due compiti in particolare:

1). In funzione delle indicazioni dei comitati di qualità si occupa di indicare le priorità di intervento sui vari modelli. Dal momento che alcuni stabilimenti vengono presi come riferimento per un certo modello ivi prodotto (sono detti "stabilimenti capocommessa"), la decisione del Direttore di Stabilimento capocommessa ha effetto in tutti gli stabilimenti dove si produce quel dato modello;

2). E' inoltre il responsabile della gestione del prodotto in esercizio, con gli obiettivi di mantenere gli standard definiti, di proporre delle iniziative di riduzione del costo (aumentando la produttività degli impianti, dei materiali, della manodopera, ecc.), di ridurre gli interventi in garanzia, ecc.

Per ovviare a queste due responsabilità il Direttore di Stabilimento si fa affiancare dai team tecnici, ma resta comunque il solo referente della direzione centrale. Si può osservare, da questa suddivisione dei compiti, l'estrema qualificazione dei ruoli tecnici, liberati dalle più operative incombenze del controllo della produzione, e concentrati sul mantenimento e sul miglioramento degli obiettivi di progetto.

Spunti per la discussione

Per affrontare la discussione in aula, si sviluppi una riflessione preventiva sui temi di seguito suggeriti.

a) Relativamente al prodotto realizzato dalla GENERAL CARS, si individuino le seguenti caratteristiche e le si discutano brevemente.

- Ampiezza di gamma: dobbiamo considerare la gamma di prodotti realizzati ampia oppure ristretta?

- Il prodotto realizzato, relativamente alle funzioni d'uso è di tipo specifico, oppure generico?
- Il prodotto realizzato è soggetto alla modularità e/o alla standardizzazione?
- Qual è la presumibile durata del ciclo di vita del prodotto, e dove si trova attualmente all'interno del suo ciclo di vita?

b) Relativamente al processo produttivo ed agli impianti utilizzati per realizzarlo, si discutano i seguenti aspetti.
   - Dimensioni dell'impianto: lo dobbiamo considerare grande o piccolo? Esistono delle specifiche ragioni perché abbia tali dimensioni?
   - Qual è il grado di specializzazione dell'impianto relativamente ai prodotti realizzati? Sarebbero realizzabili altri prodotti con lo stesso impianto? E, gli stessi prodotti, sarebbero realizzabili altrimenti?
   - Qual è il livello di interconnessione fisica tra le varie fasi del processo produttivo che sono state illustrate?
   - Qual è ragionevolmente il tempo di attraversamento dell'impianto, e quale sia il suo rapporto con i tempi tecnici di lavorazione ed attrezzaggio?
   - In relazione a quanto sopra, quali siano presumibilmente i parametri di utilizzo, disponibilità, saturazione e resa dell'impianto in base alle valutazioni realizzabili sulla scorta del caso?
   - La capacità produttiva dell'impianto è facilmente identificabile e ben misurabile? Perché? Qual è la sua unità di misura? E qual è l'importanza di tale misura?
   - Rispetto a tale grandezza, qual è l'impatto dell'affidabilità e manutenzione? Quale quello della conformità? E quale quello della programmazione della produzione?
   - Sempre rispetto alla capacità produttiva, esiste un'influenza da parte dei colli di bottiglia?
   - Per quanto concerne, invece, la flessibilità, come è possibile valutare la capacità dell'impianto di avviare nuovi prodotti? E la sua capacità di realizzare un mix produttivo ampio riassortendolo in poco tempo? E la sua capacità di adattarsi a variazioni di volume aggregato? E la sua capacità di adattarsi a cambiamenti di piano produttivo nel breve?

c) Per quanto riguarda le varie tipologie di materiali, dalle materie prime ai prodotti finiti, si discutano i seguenti aspetti:
   - Qual è il livello di prevedibilità dei fabbisogni per i materiali tipici delle varie fasi (Materie prime, semilavorati, finiti)?
   - Qual è la stabilità di struttura dei prodotti finiti, per quanto concerne la distinta base dei materiali che li compongono ed il modo di accoppiare tali materiali?

- Qual è l'entità ed il posizionamento prevalente delle scorte? Più in particolare: quanto sono rilevanti, come quantità e costo, le scorte di materie prime? E quelle di semilavorati? E quelle di prodotti finiti?
- Qual è il livello di controllo esercitato sulla distribuzione dei propri prodotti finiti? E le possibilità di collaborazione con i clienti?
- Qual è il livello di controllo sulla produzione delle materie prime a monte? E le possibilità di collaborazione con i fornitori?

d) Riguardo alle metodologie ed attività di pianificazione, programmazione e controllo della produzione, si meditino i seguenti spunti.

- Qual è, in relativo, la complessità e rilevanza delle varie fasi del processo di pianificazione, programmazione e controllo: pianificazione a medio-lungo termine, programmazione a breve termine, controllo di avanzamento in tempo reale?
- Quale è, nel contesto visto, la criticità e l'affidabilità delle previsioni di vendita? E la lunghezza dell'orizzonte previsionale?
- Quali sono i prevalenti fabbisogni informativi, e qual è il flusso prevalente delle informazioni in azienda?
- Qual è la modalità prevalente di assorbimento delle variazioni della domanda (in quantità, in mix)?
- Relativamente alle risorse umane ed alla loro organizzazione, anche in relazione al contesto tecnico-produttivo, si rifletta criticamente sui seguenti punti.
- Qual è il contenuto di lavoro per unità di prodotto? In altri termini: all'interno del prezzo finale del prodotto prevale: il costo delle materie prime? Il costo del lavoro? Il costo fisso? Il margine del produttore?
- Qual è il livello di qualificazione richiesta al personale nelle sue differenti specializzazioni o tipologie? Valutare sia la qualificazione di tipo professionale, sia quella attitudinaria.
- Qual è il grado di polivalenza richiesta al personale nelle sue differenti specializzazioni e tipologie?
- Qual è il rapporto tra MdO indiretta e MdO totale?

e) Infine, relativamente alle tematiche di amministrazione, gestione ed organizzazione del sistema logistico-produttivo descritto nel suo complesso, si rifletta sui seguenti aspetti:

- Quali sono le prestazioni chiave esterne (e quindi, visibili dai clienti) del sistema?
- E quali le prestazioni chiave interne, quindi non visibili dai clienti, ma in grado di influenzare in modo determinante l'ottenimento delle prestazioni esterne?

- In relazione all'ottenimento delle prestazioni interne ed esterne che risultassero maggiormente rilevanti, quali sono i compiti chiave del management?
- Infine, come sono prevalentemente orientati i flussi di informazioni necessari per supportare le decisioni gestionali finalizzate al raggiungimento degli obiettivi sopra definiti?

Capitolo 2
Definizione e calcolo della capacità produttiva

2.1 MINILAND SRL

La Miniland Srl, azienda familiare che produce piccoli attrezzi per la floricoltura, dispone di una sola linea di produzione su cui realizza una gamma di prodotti finiti estremamente ristretta. Scorrendo i tabulati di produzione dello scorso mese, il Sig. Fiorini, direttore generale, ha così sistematizzato i principali dati di potenzialità.

Prodotto	Ritmo Standard [pz/ora]	Quantità prodotta [pezzi]
Pala "Grass"	200	15.000
Zappa "Strong"	150	24.000
Rastrello "Baby"	200	10.000

Tabella 1: Dati di produzione Miniland relativi al mese scorso

Favorevolmente disposto nei confronti del nuovo modello di misura della capacità produttiva propostogli dal neoassunto Ing. Attento, il Sig. Fiorini sta tentando di calcolare la capacità produttiva della propria azienda, e a questo proposito ha già stimato la resa di conformità media della sua linea di produzione (circa il 97%) ed il tempo di produzione netto, prossimo a 330 ore mensili. Il Sig. Fiorini ha inoltre riscontrato un decadimento del rendimento degli operatori nelle operazioni di assemblaggio, che porta a valutare una resa di velocità pari al 90%.

Sulla base di questi dati, si determini la capacità produttiva mensile della Miniland, valutando inoltre quale sia l'utilizzo temporale percentuale netto della linea da parte di ciascun prodotto.

Soluzione

Il caso proposto, ruota attorno al calcolo della potenzialità di mix, unica incognita dal momento che tempo produttivo netto e resa sono esplicitamente indicati. Infatti:

$$(1) \qquad \text{Cp} = \text{Pmix} \cdot \text{Tempo produttivo netto} \cdot \text{resa}$$

Per definizione la potenzialità di mix esprime la potenzialità standard[1] di una macchina o di un impianto misurata con riferimento ad un preciso mix di produzione. In formule:

$$(2) \quad \text{Pmix} = \frac{\text{Quantità totale prodotta (a dato mix)}}{\text{Tempo standard impiegato}}$$

La misura diretta di questa grandezza prevede quindi la rilevazione empirica di tutte le quantità indicate nell'espressione seguente, che è una riformulazione estesa della (2).

$$\text{Pmix} = \frac{\text{Quantità totale prodotta}}{\text{Tempo standard prodotto 1} + \ldots + \text{Tempo standard prodotto n}}$$

Poiché:

$$\text{Tempo standard prodotto i} = \frac{\text{Quantità prodotto i}}{\text{Ritmo standard prodotto i}}$$

l'espressione sopra riportata può essere riformulata come segue:

$$\text{Pmix} = \frac{\text{Quantità totale prodotta}}{\dfrac{\text{Quantità prodotto 1}}{\text{Ritmo standard prodotto 1}} + \ldots + \dfrac{\text{Quantità prodotto n}}{\text{Ritmo standard prodotto n}}}$$

[1] Si rammenti che si definisce "dato standard" un dato ricavato da stima ingegneristica relativa alle normali condizioni operative. Riferito alla potenzialità, quindi, il termine standard individua un valore proprio di situazioni diverse da quelle di collaudo e, come tale, è numericamente inferiore al dato di potenzialità di targa, valido in condizioni ideali monoprodotto.

Da questa, portando al denominatore il termine "Quantità totale prodotta" ed introducendo il simbolo Rsi per indicare il Ritmo Standard relativo al prodotto i, si ottiene l'espressione seguente:

$$(3) \qquad Pmix = \frac{1}{\sum_i \frac{\%_{i\text{-volume}}}{Rsi}} \quad [pezzi/ora]$$

dove il termine $\%_{i\text{-volume}}$ indica la percentuale (in volume di produzione) del prodotto i rispetto alla quantità totale misurata. Attraverso l'equazione (3), si può valutare la Pmix senza necessità di effettuare misurazioni dirette, ma solo disponendo di:

- Dati comunicati dai tecnologi in merito ai ritmi standard da impostare al variare dei diversi codici in produzione;
- Dati consuntivi del periodo analizzato da cui si possa individuare il mix di produzione (es. versato a magazzino.).

Nel caso della Miniland, l'applicazione dell'equazione (3) porta ad ottenere un valore di Pmix pari a:

$$\mathbf{Pmix} = \frac{1}{\frac{15.000}{49.000}\cdot\frac{1}{200}+\frac{24.000}{49.000}\cdot\frac{1}{150}+\frac{10.000}{49.000}\cdot\frac{1}{200}} \approx \mathbf{[172\ pezzi/ora]}$$

Ovviamente il valore di Pmix, derivando da una combinazione lineare convessa dei valori di Ritmo Standard delle varie produzioni, non può che appartenere ad un intervallo i cui estremi sono rispettivamente il minimo ed il massimo degli Rsi. La capacità produttiva mensile sarà dunque pari a:

$$\mathbf{Cp}=172\ [pezzi/ora]\cdot 330[ore/mese]\cdot 0{,}97\cdot 0{,}90 \approx \mathbf{[49.500\ pezzi/mese]}\ ,$$

valore circa coincidente con la quantità prodotta nel mese passato.

Per calcolare, come richiesto dal testo, l'utilizzo temporale percentuale netto della linea da parte di ciascun prodotto è sufficiente calcolare, per ciascun prodotto, il seguente rapporto:

$$\%_{i\text{-tempo}} = \frac{\text{Tempo standard prodotto i - esimo}}{\text{Tempo totale impiegato (a standard)}}$$

dove "Tempo standard prodotto i-esimo" si ricava a partire dalla quantità prodotta e da Rsi nel modo già illustrato. Svolgendo i calcoli si ricava:

$\%_{Grass\text{-}tempo}$ = 75 [h] /285 [h]= 26,3%
$\%_{Strong\text{-}tempo}$ = 160 [h] / 285 [h] = 56,1%
$\%_{Baby\text{-}tempo}$ = 50 [h] / 285 [h] = 17,6%

La definizione di queste grandezze aiuta ad evidenziare come sia scorretto, disponendo delle percentuali di produzione a volume e dei Ritmi Standard, calcolare la Pmix come Σ_i Rsi·$\%_{i\text{-}volume}$, come mostra un rapido riscontro numerico (172 vs. 176). Questa formulazione, infatti, non tiene conto del fatto che per produrre prodotti differenti vengono richiesti tempi differenti, e quindi è strutturalmente in contrasto con una situazione multiprodotto con Rsi diversificati.

Al contrario, a partire dalla definizione, si può dimostrare che il valore numerico corretto della Pmix si può esprimere anche come:

(4) $$\text{Pmix} = \Sigma_i \text{ Rsi}\cdot\%_{i\text{-}tempo} \qquad \text{[pezzi/ora]}$$

La verifica numerica di questa ugualianza è presto fatta:

Pmix=0,263·200[pz/ora]+0,561·150[pz/ora]+0,176·200[pz/ora]≈**172[pezzi/ora]**

2.2 BIK SpA

La BIK S.p.A. produce rasoi usa e getta su licenza di una nota casa americana. Esistono due varianti del prodotto: il consueto rasoio bilama e una nuova versione a tre lame; entrambe, pur avendo una domanda molto differente (la domanda annua del bilama è tripla rispetto a quella del trilama) vengono prodotte sullo stesso impianto, una linea transfer non bufferizzata (si veda la Figura 1).

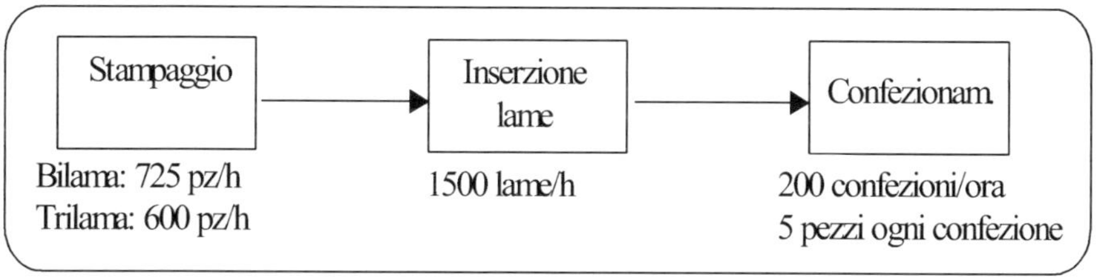

Figura 1: Fasi di produzione del rasoio

La BIK lavora su un turno da 8 ore al giorno, per 6 giorni alla settimana. La fase di inserzione lame è molto flessibile, ed ha setup praticamente nulli al cambio prodotto; la stessa flessibilità si riscontra presso la fase di confezionamento, dove è sufficiente cambiare i cartoncini stampati in ingresso. Nello stampaggio dei gambi, invece, la sostituzione dello stampo richiede, ad ogni cambio prodotto, due ore di fermo linea.

I due rasoi vengono prodotti in campagne settimanali, in cui viene messo prima in produzione il trilama e quindi il bilama. La resa delle prime due fasi non è eccellente: il 10% dei pezzi stampati viene scartato, mentre nel 10% dei casi si deve ripetere l'inserzione della lama, senza però che si debba scartare il pezzo in lavorazione. La fase di confezionamento, invece, pur con resa di conformità approssimabile al 100%, è effettuata su un impianto vecchio che presenta delle forti perdite di velocità, per cui, in media, nel 40% del tempo l'impianto lavora ad un ritmo ridotto del 30% rispetto al ritmo standard dichiarato dal costruttore.

Si calcoli la capacità produttiva dell'impianto.

Soluzione

Il caso proposto richiede il calcolo della capacità produttiva di una linea di fabbricazione ed assemblaggio automatico. Per fare questo, scorrendo i dati del testo, si noti che:

- Il mix di produzione si distribuisce nel modo seguente: %-bi = 75%, %-tri = 25%;
- I ritmi standard Rs-bi e Rs-tri, nonché le rese, sono quelli riportati, fase per fase, nella figura 2 Tutti i ritmi standard sono espressi in rasoi/ora.

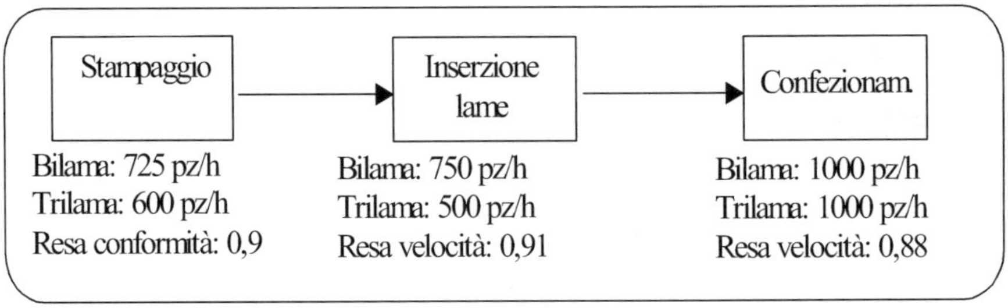

Figura 2: Cadenze e rese di fase

- La resa di velocità della fase di confezionamento è stata calcolata come segue: Rv=0,4·(1-0,3)+0,6=0,88.
- Le rilavorazioni che si verificano nell'inserzione lame portano ad un decadimento della resa di velocità: infatti, a cause del 10% di rilavorazioni, la fase ha come output l'inserimento corretto di 100 lame nel tempo necessario ad inserirne 110. Di conseguenza: Rv = 100/110 = 0,91

Dal momento che rese e ritmi sono noti, restano da calcolare gli stati di utilizzo dell'impianto. Come noto, il modello di calcolo della capacità produttiva necessita di definire a priori, nel calcolo degli stati di utilizzo, quali siano i "confini" usati per osservare guasti, stand-by, fermate minori, ecc. Posizionare bene i confini dell'analisi è assai importante, perché semplifica la conduzione operativa del calcolo. Questo aspetto emerge con chiarezza considerando che quando è in produzione il rasoio bilama, dal momento che la linea non è bufferizzata, il collo di bottiglia di potenzialità dell'impianto si posiziona sullo stampaggio; diversamente, quando è in produzione il trilama, il collo di bottiglia è nella fase di inserzione.

Per risolvere il caso si porranno i confini dell'analisi sulle singole fasi (figura 3), andando poi a allargare successivamente la visuale al sottosistema composto dalle prime due fasi e infine all'intero sistema, in modo tale da integrare nel calcolo della capacità gli effetti delle interazioni fra le varie fasi. Come periodo di analisi si considererà la settimana, periodo entro il quale viene realizzata una campagna produttiva.

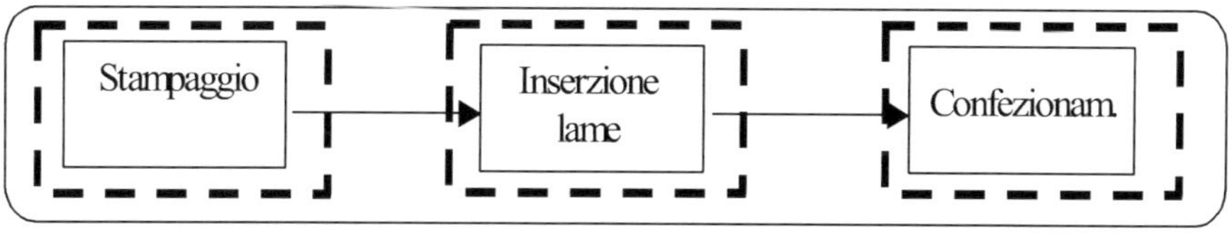

Figura 3: Posizionamento dei confini sulle singole macchine

Stampaggio

La tabella 1 mostra i parametri ed il calcolo della capacità produttiva associata al sottosistema Stampaggio considerato isolatamente dal resto del sistema così come mostrato in figura 3.

Rs-bi [pz/ora]	725
Rs-tri [pz/ora]	600
%-bi	75%
%-tri	25%
Pmix [pz/ora]	689
T. apertura [ore/settimana]	48
T. non util. [ore/settimana]	0
T. Setup [ore/settimana]	4
T. F. minori [ore/settimana]	0
Tpn [ore/settimana]	44
Resa conformità	0,9
Resa	0,9
Capacità produttiva stampaggio [pz/settimana]	27.300

Tabella 1: Capacità produttiva fase di stampaggio

Inserzione lame

La tabella 2 mostra i parametri ed il calcolo della capacità produttiva associata al sottosistema Inserzione lame considerato isolatamente dal resto del sistema.

Rs-bi [pz/ora]	750
Rs-tri [pz/ora]	500
%-bi	75%
%-tri	25%
Pmix [pz/ora]	667
T. apertura [ore/settimana]	48
T. non util. [ore/settimana]	0
T. Setup [ore/settimana]	0
T. F. minori [ore/settimana]	0
Tpn [ore/settimana]	48
Resa velocità	0,91
Resa	0,91
Capacità produttiva inserzione [pz/settimana]	29.090

Tabella 2: Capacità produttiva fase di inserzione

Si osserva che prendendo le due fasi singolarmente, l'effetto del setup rende la capacità produttiva dello stampaggio inferiore a quella dell'inserzione, nonostante la potenzialità di mix più elevata.

Sottosistema stampaggio + Inserzione

Nella realtà le due fasi interagiscono, e ciò fa sì che:

- Quando si effettua un setup in stampaggio (cambio produzione), anche la fase di inserzione si deve fermare (linea non bufferizzata)
- Essendo la linea non bufferizzata, esse deve funzionare sempre in modo sincrono, cioè alla cadenza inferiore fra quelle delle due fasi, per ciascuno dei due prodotti. Si faccia però attenzione al fatto che l'input per la fase di inserzione è legato al flusso fisico proveniente dalla fase a monte: è necessario perciò tenere in conto anche la resa di conformità dello stampaggio (figura 4)

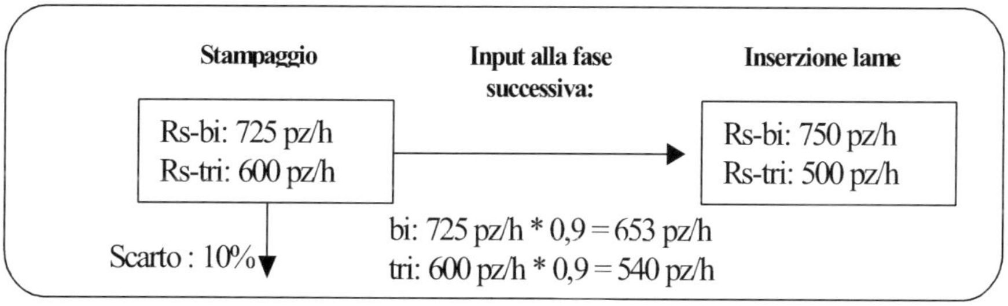

Figura 4: sottosistema stampaggio + inserzione

Ne discende che il Tpn del sottosistema sarà pari a quello dello stampaggio, con uno stand-by della fase di inserzione durante il setup dello stampaggio, mentre il ritmo standard del sottosistema sarà per ciascun prodotto il minimo tra (RS*R) dello stampaggio e RS dell'inserzione.

La tabella 3 confronta le due fasi e riporta i dati ed il calcolo della capacità produttiva del sottosistema.

Rs-bi [pz/ora]	653
Rs-tri [pz/ora]	500
%-bi	75%
%-tri	25%
Pmix [pz/ora]	607
T. apertura [ore/settimana]	48
T. non util. [ore/settimana]	0
T. Setup – stand-by [ore/settimana]	4
T. F. minori [ore/settimana]	0
Tpn [ore/settimana]	44
Resa velocità	0,91
Resa	0,91
Capacità produttiva sistema [pz/settimana]	24.300

Tabella 3: Calcolo della capacità produttiva sottosistema stampaggio + inserzione

Dalla tabella 3 si osserva come la resa dello stampaggio non entri nel computo della resa del sottosistema, in quanto è stata considerata nel calcolo dei ritmi standard, proprio perché comporta un'uscita fisica di materiale tra le due fasi, non visibile adottando un'ottica di sistema. Si osserva in particolare che mentre per il rasoio bilama tale resa di conformità abbassa il ritmo standard di produzione, ciò non avviene per il trilama per il quale la potenzialità produttiva dello stampaggio è comunque esuberante rispetto all'inserzione.

Confezionamento

La tabella 4 mostra i parametri ed il calcolo della capacità produttiva associata al sottosistema Confezionamento considerato isolatamente dal resto del sistema.

Rs-bi [pz/ora]	1.000
Rs-tri [pz/ora]	1.000
%-bi	75%
%-tri	25%
Pmix [pz/ora]	1.000
T. apertura [ore/settimana]	48
T. non util. [ore/settimana]	0
T. Setup [ore/settimana]	0
T. F. minori [ore/settimana]	0
Tpn [ore/settimana]	48
Resa velocità	0,88
Resa	0,88
Capacità produttiva confezionamento [pz/settimana]	42.240

Tabella 4: Capacità produttiva fase di confezionamento

Sistema produttivo BIK

Dalla tabella 4 si nota come la terza fase abbia una capacità produttiva ampiamente superiore alle due fasi precedenti. Dato che la linea non è bufferizzata, il confezionamento dovrà "adeguarsi" ai ritmi della fase precedente:

- In termini di cadenza produttiva;
- In termini di tempi di fermata, arrestandosi durante il setup dello stampaggio.

Ragionando analogamente al primo sottosistema la figura 5 mostra l'effetto della resa di velocità dell'inserzione in termini di input al confezionamento.

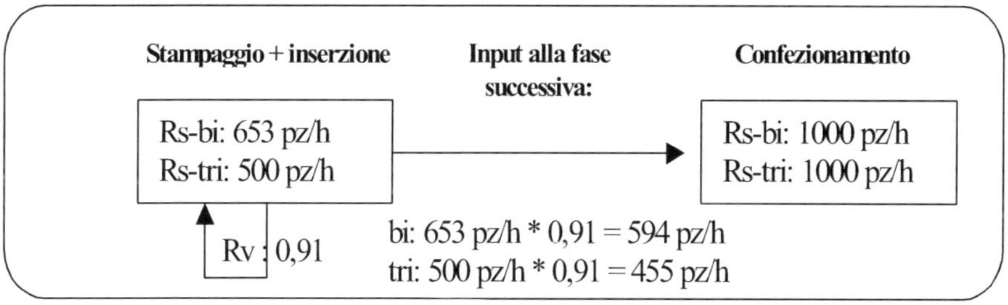

Figura 5: Sistema produttivo BIK

La tabella 5, infine, mostra i parametri ed il calcolo della capacità produttiva complessiva del sistema produttivo.

Rs-bi [pz/ora]	653
Rs-tri [pz/ora]	500
%-bi	75%
%-tri	25%
Pmix [pz/ora]	607
T. apertura [ore/settimana]	48
T. non util. [ore/settimana]	0
T. Setup – stand-by [ore/settimana]	4
T. F. minori [ore/settimana]	0
Tpn [ore/settimana]	44
Resa velocità	0,91
Resa	0,91
Capacità produttiva sistema [pz/settimana]	21.370

Tabella 5: Calcolo della capacità produttiva del sistema produttivo

Si osservi che nel computo della resa di velocità in tabella 5 si è considerata solo la resa dovuta alla fase di inserzione lame. Il calo di velocità del confezionamento non va considerato in quanto esso è relativo alla cadenza standard della fase (1000 pz/h), ma ampiamente compatibile con la cadenza effettiva del sistema. Si osservi che la capacità produttiva del sistema è inferiore alla capacità delle varie fasi, a causa delle interazioni tra le stesse, e, inoltre, che sono presenti dei colli di bottiglia dinamici: la fase di stampaggio è collo di bottiglia di potenzialità per la produzione del rasoio bilama e collo di bottiglia di flessibilità a causa dei setup, mentre l'inserzione lame è collo di bottiglia dinamico per la produzione del rasoio trilama. La fase di confezionamento non costituisce invece in nessun caso un collo di bottiglia del sistema.

2.3 DENTAL FRESCH SPA

Appena laureato, l'Ing. Rossi viene assunto presso una azienda che produce prodotti per l'igiene orale. Il primo giorno di lavoro, il nostro Ing. Rossi viene assegnato alla divisione dentifrici ed effettua la sua prima visita agli impianti; a valle di essa si ritira per consultare gli appunti presi in mattinata, e per verificare che tutto sia coerente.

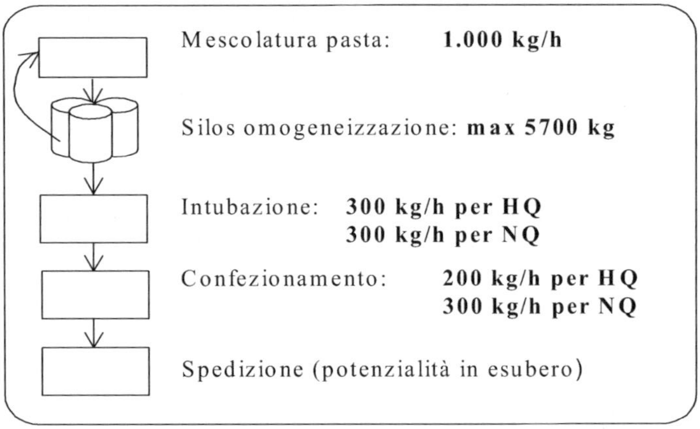

Figura 1: Processo produttivo e cadenze di fase

Come si intuisce dalla figura 1, l'impianto produce due tipi diversi di dentifricio, l'High Quality (HQ) ed il Normal Quality (NQ). Oltre alle differenze indicate in figura, il ciclo di mescolatura, che normalmente avviene in anello aperto per il NQ, viene chiuso per l'HQ, con rimescolatura completa di tutto il materiale. Ciò fa sì che la cadenza in mescolatura dell'HQ sia pari alla metà di quella del NQ.

Il valore di Pmix attualmente utilizzato per il calcolo della capacità dell'impianto è di 230 kg/ora, un valore ben calcolato che nello scorso anno ha permesso di impegnare la capacità disponibile con ridottissimi errori.

L'impianto lavora per 7 giorni alla settimana, con 1 turno al giorno di 8 ore solo sullo stadio di mescolatura, mentre tutti gli stadi a valle funzionano in continuo. I due tipi di dentifricio vengono realizzati a campagne settimanali, in cui il prodotto HQ precede sempre il NQ (a causa dei più stretti requisiti qualitativi). A causa delle attività di pulizia necessarie per passare da un prodotto all'altro, non è possibile trattare entrambi i prodotti nell'ambito della stessa giornata; in altri termini, in ogni giorno della settimana presso la fase di mescolatura si realizza uno ed un solo tipo di pasta. Questo vincolo non sussiste invece per le altre fasi. Inoltre, viene comunicato all'Ing. Rossi che la campagna di produzione in mescolatura è strutturata nel modo seguente (si veda la figura 2): dal lunedì al venerdì viene prodotto l'HQ, mentre il sabato e la domenica viene prodotto l'NQ.

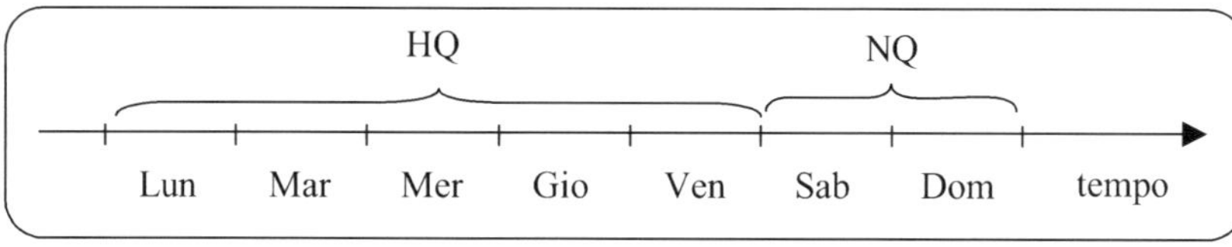

Figura 2: Campagne produttive allo stadio di mescolatura

L'Ing. Rossi, che alla fine della mattinata ha osservato che i silos dove avviene la omogeneizzazione della pasta erano quasi pieni, si chiede se essi non possano essere un collo di bottiglia dell'impianto, limitandone in tal modo la capacità produttiva. Si aiuti l'Ing. Rossi a dirimere il suo dubbio individuando:

- La tipologia cui appartiene il buffer costituito dal silos;
- l'andamento nel tempo delle giacenza presso il buffer;

Nel caso il sospetto dell'Ing. Rossi si riveli fondato, si indichi qual è l'incremento minimo nella dimensione del buffer che elimina tale collo di bottiglia. Si tenga presente che i silos sono costituiti di blocchi separati, per cui possono contenere i due tipi di dentifricio anche contemporaneamente.

Soluzione

L'Ing. Rossi deve fare i conti con un problema di non semplicissima soluzione, ovvero il calcolo della capacità produttiva di un impianto in presenza di disaccoppiamento fisico (a mezzo buffer) delle sue fasi. Per il calcolo della capacità produttiva in situazioni di bufferizzazione, come già anticipato dal sospettoso Ing. Rossi, è necessario comprendere se il buffer riesca ad eliminare completamente le perturbazioni generate ai vari stadi di produzione, o se, essendo la sua capacità insufficiente, permangano dei colli di bottiglia dinamici. Per fare questo è necessario studiare nel tempo la consistenza del buffer.

E' importante chiedersi nel caso descritto che funzione abbia il buffer. Come noto, i buffer possono essere utilizzati per:

- Isolare stadi a valle da **guasti/bassa resa di conformità** degli stadi a monte: in questi casi a regime il buffer è pieno. Nella situazione descritta non si riscontra questa eventualità;
- Disaccoppiare stadi che sono **collo di bottiglia di flessibilità** dal resto dell'impianto. Tuttavia il testo non dà alcuna informazione in merito a **setup** in corrispondenza del cambio produzione, quindi il buffer non è di certo inserito con questo scopo;
- Disaccoppiare stadi che sono **collo di bottiglia di potenzialità** al variare del codice in produzione. Si osserva però che questa eventualità non sussiste nel caso presente, perché il tipo HQ ha sempre, in tutte le fasi, potenzialità inferiore (in particolare, si osservi come nella fase di mescolatura, Potenzialità HQ = 500 kg/h, mentre Potenzialità NQ = 1000 kg/h);
- Disaccoppiare stadi che hanno **tempi di apertura impianto diversi (buffer di utilizzo)**. E' questo il caso, dal momento che la fase di mescolatura lavora su un turno al giorno, mentre tutte le altre fasi vanno in continuo (24 h/gg). In questi casi, come noto, il funzionamento di regime del buffer è legato a cicli di riempimento e svuotamento, che devono necessariamente concludersi entro la stessa campagna produttiva. Il buffer non risulta limitante per la capacità produttiva se la sua consistenza è tale da "immagazzinare" tutto l'eccesso di produzione dello stadio che lavora su un turno, la cui potenzialità oraria è evidentemente superiore a quella degli stadi che vanno in continuo.

Per verificare quanto appena detto è necessario mappare nel tempo la giacenza presso il buffer, il che richiede di conoscere come sono gestite le campagne di produzione dei diversi prodotti (informazione precisata nel testo, per quanto riguarda la fase di mescolatura).

Data la presenza del buffer è possibile suddividere il sistema produttivo nei due sottosistemi che esso disaccoppia, e che meglio permettono di valutare l'andamento del buffer stesso:

- 1° sottosistema: fase di mescolatura. Cadenze: HQ = 500 kg/h, NQ = 1000 kg/h;
- 2° sottosistema: fasi a valle della mescolatura. Cadenze (sono quelle del confezionamento, che costituisce il collo di bottiglia dell'impianto): HQ = 200 kg/h, NQ = 300 kg/h.

Si valuti ora l'andamento del buffer, ipotizzando inizialmente che i silos di omogeneizzazione siano vuoti il lunedì mattina.

- **Lunedì**. E' in produzione il dentifricio HQ: nel primo turno si accumulano (500-200) [kg/ora]· 8[ore]= 2.400 kg. Per smaltire questa quantità sono sufficienti 12 ore alle fasi a valle, che comunque resteranno 4 ore in stand-by per mancanza di materiale (dalle 20h alle 24h). Quanto qui detto viene illustrato in Figura 3, e si ripete fino al venerdì;

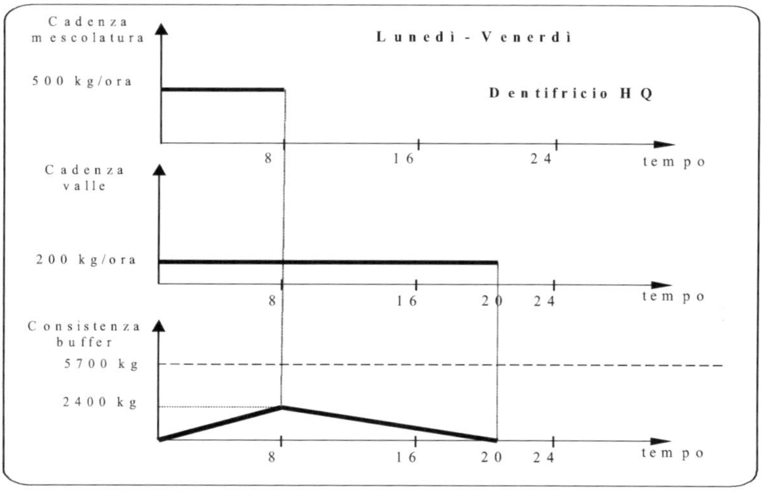

Figura 3: Andamento buffer durante produzione HQ

- **Sabato**. E' in produzione il dentifricio NQ: nel primo turno si accumulano (1.000-300) [kg/ora]·8[ore] = 5.600 kg. Nelle successive 16 ore del sabato, verranno consumati solo 4.800 kg, per cui la consistenza del buffer all'inizio della domenica è pari a 800 kg;

- **Domenica**. E' ancora in produzione il dentifricio NQ, e i rimanenti 5.700 – 800 = 4.900 kg del buffer vengono riempiti in solo 7 ore di produzione. A questo punto la fase di mescolatura è costretta ad un forzato stand-by, mentre le fasi a valle, dalle ore 7 alle 24, riescono a processare 17 [ore]·300[kg/h] = 5.100 kg. Pertanto, alla fine del domenica, resteranno nel buffer 600 kg di pasta NQ, che impegneranno intubazione e confezionamento per 2 ore, prima che queste possano passare a processare di nuovo il codice HQ, nel frattempo mescolato ed immagazzinato. Quanto detto viene illustrato in Figura 4.

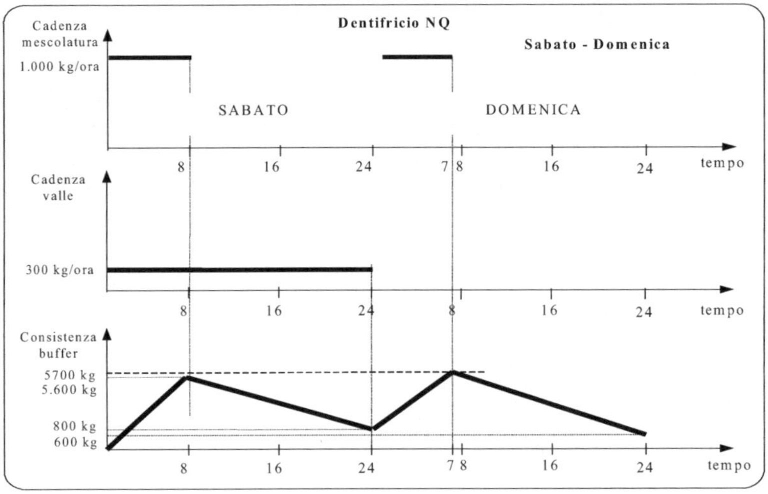

Figura 4: Andamento buffer durante produzione NQ

Sulla base di queste indicazioni, e supponendo (come verosimilmente è) che i silos di omogeneizzazione siano più di uno, di modo tale che si possa avere nel buffer contemporaneamente della pasta di tipo NQ e di tipo HQ, si deve correggere l'andamento del buffer nella giornata di Lunedì, dal momento che la consistenza iniziale del punto di disaccoppiamento è pari a 600 kg. Ciò viene illustrato nella Figura 5.

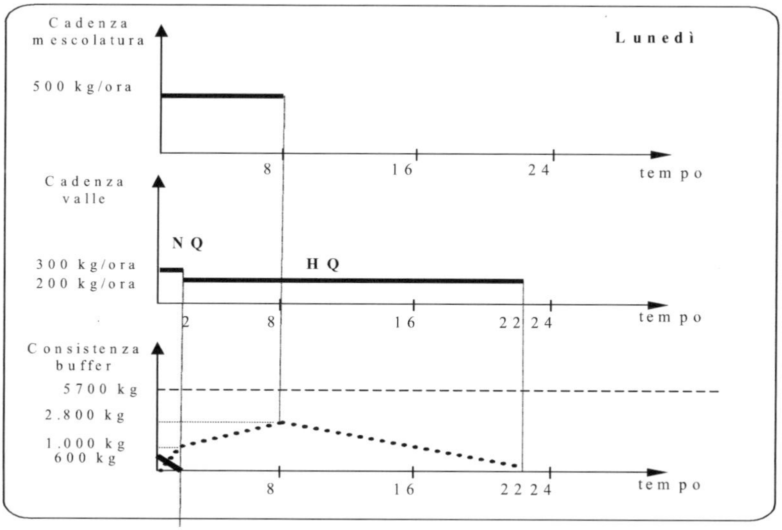

Figura 5: Andamento buffer Lunedì – produzione HQ

Le fasi a valle (intubazione + confezionamento) impiegano 2 ore per smaltire i 600 kg di pasta NQ rimasti alla fine della domenica (linea a tratto continuo). In quelle due ore la fase di mescolatura ha prodotto 500 [kg/ora]·2[ore]= 1.000 kg di pasta HQ (linea tratteggiata). Nelle rimanenti 6 ore del primo turno, si accumuleranno ancora (500-200) [kg/ora]·6[ore]= = 1.800 kg di pasta HQ, per un totale di 2.800 kg. Questa quantità verrà smaltita in 2.800/200=14 ore di produzione degli stadi a valle, ovvero dalle 8 alle 22. Pertanto, il lunedì lo stand-by è limitato a 2 ore. Per tutti gli altri giorni di produzione del HQ (martedì - venerdì) restano valide le considerazioni di Figura 5.

Si può quindi osservare che:

- Il buffer, anche se di poco, va "stretto" alla mescolatura che, durante la produzione del dentifricio NQ, è costretta ad 1 ora di stand-by;
- Compatibilmente con questa limitazione, i cicli di riempimento - svuotamento si esauriscono nell'ambito di una campagna settimanale, grazie all'esubero di potenzialità delle fasi a valle durante la produzione del HQ. Il buffer, dunque, non "diverge" e permette di disaccoppiare *quasi completamente* fasi di produzione che lavorano con turnazioni molto diverse.

Nelle condizioni attuali si può calcolare la reale ripartizione percentuale tra le produzioni di HQ ed NQ:

- **HQ**: 5[gg/settimana]·8[ore/gg]·500[kg/ora] = **20.000 [kg/settimana]**
- **NQ**: (8+7) [ore/settimana]·1.000[kg/ora] = **15.000 [kg/settimana]**
- **HQ : NQ** = 20.000 : 15.000 = **1,3 = 0,57 : 0,43**.

Per recuperare la capacità produttiva persa a causa della limitazione del buffer, l'Ing. Rossi non deve far altro che suggerire di incrementare la dimensione del buffer di 700 kg, ovvero di un'ora di produzione del NQ (1.000 mescolati – 300 confezionati). In tal modo, il buffer non avrà più alcuna influenza sulla capacità dell'impianto, disaccoppiando perfettamente la diversa turnazione del primo stadio da quella dei successivi.

La ripartizione percentuale tra le produzioni di HQ ed NQ si modifica nel modo seguente:

- **HQ**: 5[gg/settimana]·8[ore/gg]·500[kg/ora] = **20.000 [kg/settimana]**
- **NQ**: 2[gg/settimana]·8[ore/gg]·1.000[kg/ora] = **16.000 [kg/settimana]**
- **HQ : NQ** = 20.000 : 16.000 = **1,25 = 0,55 : 0,45**.

2.4 MOLLY SRL

L'azienda Molly produce profili in acciaio inox per differenti usi industriali. Il ciclo produttivo parte da billette d'acciaio, che vengono prima estruse poi trafilate, per raggiungere l'allungamento e la forma richieste dal cliente.

In questo momento Molly sta realizzando due grosse commesse, per due profili i cui dati sono riportati in tabella 1.

Dato	**Estrusione**	**Trafilatura**
Cadenza codice A [kg/ora]	100	70
Cadenza codice B [kg/ora]	80	100
Tempo di attrezzaggio [minuti]	0	90
Dati di utilizzo del sistema		
Calendario lavorativo	220 giorni/anno	
Turnazione	1 turni/gg; 8 h/turno	
Durata campagna produttiva di A [gg]	3	
Durata campagna produttiva di B [gg]	2	

Tabella 1: Dati tecnici relativi ai prodotti realizzati

Trascurando gli effetti di resa, si richiede di valutare la variazione della capacità produttiva e della potenzialità di mix associata all'introduzione di un buffer di disaccoppiamento fra le due fasi produttive.

Soluzione

Si osserva subito come l'introduzione di un buffer abbia in questo caso la funzione di disaccoppiare stadi che sono **collo di bottiglia di potenzialità** al variare del codice in produzione (colli di bottiglia dinamici). Infatti, quando è in produzione il codice A, la fase di trafilatura agisce da collo di bottiglia, mentre quando si produce B è l'estrusione a determinare la cadenza produttiva.

Si calcola la capacità produttiva teorica nel caso di fasi tra loro connesse. Tale capacità è calcolata sull'intervallo di una settimana (5 giorni), trascurando le rese di velocità e di conformità (tabella 2)

Rs - A [kg/ora]	70
Rs - B [kg/ora]	80
Durata campagna produttiva di A [gg]	3
Durata campagna produttiva di A [h]	24
Quantità prodotta di A [kg/campagna]	1680
Durata campagna produttiva di B [gg]	2
Durata campagna produttiva di B [h]	16
Quantità prodotta di B[kg/campagna]	1280
% volume di A	56,7%
% volume di B	43,3%
Pmix = $1/\Sigma_i$ (%volume-i/Rs_i) [kg/ora]	74
T apertura impianto [h/settimana]	40
T setup [h/settimana]	3
Tempo produttivo netto [h/settimana]	37
Resa teorica	1
Cp teorica = Pmix * Tpn * R [kg/settimana]	2738

Tabella 2: Calcolo della capacità produttiva teorica (senza buffer)

Si analizzi ora l'effetto del buffer. In una campagna vengono prodotti 2738*0,567 ≈ 1552 kg di A, che richiedono circa 22,5 ore di lavoro al reparto di trafilatura. Essendo la cadenza dell'estrusione superiore, tale quantità potrà essere prodotta in un tempo pari a 1552 [kg] / 100 [kg/h] ≈ 15,6 ore dall'estrusione, che alimenterà il buffer. Il buffer si riempirà ad una cadenza di 100 – 70 = 30 kg/ora di A, fino a raggiungere un massimo di 468 kg dopo 15,6 ore.

A questo punto per le restanti 8,4 ore durante le quali la trafilatura svuota il buffer di A, il codice B potrebbe essere lanciato in estrusione, ad una cadenza di 80 kg/ora. Al termine della ventiquattresima ora, il buffer si sarà svuotato del codice A e riempito di 80kg/h * 6,9 h = 552 kg di B. Nella successiva 1,5 ore, la macchina di trafila subirà un attrezzaggio, mentre l'estrusione continuerà a produrre B.

Dopo 24 ore il buffer conterrebbe: 552 [kg] + 1,5[h] *80[kg/h] = 672 kg di B.

Bisogna ora verificare se la fase di trafilatura sia in grado di smaltire tale quantità durante la campagna di B, per sfrutta appieno la potenzialità del buffer. Viaggiando ad un cadenza superiore rispetto all'estrusione, la trafilatura sarà in grado di svuotare il buffer di 100 – 80 = 20 kg/ora. Nei due giorni di produzione di B, a cui vanno tolte le 1,5 ore di setup, ciò consente di "recuperare" 14,5 [h] * 20 [kg/h] = 290 kg di B.

Tale quantità è quindi la quantità massima "recuperabile" tramite l'introduzione del buffer. Ciò si tramuta in un incremento della Pmix.

Grazie al buffer, durante una campagna di B escono dalla fase di trafilatura 1280 + 290 = 1570 kg di B. Il ritmo standard di B sale a 1570 [kg]/16 [h] ≈ 98 kg/ora.

Per cui si ha: **Pmix'** = 1 / (0,567/70 + 0,433/98) = 79,9 [kg/ora]

Ciò porta la capacità produttiva teorica a:

Cp teorica = 79,9 [kg/h] * 37 [h/settimana] * 1 ≈ 2956 [kg/settimana] (+8%)

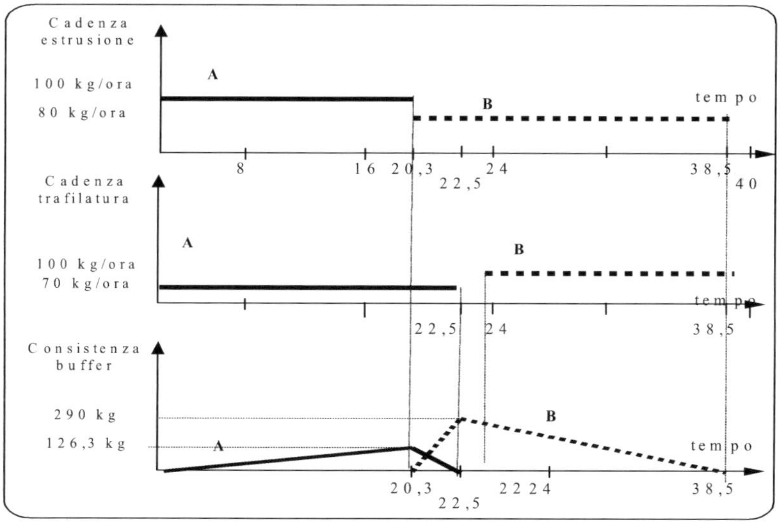

Figura 1: Andamento buffer

La figura 1 mostra l'andamento del buffer. Durante la campagna di A, l'estrusione viaggia ad una cadenza di poco superiore ai 76 kg/ora, tale per cui dopo 20,37 ore il buffer si è riempito di 20,37[h] * (76,2 – 70)[kg/h]=126,3 kg di A (con un cadenza di 30 kg/ora). Nelle restanti 3,63 ore l'estrusione inizia a produrre il codice B. Dopo 22,5 h la trafilatura ha svuotato il buffer di A ed effettua il setup. All'ora 24, la trafilatura termina il setup ed il buffer è riempito con 290 kg di B (≈ 80 [kg/h] * 3,7 [h]).

Successivamente, B viene estruso alla cadenza di 80 kg/ora (potenzialità produttiva dell'estrusione) e la trafilatura, viaggiando a 100 kg/ora è in grado di svuotare il buffer in esattamente nelle 14,5 ore di produzione (290[kg]/20 [kg/ora]= 14,5 ore), proprio prima di effettuare il setup.

Si noti infine che il buffer:

- Non può incrementare la cadenza di A, in quanto per tale codice la fase collo di bottiglia è valle del buffer
- Permette di assorbire uno dei due setup (buffer di flessibilità), in quanto la cadenza della fase a monte per il codice B permette di lavorare la quantità prodotta in estrusione durante il setup della macchina di trafila.

2.5 ITALFRESE SPA

L'Ing. Fresi, titolare della Italfrese SpA, ha predisposto un'offerta per la Precisini Srl, un'azienda specializzata nelle lavorazioni meccaniche di precisione. L'offerta riguarda una linea di lavorazione di pezzi meccanici, che dovrà realizzare i due pezzi A e B . La linea è composta da una stazione di sgrossatura e una stazione di finitura, collegate da un convogliatore, che reca i pezzi in lavorazione dalla sgrossatura alla finitura. La tabella 1 riporta i dati tecnici forniti dal costruttore, mentre la tabella 2 riporta i dati tecnico-gestionali relativi all'uso della linea di lavorazione della Precisini.

Dato	Sgrossatura	Finitura
Mean Time Between Failure [ore]	200	300
Mean Down Time [ore]	8	8
Resa di conformità [%]	98	95
Tempo di riattrezzaggio max [minuti]	40	80

Tabella 1: Dati tecnici sulla linea di produzione forniti dall'Ing. Fresi

Dati di utilizzo del sistema	
Calendario lavorativo	220 giorni/anno
Turnazione	2 turni/gg; 7,5 h/turno
Durata campagne produttive [gg]	5
Domanda pezzo A [pz/anno]	20.000
Domanda pezzo B [pz/anno]	10.000

Tabella 2: Dati di utilizzo del sistema

Inoltre, dai disegni dei pezzi forniti dalla Precisini e dalle caratteristiche costruttive delle macchine si può ipotizzare un tempo tecnico di sgrossatura di 3 minuti per i pezzi di tipo A e di 5 minuti per i pezzi di tipo B. I tempi di finitura sono invece stimabili in 6 minuti per A e 4 minuti per B.

Una volta ricevuta l'offerta dall'Ing. Fresi, il titolare della Precisini è colto da un dubbio: con il nuovo impianto riuscirà a soddisfare la domanda di 30.000 unità complessive per i pezzi A e B?

Soluzione

Il caso richiede di calcolare la capacità produttiva della nuova linea, secondo la consueta formula: Cp = Pmix · Tpn · R.. Si verificherà poi l'adeguatezza di tale capacità rispetto alla domanda annua.

Per il calcolo della Pmix è necessario partire dallo studio dei tempi di ciclo Tc e dalla relazione con i ritmi standard Rs, secondo la relazione Rs=60/Tc. Pertanto, si ha che:

- **Prodotto A**. $Rs\text{-}_{A\ sgrossatura}$ = 60/3 = 20 [pz/h]; $Rs\text{-}_{A\ finitura}$ = 60/6 = 10 [pz/h]. Di conseguenza, **$Rs\text{-}_{A}$ = 10 pezzi/ora,** in quanto la linea è connessa (no bufferizzazione);
- **Prodotto B**. $Rs\text{-}_{B\ sgrossatura}$ = 60/5 = 12 [pz/h]; $Rs\text{-}_{B\ finitura}$ = 60/4 = 15 [pz/h]. Pertanto, **$Rs\text{-}_{B}$ = 12 [pezzi/ora]**.

A partire da questi valori, e vista la ripartizione percentuale dei differenti prodotti (67% di A e 33% di B), la Pmix complessiva della linea vale:

Pmix = 1/[(0,67/10) + (0,33/12)] ≈ **10,6 [pezzi/ora]**.

Per il calcolo del Tpn della linea, vale che Tpn = Ta·A·S, i cui componenti possono essere calcolati come segue.

Ta = (220) [gg/anno] · 2 [turni/gg] · 7,5 [h/turno]= **3.300 [ore/anno]**;

Essendo la linea (affidabilisticamente parlando) un sistema serie, vale che A_{linea} = $A_{sgrossatura} \cdot A_{finitura}$, dove $A_{stazione}$ = MTBF/(MTBF+MDT). Svolgendo i calcoli si ricava che:

- $A_{sgrossatura}$ = 200 / 208 ≈ 0,96;
- $A_{finitura}$ = 300/308 ≈ 0,97;
- **A_{linea} ≈ 0,93**.

Per quanto riguarda la saturazione, si può ragionare come segue. Poiché ogni settimana occorre eseguire una campagna produttiva, allora sarà necessario eseguire 2 setup, che bloccano la linea rispettivamente per 40+80=120 minuti ciascuno. Pertanto, si ottiene che:

S = (5·2·7,5·60 - 120)/(5·2·7,5·60) ≈ **0,97.**

Da cui si deduce che: **Tpn** = 3.300[h/anno]·0,93·0,97 ≈ **2.980 [ore/anno]**.

Infine, la resa, per i dati forniti, è pari a: **R** = 0,98 · 0,95 ≈ **0,93.**

In conclusione, la capacità produttiva della linea progettata dall'Ing. Fresi è pari a Cp = 10,6 [pz/h] · 2.980 [h/anno] · 0,93 ≈ **29.350 [pezzi/anno]**, cioè di poco inferiore alla capacità necessaria, che è di 30.000 unità/anno.

2.6 Precisini Srl

Il rag. Precisini, titolare della ditta omonima, ha verificato che la capacità produttiva della linea offerta dalla Italfrese non è in grado di far fronte alla domanda prevista dei pezzi che la Precisini dovrà lanciare in produzione (si veda il Caso 2.5 Italfrese).

Discutendone, il rag. Precisini e l'Ing. Fresi convengono sull'idea che l'introduzione di un punto di disaccoppiamento fra le fasi di sgrossatura e finitura potrebbe permettere di risolvere il problema.

Si analizzi se la presenza di un buffer potrebbe aiutare ad assicurare il volume di produzione richiesto, confermando o confutando l'ipotesi di Fresi e Precisini. In caso il buffer sia in grado di far "recuperare" capacità alla linea, si indichi altresì la sua minima dimensione in grado di assicurare il rispetto della previsione di domanda (20.000 unità del pezzo a e 10.000 unità del pezzo B).

Soluzione

Come calcolato nel caso precedente, la capacità produttiva della linea progettata dall'Ing. Fresi è pari a Cp = 10,6 [pz/h] · 2.980 [h/anno] · 0,93 ≈ **29.350 pezzi/anno**, inferiore alla capacità necessaria, che è di 30.000 unità/anno (si veda il caso 2.5). Il problema rilevato si spiega in virtù di una inefficiente interazione tra le due fasi e tra i due codici.

Se si considerasse un solo prodotto alla volta, infatti:

- Produzione solo pezzo di tipo A. Tpn = Ta·A = 3.070 h/anno; Pmix = 10 [pz/h]; R=0,93 ⇔ Cp = 28.550 [pz/anno] (dove A è la disponibilità della linea, calcolata nel caso precedente);
- Produzione solo pezzo di tipo B. Tpn = Ta·A = 3.070 h/anno; Pmix = 12 [pz/h]; R=0,93 ⇔ Cp = 34.260 [pz/anno];

Tali valori sembrano compatibili con la richiesta di 20.000 pezzi di A e 10.000 pezzi di B all'anno.

Predisporre un buffer tra finitura e sgrossatura può aiutare a limitare l'effetto delle interazioni. In particolare, si può analizzare il suo contributo relativamente a:

- **Differenze nella potenzialità produttiva**. Durante la produzione di A, ovvero quando la finitura è più lenta, si possono accumulare dei pezzi che saranno smaltiti poi durante la produzione di B, con l'effetto complessivo di incrementare la potenzialità di mix;
- **Disponibilità non unitaria**. Come sopra, si avrà un impatto positivo anche sulla disponibilità, perché se si guasta il centro di sgrossatura durante la lavorazione di A, si può evitare di fermare il centro di finitura per una parte o per tutto il MDT della sgrossatura;
- **Resa produttiva**. Discorso simile vale per la resa di conformità che, sempre durante la produzione di A, si innalzerebbe, almeno nell'ipotesi che il controllo di conformità sia a valle di ciascuna singola stazione;
- **Pause al setup**. In questo caso non si riesce a generare un effetto positivo sul setup, perché il tempo di setup minore si ha al passaggio verso il prodotto A, che avviene quando è in produzione il pezzo B in cui la fase a monte del buffer è collo di bottiglia di potenzialità.

Si vuole ora valutare quale sia la minima dimensione del buffer che permette di recuperare i (30.000 - 29.350) = 650 [pz/anno] necessari per soddisfare la domanda.

Potenzialità (pz/h)	Sgrossatura	Finitura
Pezzo A	20	10
Pezzo B	12	15

Tabella 1: potenzialità produttive per fase / codice

Innanzitutto si consideri il solo effetto di potenzialità: la tabella 1 mostra le potenzialità delle varie fasi per i vari codici in pezzi/ora. L'introduzione di un buffer sarebbe tale per cui, "ai morsetti", il Rs_{-A} si innalzerebbe, e si porterebbe dal valore di 10 pz/h ad un valore più elevato che dipende da:

- **Dimensione del buffer.** Tanto maggiore è la capacità del buffer, maggiore sarà il numero dei pezzi immagazzinabili, e quindi recuperabili durante la lavorazione di B;
- **Durata della campagna.** Dal momento che i pezzi di tipo A si accumulano durante la produzione di questa variante, è necessario che la durata della campagna permetta di accumulare il numero corretto di pezzi.

Si inizi da questo secondo effetto, e si consideri che in un anno vi sono 220/5 = 44 campagne. Il lotto di produzione di A vale pertanto 20.000 [pz/anno]/ (44 [lotti/anno]·0,93) ≈ 490 pezzi/lotto, mentre il lotto di B vale circa 10.000 [pz/anno]/ (44 [lotti/anno]·0,93) ≈ 245 [pezzi/lotto].

Prendendo come base la numerosità di questi lotti, è possibile calcolare il tempo disponibile, durante la produzione di B, per recuperare pezzi accumulati durante la produzione di A, e pertanto il valore di Pmix "ai morsetti" ottenibile con la predisposizione di un buffer. Si faccia riferimento alla tabella 2.

Grandezza	Pezzo A	Pezzo B
Dimensione del lotto [pezzi]	490	245
Rs sgrossatura [Pz/h]	20	12
Rs finitura [Pz/h]	10	15
Durata campagna sgrossatura [h]	24,5	20,4
Durata campagne finitura [h]	49,0	16,3
Durata campagna totale (al netto dei setup) [h]	49,0+20,4 = 69,4	

Tabella 2: Dati tecnici della campagna di produzione

Pertanto, come si nota, la stazione di finitura ha a disposizione, durante la produzione della variante B, (20,4 – 16,3) = 4,1 ore in cui (a meno dei setup) può produrre e recuperare le unità accumulate durante la produzione di A. Dal momento che $Rs\text{-}_{A\ finitura}$ = 10 pz/h, in questo modo si possono recuperare 41 pezzi, innalzando il numero di pezzi prodotti in una campagna di A da 490 a 490+41 ≈ 530. In tal modo, il $Rs\text{-}_{A\ no\ buffer}$ osservato su un tempo di 49,0 h passa da 10 pz/h ad un valore di (530 [pz]/49,0 [h]) ≈ 10,8 pz/h.

Di conseguenza, la Pmix si modifica come segue:

Pmix' = 1/[(0,67/10,8) + (0,33/12)] ≈ **11,2 [pezzi/ora]**.

Questo effetto viene completamente conseguito solo se il buffer può accumulare 41 pezzi, mentre viene a ridursi in modo lineare (ovvero proporzionalmente a 1/41) se ciò non avviene. Si consideri però che il valore di 41 pezzi, prima individuato, non esprime il valore corretto della capacità del buffer, perché va considerato che mentre la finitura ultima i pezzi di tipo A, la sgrossatura avrà subito iniziato a versare pezzi del tipo B, alterando il numero dei pezzi ivi immagazzinati; il numero dei pezzi a buffer crescerà o si ridurrà in funzione del rapporto $Rs\text{-}_{B\ sgrossatura}$/ $Rs\text{-}_{A\ finitura}$.

In particolare, ponendo lo zero di un sistema di riferimento temporale al momento in cui la sgrossatura inizia il setup A→B, si ha che:

- Per i primi 80 minuti ≈ 1,3 h, il buffer si svuota ad un ritmo di 10 pz/h, ovvero si svuota di circa 13 pezzi;
- In tutto il tempo successivo necessario per terminare i pezzi di tipo A rimasti a buffer, da esso vengono estratti 10 pz/h del tipo A e ne vengono inseriti 12 pz/h del tipo B (con un saldo netto di 2 pz/h);
- A questo punto la finitura è ferma per 1,3 h per il suo setup, e la consistenza del buffer aumenta di 1,3·12 ≈ 16 pezzi.

E' ora possibile stabilire di quanto deve essere la dimensione minima del buffer perché si recuperino completamente i 650 pezzi/anno mancanti all'appello. Questo valore sarà composto da due componenti: una prima legata all'accumulo di pezzi di tipo A, ed un secondo legato all'effetto di accumulo dei pezzi di tipo B mentre è in corso lo svuotamento dei pezzi di tipo A. Si proceda con ordine alla determinazione delle due componenti.

Come prima indicato, esiste un effetto lineare di incremento della Pmix complessiva della linea ed il numero dei pezzi di tipo A immagazzinati. Vale dunque la relazione sotto riportata, che rappresenta un'equazione di primo grado nell'incognita x (capacità del buffer). Questa, risolta in x, ci restituisce la minima dimensione del buffer necessaria per conseguire i 30.000 pz/annui complessivi di domanda. Tale equazione è valida nell'ipotesi che l'occupazione di spazio dei pezzi di tipo A sia uguale a quella dei pezzi di tipo B.

Cp richiesta = Nuova Pmix * Tpn * R
30.000 = (10,6 + x *[(11,2-10,6)/41) · 2.980 · 0,93 ⇔ **x = 15,36**

Il termine tra parentesi indica la Pmix del sistema: 10,6 pz/h è il valore della Pmix senza buffer, che viene incrementato di ΔPmix= Pmix'- Pmix per una quota pari a x/41, essendo 41 l'incremento massimo ottenibile in termini di numero di pezzi di A a campagna, e x la dimensione del buffer (con x = 41 la Pmix salirebbe effettivamente a 11,2 pz/h).

Approssimando si ottiene per x un valore di **16 pezzi**. Questo valore poteva essere ricavato anche considerando che ogni campagna produttiva si recupera per la produzione un numero di pezzi pari a x (e questo fino ad un massimo di 41 pezzi). Di conseguenza, la dimensione ottimale x si otterrebbe anche come:

(30.000–29.350) [pz/anno] /0,93 = 44 [campagne /anno] · x [pz/campagna]
x ≈ 16 pezzi

Vi è poi la seconda componente legata all'effetto setup. A partire dai 16 pezzi in buffer prima individuati, si consideri che:

- Per i primi 80 minuti, il buffer viene a svuotarsi di 13 pezzi;
- Durante le successive 3 [pz]/10 [pz/h] = 0,3 ore, il buffer da un lato si svuoterà dei pei 3 pezzi A, ma si riempirà dall'altro di 0,3 [h]*12 [pz/h]= 4 pz di B;
- A seguire la finitura si ferma per 80 minuti ≈ 1,3 h, durante i quali la dimensione del buffer cresce di altri 1,3·12 ≈ 16 pezzi di tipo B.

Pertanto la dimensione effettiva del buffer è pari a max (16; 4+16) = **20 pezzi.** Per verificare la correttezza di questa deduzione, si consideri la simulazione mostrata a seguire, e la sua raffigurazione in Figura 1.

- **Istante t = 0: produzione del lotto A.** Inizia la campagna di produzione di A, che in 45,5 ore deve portare alla realizzazione di 490+16 = 506 pezzi;
- **Istante t = 49,0**. Il tempo destinato alla campagna produttiva di A si esaurisce. Come si nota, avendo prodotto 506 pz in 49,0 h, la sgrossatura si è mossa ad un Rs medio di 10,3 pz/h. Al tempo t = 49,0, infatti, la finitura ha processato solo 49,0 [h]· 10 [pz/h] = 490 pezzi (buffer pari a 16 pezzi di tipo A, come desiderato)

- **Istante t =50,3**. Termina il setup della sgrossatura, che dopo 80 minuti è pronta a lavorare i pezzi di tipo B. (buffer pari a 16-(10·1.3) = 3 pezzi di tipo A);
- **Istante t = 50,6**. La finitura, in 3/10 = 0,3 ore, termina la lavorazione dei pezzi di tipo A nel buffer. La sgrossatura, nel frattempo, ha prodotto (50,6-50,3)·12 ≈ 4 pezzi, che sono nel buffer;
- **Istante t = 51,9**. Dopo 80 minuti di setup, anche la finitura termina il setup. In quell'istante, vi sono a buffer 4 + 80/60·12 = **20** pezzi di tipo B. A questo punto restano da produrre 245-20 = 225 pezzi di tipo B;
- **Istante t = 70,7**. Dopo 225/12 = 18,8 h di lavoro, le due fasi hanno terminato di produrre i 225 pezzi richiesti di B, e si pongono a fare il nuovo setup. In questo intervallo di tempo, però, la finitura ha smaltito 245 pz, ad un Rs medio di circa 13,0 pz/h, contro i 15 pz/h nominali;
- **Istante t = 71,4**. Termina il setup verso il pezzo A, che richiede 40 minuti ≈ 0,7 h. Il sistema è pronto a ricominciare il suo ciclo.

Come si nota, una campagna (al lordo dei setup) dura 71,4 ore. Un ciclo di 44 campagne dura pertanto 71,4 [h/campagna]·44[campagne/anno] ≈ 3.140 h/anno, che restituisce (con leggere approssimazioni) il valore del tempo produttivo lordo, al netto delle pause affidabilistiche (=3.300 [h/anno]·0,93).

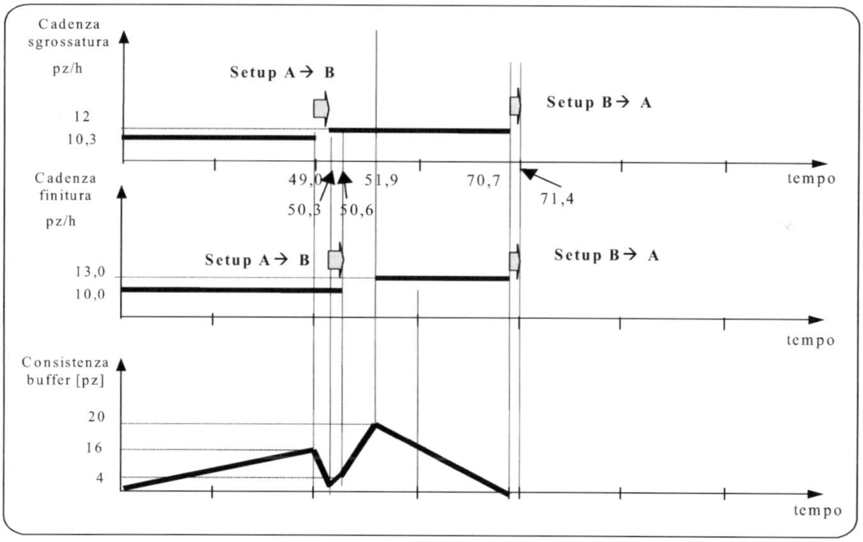

Figura 1: Andamento del buffer nel tempo

Un'ultima considerazione può essere opportuna: guardando l'esempio visto sopra, sembra di notare che si sbilanci il mix di produzione, dal momento che i 16 pezzi in più realizzati sono tutti del tipo A. Nella realtà, la variazione di capacità della linea verrà sfruttata per realizzare la produzione totale di 30.000 pz/anno.

La figura 2 riporta un grafico che, al variare dei pezzi di tipo A (asse delle ascisse) e di tipo B (ordinate) prodotti, esprime la regione di ammissibilità di un piano produttivo. Le soluzioni d'angolo visualizzano la sola produzione di codici A o B, secondo quanto illustrato poc'anzi. Non appena si mette in produzione anche l'altro codice, si deve "pagare" una perdita di capacità legata ai 44 setup/anno da 120 minuti ciascuno, ovvero alla perdita di 88 ore/anno, cosa questa illustrata dalla diversa intercetta su ciascuno dei due assi.

Nella situazione iniziale, caratterizzata dalla linea a tratto discontinuo, l'assenza del buffer limitava il numero di pezzi di tipo A realizzabili per ciascuna campagna, esattamente come mostrato nell'esempio precedentemente discusso. L'introduzione del buffer, invece, porta ad aumentare il numero di pezzi di tipo A ottenibili per ogni campagna, fatto che si rispecchia in un aumento del numero di pezzi di tipo A ottenibili a pari numero di pezzo di tipo B, e quindi in una minore inclinazione della retta dello spazio di ammissibilità.

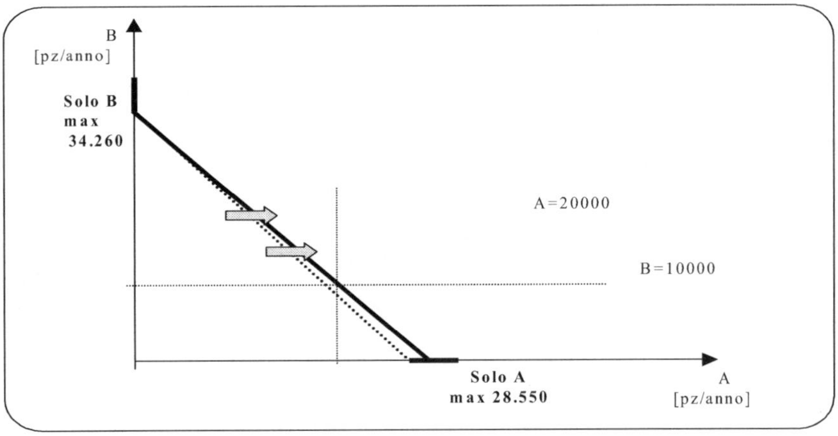

Figura 2: Andamento della capacità produttiva

A questo punto, tuttavia, il miglioramento può essere sfruttato, cambiando il mix di produzione, anche per ottenere un maggiore numero di pezzi di tipo B, nelle proporzioni volute purché queste non superino la retta limite. E' grazie a questo meccanismo che si soddisfa quindi la richiesta totale.

2.7 LEON SPA

La Leon Spa, azienda produttrice di cancelli automatici, ha da poco intrapreso un progetto di certificazione UNI EN ISO 9001. Uno degli aspetti su cui più si concentra la normativa di certificazione è il controllo delle condizioni operative di processo e, stimolato da questa opportunità, il direttore di stabilimento della Leon, il Dr. Rullo, ne vuole approfittare per fare un po' di luce sulle dinamiche di attraversamento dei reparti, e questo per capire quali siano gli effetti indotti dalla diversa lottizzazione nei diversi stadi produttivi.

La produzione della Leon è realizzata da tre distinti reparti; nel primo si ottengono, per deformazione plastica e taglio, gli elementi lineari che verranno saldati a formare il cancello, mentre nel secondo si preparano tutte le pulegge ed i meccanismi rotativi che assolveranno alle funzioni di moto. I semilavorati che escono da questi due reparti, uniti al motore e all'elettronica di controllo provenienti da fornitori selezionati, vengono, quindi, consolidati nel terzo reparto e vanno a formare il prodotto da spedire a cliente.

Dei tre reparti, il secondo e il terzo presentano le maggiori complessità gestionali. Al loro interno, infatti, avvengono tre fasi produttive distinte: la tornitura delle pulegge, il loro trattamento di indurimento superficiale e la preparazione in kit di tutti i meccanismi di movimentazione.

"In tornitura lavoriamo su 2 turni da 8 ore", rifletteva il Dr. Rullo, "mentre nella fase di trattamento termico operiamo su 3 turni da 8 ore; la fase di kittizzazione, infine, lavora su un solo turno di 8 ore. Sebbene la tornitura operi fisicamente in modo sequenziale (pezzo per pezzo), le sue cadenze produttive sono regolate dalla fase di tempra che opera, invece, in modalità batch e le due fasi si muovono su lotti di produzione da 150 pezzi ciascuno". Al Dr. Rullo non venivano in mente altri elementi particolarmente interessanti. "Per il resto, il flusso segue una rigorosa logica FIFO, dove le uniche fasi a presentare un tempo di setup al cambio lotto sono la tornitura e la kittizzazione. Attenzione però" si rammentò subito il Dr. Rullo "perché mentre i 60' in tornitura sono necessari alle regolazioni di macchina, i 10' di setup che si hanno in kittizzazione servono solo a trasferire i pezzi dai contenitori da 150 pezzi (con cui si effettuano le movimentazioni nelle prime due fasi) ai contenitori da 100 pezzi, dentro cui i semilavorati proseguono lungo la linea di kittizzazione.".

Queste ed altre informazioni erano state raccolte diligentemente dal Dr. Rullo nella Tabella 1 a seguire.

Tempi [min]	**Trasp. ingresso**	**Attesa**	**Setup**	**Lav.**	**Controllo**	**Trasp. uscita**
Tornitura	5	0	60	1	1	20
Tratt. Termico	5	?	0	330	1	20
Prep. Kit	0	?	10	0,5	1	10

Tabella 1: Tempi di lavorazione / trasporto

La fase di controllo viene gestita a campione, e mentre nelle prime due fasi si controlla 1 pezzo ogni 30, il 10% dei kit sono riaperti per valutare che non vi siano componenti mancanti.

A partire da queste indicazioni, si aiuti il Dr. Rullo a valutare la bontà della sincronizzazione dei flussi di produzione e movimentazione, calcolando l'Indice di Flusso per i reparti in esame e scomponendolo in Effetto Lotto ed Effetto di Processo.

Soluzione

Per effettuare compiutamente lo studio della sincronizzazione dei flussi di produzione può essere utile partire dalla prima fase di produzione, ovvero la tornitura, iniziando col calcolare il Lead Time di un lotto:

$$LT_{torn} = (5 + 0 + 60 + 1 \cdot 150 + 1 \cdot (150/30) + 20) = 240' = 4h. \quad (1)$$

↑ T_{in} ↑ T_{att} ↑ T_{setup} ↑ T_{lav} + attesa lotto ↑ $T_{contr.}$ ↑ T_{out}

Su questa prima parte del ciclo è già possibile calcolare: (2)

- $IF_{torn} = LT_{torn} / T_{lav - 1\,pezzo} = 240;$
- $EP_{torn} = LT_{torn} / T_{lav - 1\,lotto} = 240/150 = 1{,}6$ (3)
- $EL_{torn} = T_{lav - 1\,lotto} / T_{lav - 1\,pezzo} = 150.$ (4)

La scomposizione dell'Effetto di Processo nei consueti fattori ci restituisce:

$$EP_{torn} = (25/150) + (60/150) + (0/150) + 1 + (5/150) = 1{,}6.$$

↑ E_{mov} ↑ E_{setup} ↑ E_{coda} ↑ $E_{confor.}$

Nell'interazione tra il reparto di tornitura e quello di trattamento termico si generano delle attese dovute alla minore potenzialità produttiva del secondo, che infatti viene fatto operare su tre turni proprio per ribilanciare questa carenza. Inoltre, l'attesa non sarà la medesima per tutti i lotti, dal momento che ci sarà un evidente accumularsi di lotti da lavorare nei primi due turni, lotti che poi verranno smaltiti nel terzo turno in cui la tornitura è ferma, mentre il reparto di trattamento è attivo.

Innanzitutto si calcoli il LT della fase di trattamento a meno delle attese.

$$LT_{tratt} = 5 + \text{attesa} + 0 + 330 + 1 \cdot (150/30) + 20 = (360 + \text{attesa})$$

↑ T_i ↑ T_a ↑ T_s ↑ $T_{lav.}$ + attesa lotto ↑ $T_{contr.}$ ↑ T_{out}

A meno delle attese, quindi, si possono lavorare non più di 4 lotti al giorno: questo valore è coerente con quello relativo al reparto di tornitura, che a fronte di 16 ore lavorative giornaliere, ha un tempo di attraversamento per ogni singolo lotto di 4 ore. Per valutare tali attese si può far ricorso ad un diagramma temporale di avanzamento dei lotti, riportato in Figura 1. Tale diagramma spazza le 24 ore, per praticità numerate da 0 a 24, con il primo turno che va dalle 0 alle 8, il secondo dalle 8 alle 16 e così via.

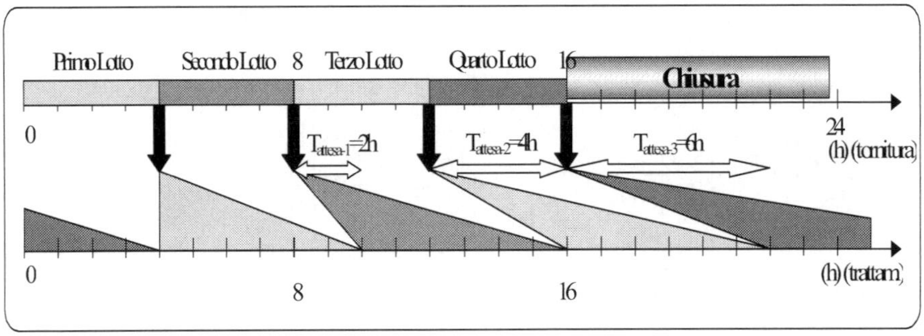

Figura 1: Diagramma temporale avanzamento lotti fasi 1 e 2

Partendo dal diagramma in Figura 1, è facile calcolare che:

Lotto	Attesa [ore]	LT_{Tratt} [ore]	$LT_{torn+tratt}$ [ore]
1	0	6	10
2	2	8	12
3	4	10	14
4	6	12	16

Tabella 2: Grandezze relative alla prime due fasi

Limitandosi a calcolare l'Indice di Flusso e l'Effetto di Processo solo per il secondo stadio e non per la somma dei due si ottiene che:

- $IF_{tratt-1}$ = 6h / 5h30' = 1.09;
- $IF_{tratt-2}$ = 8h / 5h30' = 1.45;
- $IF_{tratt-3}$ = 10h / 5h30' = 1.82;
- $IF_{tratt-4}$ = 12h / 5h30' = 2.18.

A partire da questi valori si può calcolare un valore medio di reparto pari a:

- $IFmedio_{tratt} = (1.09+1.45+1.82+2.18)/4 = 1.64$

Si noti poi che, essendo il trattamento di tempra di tipo batch, l'Effetto di Lotto vale sempre 1 (Tempo Lavorazione Lotto = Tempo Lavorazione Pezzo): di conseguenza IF ed EP sono uguali. Viene omessa, per brevità, la scomposizione di EP, che segue comunque una traccia simile a quella prima presentata.

Resta da analizzare il terzo stadio. La fase di kittizzazione ha una potenzialità assai superiore alla potenzialità delle prime due fasi, ed infatti lavora su un solo turno. Si valuti intanto il Lead Time della fase a meno delle attese.

$LT_{kit} = 0 + attesa + 10 + 100*30" + 1*(100/10) + 10 = (80 + attesa)$ min.

↑ T_i ↑ T ↑ T ↑ $T_{lav.}$ + attesa lotto ↑ $T_{contr.}$ ↑ T_{out}

Per calcolare il tempo di attesa ci si può ancora servire di un diagramma di avanzamento lotti: quello illustrato in Figura 2 presenta le lancette dell'orologio spostate avanti di 8 ore rispetto al diagramma in Figura 1. Come si nota, in virtù della maggiore potenzialità oraria, il terzo stadio in pratica processa solo lotti lavorati il giorno precedente. Si noti anche come il cambio della dimensione del lotto introduca qualche complicazione.

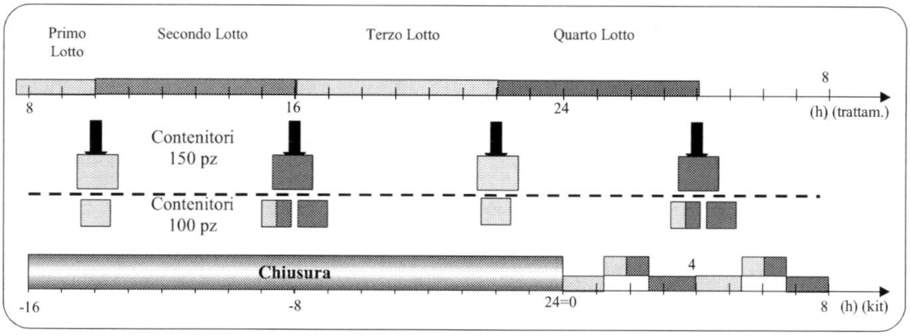

Figura 2: Diagramma temporale avanzamento lotti fasi 2 e 3

Andiamo a studiare più in dettaglio la dinamica di formazione dei nuovi lotti da 100 pezzi; poiché il trattamento si è concluso all'ora 10, il primo nuovo contenitore da 100 pezzi "nasce" all'ora 10. Per riempire il secondo lotto da 100, però, è necessario attendere che si completi il trattamento del secondo lotto di tempra (da 150), che sarà pronto solo all'ora 16. Seguendo dei ragionamenti analoghi si arriva a definire il **profilo di formazione** dei 6 lotti da 100 pezzi che sostituiscono i 4 vecchi lotti da 150.

Formazione dei lotti in fase di kittizzazione	
Lotto 1: ora 10	Lotto 4: ora 22
Lotto 2: ora 16	Lotto 5: ora 4 del giorno successivo
Lotto 3: ora 16	Lotto 6: ora 4 del giorno successivo

Tabella 2: Istante di formazione dei lotti da 100 pezzi

A partire da questi dati e dalla Figura 2, si possono definire compiutamente gli istanti rilevanti per i lotti in kittizzazione come riportato a seguire: l'istante 0, come già in Figura 2, coincide con l'inizio del primo turno del nuovo giorno, per cui l'ora 16 del giorno procedente viene indicata con –8, e così via.

Lotto	Istante di formazione [ora]	Inizio kittizzazione [ora]	Fine kittizzazione [ora]
1	-14	0	1, 20'
2	-8	1, 20'	2, 40'
3	-8	2, 40'	4
4	-2	4	5, 20'
5	4	5, 20'	6, 40'
6	4	6, 40'	8

Tabella 3: Dati caratteristici lotti in kitizzazione

Da (inizio kittizzazione – istante di formazione) si ottengono i tempi di attesa, riportati nella Tabella 4 a seguire.

Attesa lotti in fase di kittizzazione	
Lotto 1: 14 h	Lotto 4: 6 h
Lotto 2: 9h 20'	Lotto 5: 1h 20'
Lotto 3: 10h 40'	Lotto 6: 2h 40'

Tabella.4: Attesa per la fase di kittizzazione

A partire da questi dati si potrebbero, seguendo il medesimo procedimento, calcolare LT, Indice di Flusso ed Effetto di Processo per la terza ed ultima fase. E' utile, a questo punto, valutare LT, IF ed EP per il complesso dei tre stadi. Concentrandosi sui sei lotti che escono fisicamente dal processo e riferendo il loro istante di ingresso nel sistema all'istante di ingresso del primo dei pezzi che li compongono, si ha che:

LT totale di produzione	
Lotto 1: 25h 20'	Lotto 4: 21h 20'
Lotto 2: 26h 40'	Lotto 5: 22h 40'
Lotto 3: 24 h	Lotto 6: 20h

Tabella 5: LT totale di produzione

Dal momento che il tempo tecnico di lavorazione di un singolo pezzo è pari a TL_{1pezzo} = 1'+330'+30" = 331.5', si ottiene un IF pari a:

IF globale	
Lotto 1: 4,59	Lotto 4: 3,86
Lotto 2: 4,83	Lotto 5: 4,10
Lotto 3: 4,34	Lotto 6: 3,62

Tabella 6: IF globale

Seguendo delle analoghe e comprensibili convenzioni, si ottiene per il tempo di lavorazione di un lotto $TL_{1\ lotto}$ = 100*1' +330' + 100*30" = 480', da cui ne conseguirebbe un EP pari a:

EP globale	
Lotto 1: 3,17	Lotto 4: 2,67
Lotto 2: 3,33	Lotto 5: 2,83
Lotto 3: 3	Lotto 6: 2,5

Tabella 7: EP globale

I valori ottenuti sono mediamente buoni per una realtà che effettui lavorazioni per parti, e questo è coerente con la semplicità del contesto produttivo descritto, composto da sole 3 fasi ed essenzialmente monoprodotto. Si tenga presente che, tipicamente, in aziende che effettuano lavorazioni meccaniche (es. realizzazioni alle macchine utensili) è facile misurare valori di IF prossimi a 30÷40.

2.8 Dog's Bed Srl

Il Commendator Gatto guardava soddisfatto il reparto di produzione della sua azienda; le luci appena spente dopo una dura giornata di lavoro e la diffusa oscurità davano a tutto l'ambiente un senso di ordine e leggerezza. Questa apparenza, tuttavia, era molto lontana dal vero, e la piccola azienda, da tempo specializzata nella realizzazione di piccole lettiere in plastica per animali, si trovava ad affrontare un problema non indifferente.

"E' proprio vero che non mi accontento mai!", scuoteva la testa l'anziano imprenditore, mentre accompagnava il nuovo responsabile della Logistica, Ing. Cuccia, alla sua auto. "Due settimane fa ero contento per la chiusura del nostro principale concorrente, ed oggi sono qui che mi lamento perché non ho più spazio in reparto per svolgere con serenità le attività produttive". L'area del capannone destinata alle attività direttamente di fabbricazione copriva circa 2.000 m^2, uniformemente divisi tra due linee di produzione, e stava diventando molto congestionata a causa delle numerose commesse in corso di produzione. Infatti gli spazi liberi (ovvero non fisicamente occupati dai macchinari e dalle scaffalature con gli attrezzi e le materie prime) erano stati misurati di recente, e non superavano i 280 m^2.

I prodotti, piccoli oggetti in plastica morbida, venivano realizzati per lotti e movimentati su pallet aventi un'occupazione in pianta di circa 1x1 m, capaci di contenere mediamente 100 pezzi. I contenitori, movimentati per mezzo di un transpallet manuale, necessitavano di almeno un 1 mt di distanza l'uno dall'altro, in tutte le direzioni, per poter essere stoccati e successivamente movimentati. Per quello che riguarda le due linee di produzione, ciascuna di esse era composta da 3 stadi, perfettamente bilanciati dal punto di vista della potenzialità produttiva che era pari a circa 2.000 pz/ora.

"Al momento", proseguiva il Commendator Gatto, "il tempo di attraversamento di un lotto di produzione, pari a 2 ore per ogni stadio della linea, è strettamente uguale ai tempi tecnici di lavorazione, senza attese indotte alle linee o dalla manodopera addetta alla movimentazione dei semilavorati, ma anche così siamo al limite dell'utilizzo spaziale del reparto.".

Si verifichi quest'ultima affermazione del Commendator Gatto, aiutandolo a formalizzare una metodologia per migliorare la propria capacità diagnostica e progettuale in merito.

Soluzione

Il problema presentato dal caso del Commendator Gatto ruota attorno alla determinazione dell'occupazione spaziale dei lotti in corso di fabbricazione. Le grandezze caratteristiche indicate nel testo ruotano attorno allo spazio disponibile, all'occupazione spaziale di un singolo lotto, alla potenzialità produttiva della linea e al tempo di attraversamento dei singoli lotti, ma è necessario trovare una relazione tra queste variabili.

Il primo legame che è chiaramente necessario stabilire è quello tra la superficie libera disponibile e il numero massimo di pallet di semilavorati che possono essere stoccati. Questo può essere facilmente fatto conoscendo l'occupazione spaziale di un pallet. Si renderà quindi necessario definire quale sia il numero di lotti di semilavorati presenti in un generico istante nel sistema.

Per fare questo ci può essere di aiuto un'analogia idrodinamica. Si consideri il tratto di condotta rappresentato in Figura 1.

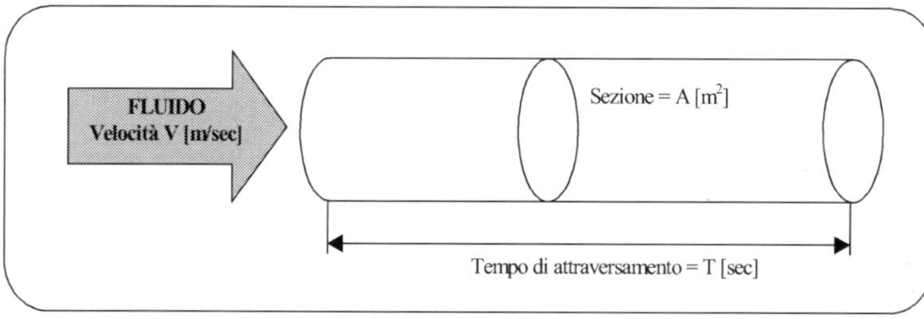

Figura 1: Analogia idrodinamica al problema del WIP

Se si volesse esprimere la quantità di liquido (in m^3) presente in un generico istante in un tratto di conduttura di sezione A, sapendo che il fluido viaggia ad una velocità V e che, quindi, la conduttura viene attraversata in un tempo T, sarebbe sufficiente calcolare il prodotto $T \cdot V \cdot A$. La stessa relazione vale nell'ambito di un sistema di produzione se questo può essere ragionevolmente modellabile come un tubo di flusso; Definiti:

- **WIP**: numero di semilavorati presenti nel sistema in un certo istante. Dimensionalmente WIP si esprime in unità fisiche (es: pezzi; pallet)
- **FT**: tempo di attraversamento del sistema, dall'inglese Flow Time. Dimensionalmente FT è espresso in unità di tempo (es: ore; giorni)
- **Pmix**: potenzialità produttiva, espressa in unità fisiche/unità di tempo (es: Pezzi/ora; pallet/giorni)

Vale, esprimendo i vari termini in grandezze omogenee, che:

$$\text{WIP} = \text{Pmix} \cdot \text{FT} \qquad (1.1)$$

L'equazione (1.1) è anche detta Equazione di Little, e costituisce un utile strumento per calcolare come varia il tempo di attraversamento di un sistema produttivo al variare del carico al suo interno, come illustrato in Figura 2.

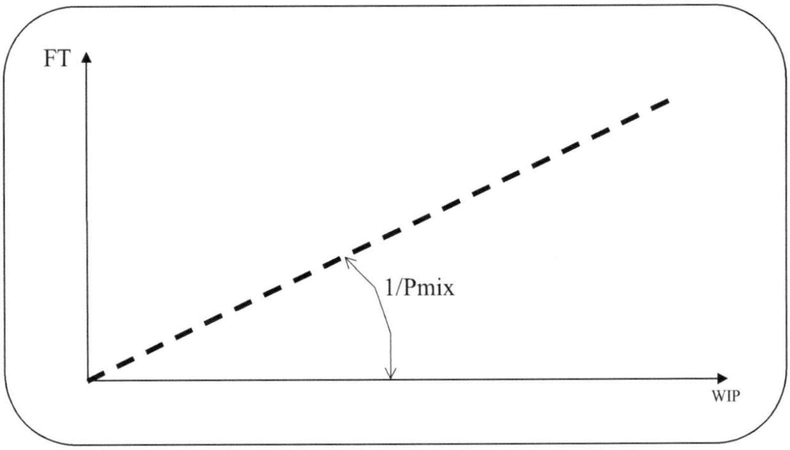

Figura 2: Equazione di Little

Come mostra la Figura 2, il tempo di attraversamento FT varia linearmente con pendenza 1/Pmix al variare del carico. Ovviamente la retta ideale (rappresentata dalla retta obliqua tratteggiata) può differire da una curva reale per molteplici effetti (es. effetto di lotto, problemi organizzativi) che comunque possono essere trascurate in questa situazione semplificata.

Sulla base di quanto discusso finora, andiamo a valutare il WIP presente nel sistema produttivo del Comm. Gatto.

Per ciascuna delle due linee varrà:

FT_{linea} = 2 [h/stadio] · 3 [stadi] = 6 ore;
$WIP_{1\ linea}$ = 2.000 [pz/ora] · 6 [ore] = 12.000 pezzi.

Il WIP complessivo è quindi pari a 12.000 pezzi che, stante la capienza di un contenitore (100 pezzi/contenitore), saranno ospitati in 120 contenitori. Questi contenitori hanno un'occupazione media di 1 m² ciascuno, ma a questa occupazione va aggiunto lo spazio necessario per avere accesso in fase di movimentazione. Considerando che ogni contenitore viene stoccato lasciando in media 1 mt libero per ogni lato, la più verosimile disposizione a terra è quella data in Figura 3.

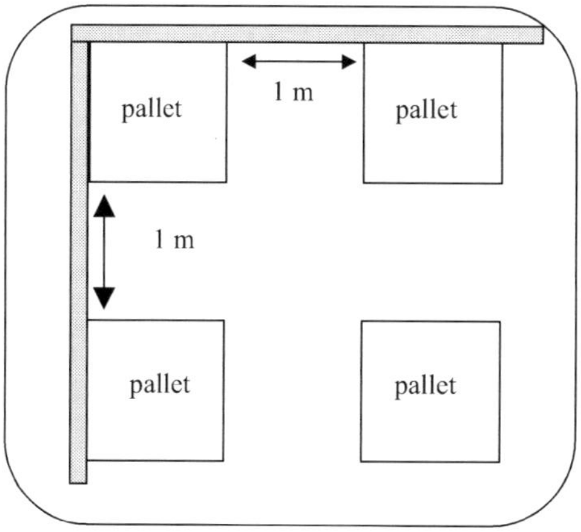

Figura 3: Plausibile disposizione a terra dei contenitori

Si consideri un generico "modulo" di contenitori appoggiati a terra: due lati di esso saranno chiusi da pareti o da macchine o da altri contenitori; tra contenitore e contenitore, invece, secondo le indicazioni del testo sarà presente 1 mt di distanza. Sulla base di queste indicazioni si può dire che su una superficie di 9 m² possibile collocare al massimo 4 pallet. Di conseguenza, ogni contenitore occuperà 9/4 = 2,25 [m²/contenitore], trascurando altri effetti di bordo di minore entità.

Attenendosi a questo risultato, appare allora chiaro come, a dato WIP corrente, si rendano necessari 120 [contenitori] · 2,25 [m^2/contenitore] = 270 m^2, cosa questa che conferma la sensazione di "affollamento" dichiarata dal Comm. Gatto, pure in questa condizione ideale in cui il tempo di attraversamento è pari alla sola somma dei tempi tecnici. Alla minima asincronia della linea, crescendo le attese e quindi il tempo di attraversamento del singolo pallet, la situazione peggiorerebbe ulteriormente.

Se, a valle di questa diagnosi, si dovessero indicare dei possibili interventi migliorativi, e scartando suggerimenti non economicamente sensati (es. ridurre Pmix), alcune verosimili proposte potrebbero essere:

- Ridurre l'occupazione spaziale di un singolo pallet, o dualmente aumentarne la capienza (ad esempio, facendolo sviluppare in altezza);
- Ridurre lo spazio minimo tra due pallet, investendo in nuove attrezzature di movimentazione (es. carico dall'alto);
- Ridurre la dimensione dei pallet, cosa questa che comporterebbe una riduzione del tempo di attraversamento pallet, per effetto lotto.

2.9 Cassani Srl

La Cassani Srl opera come studio di ingegneria fornendo consulenza nella progettazione e gestione di linee di fabbricazione per parti. L'Ing. Nicco, direttore della Cassani, è stato contattato da una azienda del Nord Est, specializzata nella produzione di guide per cancelli automatici e intenzionata a rivedere la sua struttura produttiva.

"Ing. Nicco", si spiegava con compostezza il Cav. Guida, "riponiamo molta fiducia nel suo intervento, e soprattutto speriamo che ci aiuti a reagire positivamente alla cronica insufficienza di capacità produttiva in cui ci troviamo". Proseguì con enfasi: "Il nostro stabilimento ruota attorno ad una linea automatizzata di fabbricazione a ritmo imposto e senza buffer, composta da 6 centri di lavoro. Su questi centri realizziamo due macro-tipologie di guide, che sono le Normal e le Luxury".
Così dicendo, il Cav. Guida porse all'Ing. Nicco un foglio con la seguente tabella contenente la descrizione delle operazioni effettuate sulla linea e i tempi di ciascuna operazione (comprensivi dei tempi di carico e scarico).

n°	Operazione	Macchina	Tempi (Luxury)	Tempi (Normal)
1	Taglio	Seghetto alternativo	2	2
2	Piegatura lati lungo e corto	Piegatrice autom.	7	4
3	Foratura per allog. albero e fermi	Testa a forare CN	7	4
4	Realizz. Invito guide	Fresatrice orizzontale universale	5	3,5
5	Smusso guide	Fresatrice di precisione	8	4,5
6	Finitura superficiale	Lucidatrice	3	3
	Totale		32	21

Tabella 1: Ciclo tecnologico delle famiglie produttive

"Il calendario prevede un solo turno giornaliero di 7,5 h/gg (già al netto di tutte le possibili cause di fermo o rallentamento a meno dei setup) su 44 settimane/anno e 5 gg/settimana, con operatori dedicati alla conduzione di un solo centro (quindi 8 operatori). Dal momento che la domanda annua a cui la mia azienda potrebbe mirare è di circa 80.000 unità per le Normal e 45.000 per le Luxury, può capire come essa sia ampiamente esuberante rispetto alla capacità attuale. I prodotti realizzati, Luxury e Normal, hanno inoltre diverse strutture di costo: le guide Luxury hanno un costo variabile medio pari a 30 Euro/pezzo, e possono essere vendute a 100 Euro/pezzo, mentre le Normal si hanno un costo variabile medio pari a 20 euro/pezzo e possono essere vendute a 70 Euro/pezzo. Il tempo per riattrezzare una linea al passare da una famiglia all'altra è abbastanza contenuto (≈60 minuti); per questo motivo finora ci siamo orientati verso la realizzazione di campagne settimanali. Le problematiche di resa non sono rilevanti, e la consideriamo tranquillamente come unitaria.".

"Abbiamo lungamente studiato le possibilità di riorganizzazione della nostra struttura produttiva e abbiamo raccolto le seguenti informazioni. Innanzitutto, il costo della manodopera al 1° turno è pari a 25.000 Euro/persona·anno, mentre al 2° turno ci si orienta verso i 30.000 Euro/persona·anno. I diversi centri di lavoro costano pressappoco 500.000 Euro ciascuno, e sono ammortizzabili su 5 anni. Per finire, consideri che (per motivi di mantenimento del marchio) non possiamo sbilanciare il nostro mix oltre un fattore 4:1 a vantaggio di una o dell'altra famiglia, ed infatti ad oggi produciamo l'80% dei nostri volumi con la guida Luxury. La prego", concluse visibilmente agitato il Cav. Guida, "abbiamo bisogno del suo aiuto per ridurre i costi opportunità che ad oggi stiamo sostenendo".

"Bel pasticcio", pensava tra sé e sé l'Ing. Nicco, "mi occorrerà fare un po' d'ordine prima di poter dire qualcosa di sensato.".

Sulla base delle informazioni disponibili, si aiuti l'Ing. Nicco a:

- Verificare che effettivamente la capacità produttiva disponibile non è sufficiente ad evadere la domanda dei due prodotti;
- Mantenendo l'ipotesi 1 operatore ⇔ 1 macchina, analizzare le alternative di apertura di un secondo turno e di sdoppiamento di uno o più centri di lavoro, nell'ipotesi che il mix produttivo venga modificato a vantaggio della tipologia Normal, mantenendo sempre un fattore 4:1, e fornire:
  - una descrizione di pro e contro di ciascuna soluzione vagliata;
  - una quantificazione dei costi e dei benefici di ciascuna.

Soluzione

Seguendo la traccia indicata in conclusione del caso, iniziamo a dare prova formale dell'insufficienza della capacità produttiva oggi disponibile. Questo può essere fatto, banalmente, osservando come l'impossibilità di aumentare il numero dei centri di lavoro stabilisca in modo rigido il tempo di ciclo della linea, determinato dalla stazione di fresatura di precisione dove si impiegano 8 minuti per le Luxury e 4,5 minuti per le Normal; questo ovviamente crea tempi di stand-by assai rilevanti in tutte le altre stazioni della linea.

Ragionando quindi per eccesso, considerando l'intero tempo di apertura annuo (220 gg/anno·7,5 h/gg = 1.650 h/anno,) e considerando anche solo uno dei due prodotti esistenti (il Normal), le unità realizzate al più saranno:

- 1.650 [h/anno] · 60 [min/h] / 4,5 [min/pz] = 22.000 [pz/anno].

Ecco quindi provata formalmente la situazione di insufficienza di capacità. Prima di procedere alla valutazione dei benefici conseguibili attraverso l'apertura di un secondo turno e la duplicazione dei centri di lavoro procediamo alla misurazione del margine di contribuzione attualmente interiorizzato dalla società del Cav. Guida:

- Tpl = 1.650 [h/anno];
- Tempo Setup = 44 [campagne/anno] · 2 [setup/campagna] ·1 [h/setup] = 88 [h/anno];
- Tpn = 1.650 [h/anno] – 88 [h/anno] = 1.562 [h/anno];
- Rs (Normal) = 60/4,5 = 13,3 [pz/h];
- Rs (Luxury) = 60/8 = 7,5 [pz/h];
- Pmix = 1/(0,8/7,5)+(0,2/13,3)) ≈ 8,2 [pz/h];
- R = 1;
- Cp = 1.562 · 8,2 ≈ 12.800 [pz/anno];
- Pezzi di tipo Normal ≈ 2.560 [pz/anno];
- Pezzi di tipo Luxury = 10.240 [pz/anno];
- Margine di contribuzione (MdC) Normal = 70 – 20 = 50 [euro/pz];
- Margine di contribuzione (MdC) Luxury = 100 – 30 = 70 [euro/pz];
- **MdC complessivo** = 2.560 · 50 + 10.240 · 70 = **848.000 [euro/anno]**.

Tenendo conto del vincolo sulla composizione del mix ed invertendo le percentuali a vantaggio della soluzione Normal, così come suggerito dal testo si potrebbero immediatamente conseguire i seguenti benefici, probabilmente sfuggiti al Cav. Guida e al suo management:

- Nuova Pmix = 1/(0,2/7,5)+(0,8/13,3)) ≈ 11,5 [pz/h];
- Nuova Cp = 1.562 · 11,5 ≈ 17.950 [pz/anno];
- Pezzi di tipo Normal ≈ 14.360 [pz/anno];
- Pezzi di tipo Luxury = 3.590 [pz/anno];
- **Nuovo MdC** = 14.360· 50 + 3.590 · 70 = **969.300 [euro/anno]**;
- **Incremento MdC = 124.500 [euro/anno].**

Una volta adottato questo primo intervento, che non necessita di alcuna modifica nelle risorse dell'azienda ma che corregge semplicemente un errore di valutazione del management, si aprono poi tutte le opportunità legate alla riprogettazione "in grande" del sistema produttivo. Le due alternative offrono i seguenti vantaggi/svantaggi.

- **2° Turno**: Non richiede investimento in capitale fisso, garantendo il raddoppio degli attuali volumi di vendita. A parità di tutto, il margine operativo netto si riduce in virtù del maggiore costo di manodopera, oltre a lasciare irrisolto il problema dello scarso utilizzo di alcune macchine;

- **Sdoppiamento macchine**: questa soluzione riesce ad assicurare un migliore bilanciamento della linea, a fronte di un maggiore esborso in capitale fisso. Ovviamente l'incremento di capacità produttiva non sarà così accentuato come nel caso precedente.

Ad una prima valutazione, la seconda alternativa appare come maggiormente orientata all'efficienza, dal momento che si evita di duplicare l'intera manodopera su tutta la linea (tra l'altro a costo elevato) lasciando comunque un'elevata insaturazione. In ogni caso, esploriamo compiutamente le due possibilità.

<u>**Accensione secondo turno**</u>

Trascurando variazioni di resa e trascurando di correggere il Tpn per assenza dei tempi di setup al secondo turno, si ottiene comunque una rapida valutazione del profilo dei flussi di cassa:

- Maggiori Vendite: **969.300 [euro/anno];**

- Costo Mdo: 6 [persone] · 30.000 [€/(anno·persona] = 18**0.000 [euro/anno];**
- **Flusso di cassa netto = 789.300 [euro/anno]**.

<u>**Duplicazione centro di lavoro**</u>

Come già emerso dall'analisi dei tempi di montaggio, risulta evidente che la stazione da duplicare per prima è quella costituita dalla Fresatrice di precisione. Facendo questo è possibile abbassare il tempo ciclo della linea rispettivamente da 4,5 a 4 minuti per la produzione del Normal, e da 8 a 7 minuti per la produzione del Luxury.

Sempre nell'ipotesi di aver modificato il mix produttivo a vantaggio della tipologia di guida Normal si avrà:

- Rs (Normal) = 60/4 = 15 [pz/h];
- Rs (Luxury) = 60/7 = 8,6 [pz/h];
- Pmix = 1/(0,2/8,6)+(0,8/15) ≈ 13 [pz/h];
- R = 1;
- Cp = 1.562 · 13 ≈ 20.306 [pz/anno];
- Pezzi di tipo Normal ≈ 16.245 [pz/anno];
- Pezzi di tipo Luxury = 4.061 pz/anno;
- **MdC complessivo** = 16.245 · 50 + 4.061 · 70 = **1.096.520 [euro/anno];**
- Costo Acquisto macchina = 500.000/5 = 100.000 [euro/anno];
- Costo operatore = 25.000 [euro/anno];
- **Flusso di cassa netto = 971.520 [euro/anno]**.

A prescindere dalle ipotesi semplificative fatte nel calcolo dei benefici della soluzione "apertura secondo turno", emerge in modo netto la maggiore validità della seconda soluzione (+23% rispetto all'apertura del 2° turno).

Anche se non espressamente richiesto dal caso è possibile valutare l'effetto congiunto delle due alternative proposte vale a dire l'accensione del secondo turno e la duplicazione del centro di lavoro.

<u>**Accensione secondo turno e Duplicazione centro di lavoro**</u>

L'unica variazione generata da questa ulteriore possibilità è legata alla necessità di assumere un ulteriore operatore durante il secondo turno da dedicare alla conduzione del centro di lavoro duplicato.

Sempre nell'ipotesi di trascurare di correggere il Tpn per assenza dei tempi di setup al secondo turno, si ottiene:

- Rs (Normal) = 60/4 = 15 [pz/h];
- Rs (Luxury) = 60/7 = 8,6 [pz/h];
- Pmix = 1/(0,2/8,6)+(0,8/15)) ≈ 13 [pz/h];
- R = 1;
- Cp = 2 · 1.562 · 13 ≈ 39.676 [pz/anno];
- Pezzi di tipo Normal ≈ 31.741 [pz/anno];
- Pezzi di tipo Luxury = 7.935 [pz/anno];
- **MdC complessivo** = 31.676 · 50 + 7.935 · 70 = **2.139.250 [euro/anno];**
- Costo Acquisto macchina = 500.000/5 = 100.000 [euro/anno];
- Costo operatore aggiunto primo turno = 25.000 [euro/anno];
- Costo operatore aggiunto secondo turno = 30.000 [euro/anno];
- Costo Mdo: 6 [persone] · 30.000 [€/(anno·persona] = **180.000 [euro/anno];**
- **Flusso di cassa netto = 1.804.250 [euro/anno]**.

2.10 POP-OFF SPA

La Pop-Off SpA è una azienda produttrice di valvole di sfioro e altri particolari meccanici per turbocompressori ad uso automobilistico. L'Ing. Corro, da qualche anno Amministratore Delegato, ha investito pesantemente nel rinnovo della gamma di prodotti.

Tutti i particolari necessari al montaggio dei prodotti finiti vengono approvvigionati all'esterno, mentre all'interno vengono effettuate le fasi di montaggio e di taratura dei prodotti, oltre che il confezionamento. Proprio il reparto di taratura è apparso ultimamente come critico, in virtù del basso livello di utilizzo della manodopera al suo interno. Il reparto, infatti, aperto 240 giorni/anno su un solo turno al giorno di 7,5 ore nette, dispone di 12 macchine di taratura ed è servito da 6 addetti diretti.

Il ciclo di taratura di una valvola è piuttosto semplice: caricato manualmente il pezzo in macchina ed effettuate tutte le connessioni con gli elementi pneumatici (2 minuti), la valvola viene sottoposta automaticamente a 10 cicli di pressione e scarico, della durata di 30 secondi ciascuno. Output di questa fase è un diagramma precarico/pressione della specifica valvola, a partire dal quale l'operatore setta il valore appropriato, secondo opportune tabelle di taratura (30 secondi). Infine, la valvola viene scaricata e posizionata nei contenitori che andranno al reparto di confezionamento, operazioni queste ultime che richiedono all'operatore un altro minuto per ciascun pezzo.

Questo codice viene venduto come primo equipaggiamento, ed è soggetto a una domanda annua di circa 120.000 pezzi; al momento non sembrano esservi particolari problemi di capacità produttiva mentre, come anticipato, risulta un po' basso il coefficiente di utilizzo della manodopera. Dal momento che sarebbe possibile spostare parte degli addetti del reparto di taratura nel reparto assemblaggio, si supporti l'Ing. Corro nella valutazione dell'opportunità di un diverso schema di assegnazione manodopera-macchine, quantificando eventuali riduzioni di capacità produttiva dovute alla maggiore interferenza tra la domanda e la disponibilità di manodopera nel ciclo di taratura.

Soluzione

Il problema qui descritto è un classico problema di interferenza uomo-macchina. Si inizi a calcolare la capacità produttiva nella configurazione iniziale in cui ciascun operatore serve due macchine; tutti i dati necessari sono noti a meno del tempo di stand-by della singola macchina dovuto ad attesa operatore.

Per conoscere l'incidenza percentuale dello stand-by (su un ciclo di produzione di un pezzo) è necessario stimare tre grandezze: quante volte in un ciclo si manifesta la possibilità di interferenza, con che probabilità una chiamata sarà disattesa perché l'operatore è impegnato presso l'altra macchina assegnatagli e, infine, quale sarà (in caso di interferenza) l'attesa media.

Il primo di questi valori lo si stima a partire dal ciclo di taratura. Questo è composto, come illustrato in Figura 1, da un alternarsi di fasi in cui è richiesta la presenza dell'operatore e di fasi con operazioni automatiche.

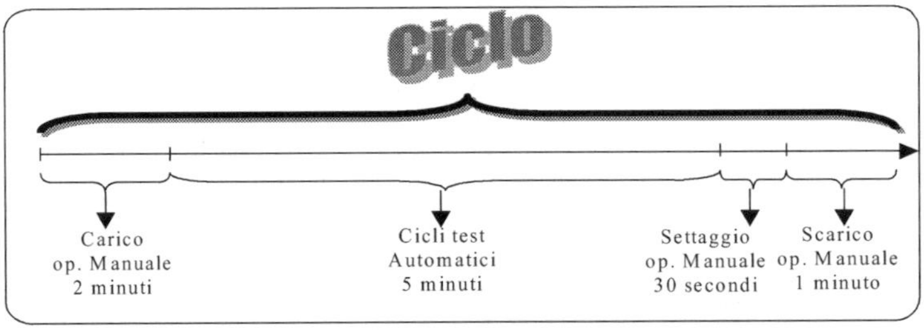

Figura 1: Alternanza dei cicli di lavorazione

Pertanto, in un ciclo della durata di 8,5 minuti, sembrano esservi tre chiamate; in realtà, se l'operatore adotta una politica "ragionevole" di risposta alle chiamate, per cui una volta accorso per effettuare il settaggio, contestualmente scarica il pezzo ed effettua anche il carico della stessa macchia prima di spostarsi presso un'altra, c'è solo una chiamata per ogni ciclo, a meno del transitorio iniziale.

Il secondo valore può essere ricavato notando come, su una lunghezza totale del ciclo di 8,5 minuti, 3,5 minuti richiedano l'intervento dell'operatore. Preso, quindi, un ciclo generico, si può affermare che nel 41% dei casi si è in una fase che richiede l'operatore, e nel 59% dei casi si è in una fase che non richiede l'intervento di un operatore. La probabilità dunque che due macchine (assegnate ad uno stesso operatore) si trovino contemporaneamente in una fase che richiede la presenza dell'operatore è pari a $0,41^2 \approx 16,8\%$.

Per stimare infine il tempo di attesa media qualora si verifichi un'interferenza si può ragionare come segue:

- Se la chiamata ad interferenza si verifica durante un carico pezzo, la macchina chiamante aspetterà in media 2/2 = 1 minuto prima di essere servita;
- Se la chiamata si verifica durante un settaggio, come prima accennato, l'operatore completerà il settaggio ed effettuerà in sequenza anche lo scarico del pezzo ed il carico del pezzo successivo presso la stessa macchina, prima di cambiare macchina da servire. In questo caso l'attesa media sarà (0,5/2)+1+2 = 3,25 minuti.
- Se la chiamata si verifica durante uno scarico, l'operatore completerà lo scarico ed effettuerà in sequenza anche il carico di un nuovo pezzo presso la stessa macchina, prima di cambiare macchina da servire. In questo caso l'attesa media sarà: (1/2)+2 = 2,5 minuti

Poiché la probabilità che l'operatore venga chiamato mentre sta effettuando un carico è quattro volte la probabilità che egli venga chiamato mentre sta effettuando un settaggio ed è doppia rispetto alla probabilità che venga chiamato mentre sta effettuando uno scarico vale che:

$T_{attesa} = (2/3,5) \cdot 1 + (0,5/3,5) \cdot 3,25 + (1/3,5) \cdot 2,5$ [min] = 1,75 minuti

A questo punto è possibile stabilire quale sia la quota del tempo di utilizzo lordo persa per stand-by:

$T_{stand\text{-}by}$ = #chiamate/ciclo · prob. Interferenza · attesa media
$T_{stand\text{-}by}$ = 1 · 0,168 · 1,75 = 0,294 [minuti/ciclo]
Utilizzo netto =8,5 [min/ciclo]/(8,5 + 0,294)[min/ciclo] ≈ **96,6%**

Di conseguenza, la capacità produttiva annua sarà pari a:
Tpn = 240 [gg/anno]·7,5[h/gg]·(0,966) ≈ **1.739 [h/anno]**
Pmix = 60 [min/h] / 8,5 [min/pz] = 7,06 [pz/h]
Cp = #macchine · Tpn · Pmix · Resa = 12 [macchine] · 1.739 [h/anno] · 7,06 [pz/h·macchina] · 1 ≈ **147.328 [pz/anno]**.

Come emerge, la capacità produttiva è esuberante rispetto alla domanda. Per calcolare, invece, il fattore di utilizzo della manodopera si può osservare che:

Tempo uomo richiesto = 3,5/60 [h/pz] · 120.000 [pz/anno] = 7.000 [h/anno];
Capacità uomo$_{unitaria}$ = 7,5 [h/gg] · 240 [gg/anno] = 1.800 [h/anno · persona];
Capacità uomo$_{totale}$ = 6 [persone] · 1.800 [h/anno·persona] =10.800 [h/anno].

Il coefficiente di utilizzo della manodopera al momento è di poco superiore al 64%. Si può provare ad abbassare il numero di operatori a 4: così facendo si potrebbe tentare uno schema 1 operatore ⇔ 3 macchine, liberando 2 persone da trasferire ad altri reparti. Il coefficiente di utilizzo della manodopera salirebbe circa al 97%, ma questo provocherebbe un incremento nel tempo di stand-by a causa delle maggiori interferenze. Si ripercorra, a tal proposito, il medesimo ragionamento prima presentato. Per tenere conto della presenza di una macchina ulteriore affidata al generico operatore, si può far ricorso alla tabella a seguire.

Macchina 1 Rich. Op.	**Macchina 2 Rich. Op.**	**Macchina 3 Rich. Op.**	**Interferenza**	**Probabilità**
No	No	No	No	$(1-0,41)^3$
No	No	Si	No	$(1-0,41)^2 \cdot 0,41$
Si	No	No	No	$(1-0,41)^2 \cdot 0,41$
No	Si	No	No	$(1-0,41)^2 \cdot 0,41$
No	Si	Si	Si (2:1)	$(1-0,41) \cdot 0,41^2$
Si	No	Si	Si (2:1)	$(1-0,41) \cdot 0,41^2$
Si	Si	No	Si (2:1)	$(1-0,41) \cdot 0,41^2$
Si	Si	Si	Si (3:1)	$0,41^3$

Tabella 1: Possibili stati e relative probabilità

La tabella 1 descrive tutti i possibili stati delle macchine, assegnando a ciascuno di questi, sotto ipotesi di indipendenza statistica, la probabilità di accadimento. Gli stati in cui non si ha interferenza sono i primi quattro, che hanno probabilità di accadimento totale circa pari al 63%. Nel 30 % dei casi si verifica interferenza 2:1 e solo nel 7% dei casi si hanno 3 macchine che insieme richiedono l'intervento dell'operatore.

Si ottiene la seguente stima per la il tempo di stand-by.

Interferenza 2:1
$T_{stand\text{-}by}$ = #chiamate/ciclo · prob. Interferenza · attesa media

$T_{stand\text{-}by}$ = 1 · 0,297 · 1,75 = 0,520 [minuti/ciclo]
Utilizzo netto =8,5 [min/ciclo]/(8,5 + 0,520)[min/ciclo] ≈ **94,2%**
Interferenza 3:1
$T_{stand\text{-}by}$ = #chiamate/ciclo · prob. Interferenza · attesa media
$T_{stand\text{-}by}$ = 1 · 0,0689 · (1,75 + 3,5) = 0,362 [minuti/ciclo]
Utilizzo netto = 8,5 [min/ciclo]/(8,5 + 0,362)[min/ciclo] ≈ **95,9%**

$T_{stand\text{-}by\ totale}$ = 0,520 [min/ciclo] + 0,362 [min/ciclo]= 0,882 [minuti/ciclo]
Utilizzo netto =8,5 [min/ciclo]/(8,5 + 0,882)[min/ciclo] ≈ **90,6%**

Seguendo il percorso prima evidenziato, si ha che:
Tpn = 240 [gg/anno]·7,5[h/gg]·(0,906) ≈ **1.631 [h/anno]**
Cp = 12 [macchine] · 1.631 [h/anno]·7,06 [pz/h·macchina] ≈ **138.178 [pz/anno]**.

Anche nell'ipotesi di assegnare 3 macchine per operatore, quindi, la capacità produttiva risulta superiore alla domanda.

2.11 FANAL SPA

La Fanal SpA è una azienda che opera con successo nel mercato della fornitura dei proiettori destinati al settore auto. La Fanal ha recentemente vinto la gara per la fornitura dei proiettori di un nuovo modello di una nota casa giapponese, modello la cui vita prevista sul mercato è di circa 4 anni. Il management della Fanal è quindi alle prese con alcune importanti scelte di configurazione della nuova linea di fabbricazione.

La domanda prevista annua è pari a 780.000 coppie di proiettori, distribuita su 4 varianti (guida destra/sinistra e lampada normale/allo xeno) secondo le percentuali riportate in tabella:

Guida destra		**Guida sinistra**	
normale	Xeno	normale	Xeno
20%	10%	50%	20%

E' prevista una produzione di tipo intermittente a lotti, con dimensione di questi ultimi pari a 500 coppie; il cambio stampo per passare da una tipologia all'altra di proiettori o per sostituire gli stampi usurati richiede circa 3 ore di tempo, durante le quali la pressa non produce alcun pezzo e un operatore dedicato, in alternativa all'operatore diretto, è specificamente impegnato. Tale operatore appartiene all'attrezzeria, il suo costo è pari a 25 euro/ora ed è attribuito sulla base delle ore lavorate sulle varie presse.

Le presse da dedicare alla produzione dei nuovi proiettori presentano un'elevata affidabilità pari al 98% e assicurano una cadenza nominale di 40 battute bifigura/ora (ciò significa che gli stampi sono configurati in maniera tale che con una battuta della pressa si realizza una coppia di proiettori), la quale non include l'estrazione del pezzo, che comunque porta via circa 10 secondi. Una volta estratti dallo stampo, i corpi appena stampati devono essere smaterozzati, operazione questa che dura circa 10 secondi, e che va effettuata off-line da altro operatore dedicato; in questa fase, alcune prove empiriche hanno mostrato che il numero massimo di presse che un singolo operatore può seguire senza che si debbano sopportare dei tempi di stand-by è pari a cinque.

L'elevato livello qualitativo richiesto fa si che solo il 95% della produzione superi il controllo qualità, posto a valle della fase di stampaggio. Il costo di ciascuna pressa è pari a 250.000 euro, ammortizzabili su 4 anni, mentre ciascuno stampo costa 50.000 euro, con una vita utile di 90.000 battute. Il costo pieno aziendale della manodopera è pari a 12,5 euro/ora per il 1° turno e cresce a 22 euro/ora per gli altri due. Il calendario lavorativo prevede 8 ore/turno, su 300 giorni all'anno.

A partire da queste informazioni, si aiuti a dimensionare il parco macchine necessario per evadere la domanda, al netto dell'effetto di interferenza degli operatori e considerando un solo turno giornaliero di funzionamento.

Supponendo poi una buona sincronizzazione nel lavoro degli operatori, si definisca un ragionevole numero di operatori da assumere, aiutando il management a valutare come vari la soluzione impiantistica ottimale (macchine + operatori) al variare della turnazione su cui è attivo l'impianto.

Soluzione

Per risolvere il caso, si inizi dal calcolo della capacità produttiva della singola macchina, secondo la nota formula Cp = Pmix · Tpn · Resa.

Indicando le coppie come singoli "pezzi" del processo di produzione, cosa questa lecita visto che gli stampi sono bifigura, valgono le seguenti ugualianze:

- $Tc\text{-}_{stampaggio}$ = 60 [min/h]/40[pz/h] = 1.5 [min/pz] = 90 [sec./ pz];
- $Tc\text{-}_{totale}$ = $Tc\text{-}_{stampaggio}$ + $Tc\text{-}_{estrazione}$ = 90 + 10 = 100 [sec/pz];
- **Rs** = 3.600 [sec/h] /100 [sec/pz] = **36 [pz/h].**

Nel calcolo del tempo di ciclo totale si è omesso di considerare il tempo necessario alla smaterozzatura dei pezzi (10 sec.) in quanto questa operazione, come espressamente riportato nel testo, viene effettuata off-line.

Per definizione, la saturazione si esprime come Tpn/Tpl, dove entrambe queste grandezze possono essere, ad esempio, rapportate al tempo di produzione di un lotto da 500 pezzi.

- $Tpn\text{-}_{lotto}$ = 500 [pezzi/lotto] · 1/36 [ore/pz] ≈ 13,9 [h/lotto];
- $Tpl\text{-}_{lotto}$ = $Tpn\text{-}_{lotto}$ + T_{setup} = 13,9 [h/lotto] + 3 [h/lotto] = 16,9 [h/lotto];
- **Saturazione** = 13,9 [h/lotto] / 16,9 [h/lotto] ≈ **82%**

Gli ultimi dati da raccogliere sono:

- $Tpl\text{-}_{macchina}$ = 300 [gg/anno] · 8 [h/gg] = 2.400 [h/anno];
- Resa = 0,95.

Pertanto nell'ipotesi di apertura di un solo turno lavorativo:

$Cp\text{-}_{macchina}$ = 2.400 [h/anno] · 0.82 · 0.98 · 0.95 · 36 [pz/h] ≈ **65.960 [pz/anno]**.

n° Macchine = D/$Cp\text{-}_{macchina}$ = 800.000 [pz/anno] / 65.960 [pz/anno] ≈ **12**

Lavorando su un solo turno, e trascurando gli effetti di interferenza, si renderebbe necessario acquistare un parco di 12 macchine.

Poiché vi sono in produzione quattro diverse tipologie di proiettori si potrebbe pensare di dedicare un certo numero di macchine a ciascuna tipologia sulla base dei volumi produttivi relativi a ciascuna dei essi.

Così facendo si eliminerebbero completamente i tempi dovuti ai setup per cambio prodotto e rimarrebbero al più dei setup necessari per sostituire gli stampi usurati; tali sostituzioni sarebbero così esigue in numero da poter essere effettuate al di fuori dell'orario lavorativo e a un costo, comunque, irrisorio.

Sulla base di questa ipotesi è possibile ricalcolare la capacità produttiva di una singola macchina considerando una saturazione pari al 100% e, quindi, anche il nuovo numero di macchine necessarie.

$Cp_{\text{-macchina}}$ = 2.400 [h/anno] · 1 · 0.98 · 0.95 · 36 [pz/h] ≈ **80.438 [pz/anno]**.
n° Macchine = D/$Cp_{\text{-macchina}}$ = 780.000 [pz/anno] / 80.438 [pz/anno] ≈ **10.**

E' ragionevole, allora, pensare che vista la ripartizione dei volumi produttivi fra le quattro tipologie di proiettori si dedicheranno 5 presse alla realizzazione dei modelli guida sinistra-lampada normale, 2 presse ciascuno ai modelli guida sinistra-lampada Xeno e guida destra-lampada normale e la restante ultima pressa al modello guida destra-lampada Xeno.

Nell'ipotesi di dedicare le presse alle singole tipologie di proiettori, non si rende necessaria la presenza di operatori addetti al setup, mentre bisognerà in ogni caso predisporre delle risorse umane che provvedano all'estrazione dei pezzi dagli stampi e al successivo smaterozzamento off-line.

Ipotizzando una perfetta "tempificazione" del processo di stampaggio dei corpi plastici dei proiettori(come illustrato in figura z.1) sarebbe possibile assegnare ad un singolo operatore addetto allo scarico fino a 10 macchine. In realtà, tenendo conto dei necessari tempi per lo spostamento degli operatori e delle inevitabili asincronie rispetto alla situazione di perfetta regolarità, come tra l'altro richiamato dal testo, non è lecito assegnare più di 5 macchine al singolo operatore, con un numero finale di addetti allo scarico pari a 2.

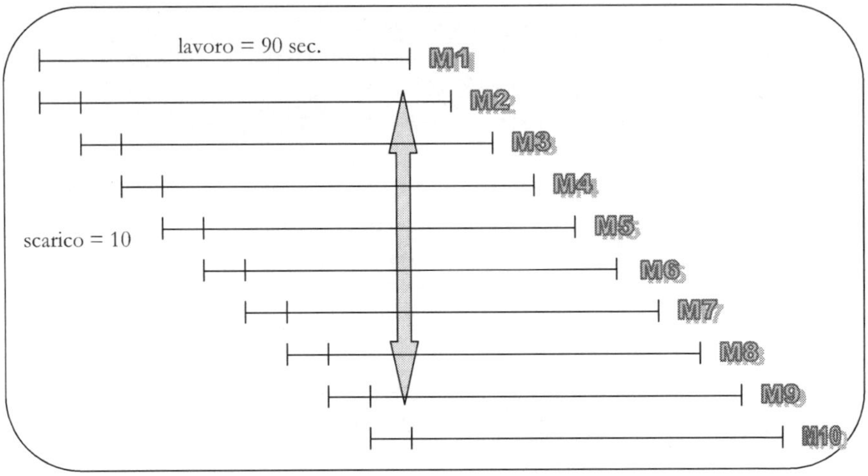

Figura 1: Massimo parallelismo nella conduzione dei setup

Seguendo un ragionamento analogo a quello utilizzato per calcolare il numero di addetti da dedicare all'estrazione è lecito assegnare 5 macchine al singolo operatore addetto allo smaterozzamento, con un numero finale di addetti a questa operazione pari a 2.

Di conseguenza, lavorando su un turno e utilizzando un ammortamento lineare annuo dei costi di acquisto delle macchine, la struttura di costo risultante è così determinata.

- **Costo macchine**. 10 [macchine] · 250.000 [euro/macchina] / 4 [anni] = **625.000 [euro/anno]**;
- **Costo stampi:** 780.000 [pz/anno] / (0,95 · 90.000)[pz/stampo] · 50.000 [euro/stampo] ≈ **456.140 [euro/anno]**;
- **Manodopera**: 4 [persone] · 12,5 [euro/ora] · 2.400 [h/anno] = **120.000 [euro/anno]**.

  Il costo annuo totale è quindi pari a **1.201.140 [euro/anno].**

Può essere utile esplorare la validità di una soluzione su due turni. Rispetto a quella sopra descritta, si riduce il numero di macchine che è necessario acquistare (da 10 a 5). Dal momento che in questa nuova situazione solo 5 macchine sono contemporaneamente attive, in ogni turno serviranno 1 addetto all'estrazione e 1 alla smaterozzatura.

Questo fatto, unito all'incremento del costo orario, comporta un aggravio di costo della voce manodopera. Il termine di costo degli stampi, invece, risulta essere non differenziale, dal momento che non cambia il volume complessivo dei pezzi da realizzare.

Questa nuova configurazione comporta, però, un problema legato al fatto che dedicando due presse alla realizzazione dei modelli guida sinistra-lampada normale, 1 pressa ciascuno ai modelli guida sinistra-lampada Xeno e guida destra-lampada normale e la restante ultima pressa al modello guida destra-lampada Xeno non si è in grado di soddisfare la domanda annua relativa al modello guida sinistra-lampada normale, in quanto facendo lavorare due sole presse su due turni si possono produrre al massimo 321.752 pezzi/anno a fronte di una domanda di 390.000 pezzi/anno.

Contestualmente la pressa destinata a produrre la tipologia guida destra-lampada Xeno realizza la domanda annua con un solo turno al giorno risultando quindi poco satura.

E' ragionevole pensare allora di produrre su questa pressa per metà mese la tipologia guida destra-lampada Xeno e per il restante tempo la tipologia guida sinistra-lampada normale e soddisfare in questo modo la domanda di entrambe effettuando un solo setup al mese per cambio formato.

In ogni caso, per completezza, questa seconda configurazione viene comunque computata.

- **Costo macchine**: 5 [macchine] · 250.000 [euro/macchina] / 4 [anni] = **312.500 [euro/anno]**;
- **Costo stampi ≈ 456.140 [euro/anno]**;
- **Manodopera:** 2 [persone] · (12,5 + 22) [euro/ora] · 2.400 [h/anno] = **165.600 [euro/anno]**;
- **Addetto al setup:** 2 [setup/mese] · 12 [mesi/anno] · 3 [ore/setup] · 25 [euro/ora] = **1.800 [euro/anno]**;

Il costo annuo totale, in ogni caso, si riduce a **936.040 [euro/anno]**, grazie alle forti economie realizzate sul costo degli impianti.

Al più a questo bisognerebbe aggiungere un eventuale costo di mantenimento a scorta non contemplato nel testo, ma che non dovrebbe modificare sostanzialmente il risultato ottenuto.

Per finire, l'ultima soluzione da esplorare è quella su tre turni. Il numero minimo di macchine necessario per poter soddisfare la domanda annua è pari a 4; con questa configurazione è comunque necessario impiegare per ogni turno 1 addetto all'estrazione e 1 alla smaterozzatura. Le due presse dedicate alle tipologie guida sinistra-lampada Xeno e guida destra-lampada normale saranno fortemente insature, mentre la quarta pressa dovrà essere nuovamente condivisa dai due restanti modelli di proiettori.

Il profilo di costi totale è riportato a seguire.

- **Costo macchine**. 4 [macchine] · 250.000 [euro/macchina] / 4 [anni] = **250.000 [euro/anno]**;
- **Costo stampi ≈ 456.140 [euro/anno]**;
- **Manodopera**. 2 [persone] · (12,5 + 22 + 22) [euro/ora] · 2.400 [h/anno] = **271.200 [euro/anno]**;
- **Addetto al setup:** 2 [setup/mese] · 12 [mesi/anno] · 3 [ore/setup] · 25 [euro/ora] = **1.800 [euro/anno]**;

Il costo totale vale ora **979.140 [euro/anno]**, con un incremento rispetto alla soluzione dei due turni dovuta al fatto che la riduzione sui costi di impianto non controbilancia l'aumento legato alla manodopera operante sul terzo turno. Pertanto questa soluzione appare meno vantaggiosa e da evitarsi viste anche le problematiche ingenerate dalla condivisione di una pressa e dal basso livello di saturazione delle macchine.

2.12 STAMPOPLAST SPA

Un Venerdì sera

Erano già quasi le 19 di un Venerdì sera di metà primavera 2003, e cominciava ormai a farsi buio, quando il Dr. Marco Serra girò la chiave di accensione nel quadro della sua BMW ed uscì dal cancello della sede centrale della grande catena di supermercati cash & carry KILOMETRO, nella periferia sud-orientale di Milano. Quando accese l'autoradio, neppure le consuete notizie sugli ingorghi di traffico che affliggono cronicamente l'hinterland Milanese riuscirono a metterlo di cattivo umore, poiché Serra aveva appena concluso un affare che riteneva molto vantaggioso.

Mentre dirigeva il cofano della sua potente berlina verso Belluno e pigiava a fondo l'acceleratore cercando di superare le utilitarie dei pendolari, Serra ripensò con compiacimento al colloquio appena concluso con il Dr. Schumann, il Direttore Acquisti della KILOMETRO, una grossa società di distribuzione originariamente nata in Germania.

C'era voluto del bello e del buono per farsi ricevere, ma il campionario di grossi vasi per fiori in finta terracotta di Impruneta che Serra aveve proposto aveva particolarmente impressionato Schumann, sia per la perfezione con cui la plastica era stata utilizzata per imitare il colore e la consistenza della terracotta, sia per la leggerezza e le ovvie proprietà infrangibili del materiale plastico. Per di più, Serra aveva offerto dei prezzi assai convenienti per invogliare Schumann a concludere l'affare, in media pari a 30 € al pezzo.

Ad un certo punto della trattativa, Serra, che si piccava di avere delle doti di psicologo, aveva creduto di intuire che Schumann fosse sul punto di firmare. Per concludere la trattativa, aveva quindi acconsentito alle condizioni di consegna poste dalla controparte, che prevedevano consegne settimanali. Attirato dalle condizioni favorevoli, Schumann alla fine aveva siglato un contratto per la fornitura di 50.000 pezzi nel 2004. "Veda, Serra -aveva detto con il suo forte accento teutonico- noi abbiamo 10 punti vendita sparsi in tutto il Nord Italia. In ciascuno, stiamo allestendo una sezione dedicata ai materiali ed alle attrezzature per il giardinaggio: concimi, vasi, utensili, attrezzature per l'irrigazione, eccetera. Ecco perché siamo interessati ai vostri vasi. Tuttavia, per il 2004 ipotizzerei prudenzialmente un volume annuo di non più di 5.000 pezzi all'anno per punto vendita, tutto concentrato su un solo modello, del quale le ho mostrato i disegni, che noi denominiamo "modello 170", così da vedere come vanno le cose: lei capisce, occorre abituare con gradualità l'acquirente a questi nuovi materiali.... In parallelo proveremo analoghe forniture da altri produttori per gli altri 5-6 modelli che intendiamo mettere in assortimento: nel 2005 tireremo le somme, e il nostro intendimento sarebbe, se il prodotto incontra il favore del pubblico, di convergere rapidamente verso un solo fornitore. Se quel fornitore sarà la sua azienda, il vostro volume di vendita in futuro potrà senz'altro aumentare anche notevolmente: il nostro Ufficio Vendite stima infatti che, in caso particolarmente favorevole, entro un paio di anni le vendite potrebbero anche attestarsi sui 200.000-300.000 pezzi all'anno, ripartiti su 5 o 6 modelli di vaso".

Mentre ormai il traffico cominciava finalmente a farsi più scorrevole, Serra ripetè mentalmente per l'ennesima volta il semplice calcolo del fatturato che quest'ordine da solo avrebbe potuto garantire alla Stampoplast SpA, l'azienda che solo 10 anni prima aveva fondato con il socio, Ing. Lunga: 50.000 pezzi/anno x 30 €/pezzo = 1,5 milioni di €. Veramente un buon affare per un'azienda che aveva chiuso il 1997 con appena 9 milioni di € di fatturato. Più tardi, dopo avere chiamato la moglie per annunciarle il proprio orario di arrivo per cena, Serra iniziò a meditare se sarebbe stato conveniente produrre quell'articolo con la tecnologia tradizionale dello stampaggio plastico ad iniezione, oppure con la tecnologia dello stampaggio rotazionale. Sapeva che la scelta dipendeva dalle caratteristiche morfologiche del pezzo, dai volumi produttivi che erano stati richiesti, e dallo stato di utilizzo dei macchinari in forza alla Stampoplast: dopo lunghi ragionamenti, decise che avrebbe affrontato questo punto appena possibile con il suo socio. Ing. Lunga, che coordinava la parte tecnico-produttiva delle attività aziendali.

Una discussione

Alle 9 del mattino del lunedì successivo, Serra convocò una riunione per informare la struttura tecnico-produttiva dell'acquisizione della nuova commessa e per lanciare tutte le attività necessarie. Alla riunione vennero invitati, oltre che l'Ing. Lunga, socio di Serra e capo dell'area tecnico-produttiva, anche il rag. Pautasso, responsabile amministrativo, ed i signori Strona (capo attrezzeria), Rosazza (caporeparto Stampaggio Iniezione) e Cossato (caporeparto Stampaggio Rotazionale).

Serra riferì con grande dettaglio e con un certo orgoglio della riunione alla KILOMETRO e dell'affare siglato con il Dr. Schumann. Srotolò i disegni dell'articolo 170, che Schumann gli aveva rilasciato in copia, e li commentò lungamente con i colleghi. Dal punto di vista tecnico, a parere di tutti, era un articolo molto simile ad altri già a catalogo della Stampoplast, e non avrebbe posto soverchi problemi ne in fase di ingegneria, né in fase produttiva. Inoltre, Serra riferì che durante il week-end aveva già calcolato che, visti gli ingombri del prodotto, esso avrebbe potuto essere consegnato su pallet da circa 60 unità (4 pile da 15 vasi ciascuna) avvolti con film termoretraibile ed eventualmente reggiati per evitare che le pile si ribaltassero. Poiché un bilico può alloggiare sino a 24 europallets, ogni consegna settimanale avrebbe potuto comprendere sino a 1.440 pezzi, con un costo del trasporto di circa 800 € per il navettaggio da Belluno al CEDI della KILOMETRO, sito nei dintorni di Milano. Tale volume di trasporto avrebbe reso possibile, con la cadenza di 1 viaggio settimanale, così come richiesto da Schumann, la consegna di quasi 70.000 vasi nel corso delle 48 settimane annue di apertura della Stampoplast. Il suo tono trionfante era quello di chi propone una soluzione pronta, avendo affrontato e risolto brillantemente già tutti i problemi.

A questo punto, dopo avere lungamente ascoltato il collega, prese la parola l'Ing. Luigi Lunga, che aveva immediatamente compreso come il vero problema da affrontare fosse la scelta tra la tecnologia rotazionale e quella ad iniezione: "Un primo elemento da considerare, -iniziò- sono i costi del materiale: i pezzi realizzati con tecnologia rotazionale costano quasi il doppio rispetto a quelli stampati ad iniezione: infatti, non solo pesano un 20% in più, ma sono anche realizzati in polietilene colorato in massa, ed è noto che il fornitore di questa materia prima ci pratica dei prezzi molto salati. Recentemente li ha addirittura portati a 0,9 €/kg, contro il prezzo di 0,75 €/kg del normale polipropilene che si può utilizzare per l'iniezione: per un vaso come il modello 170, che pesa circa 5 kg se è fatto per iniezione, queste sono differenze che si fanno sentire!".

"Inoltre –proseguì Lunga- occorre verificare lo stato di utilizzo dei nostri reparti. Per quanto riguarda quello di stampaggio ad iniezione, ho calcolato che il calendario lavorativo ideale è di 2 turni/giorno, per 5 giorni la settimana e per 48 settimane/anno: con questo calendario lavorativo il reparto nel 2002 è stato utilizzato al massimo della sua capacità produttiva, e nel 2003 i volumi sono apparentemente ancora in crescita, quindi se scegliessimo di produrre il modello 170 con questa tecnologia, sarebbe necessario valutare se attivare un terzo turno per qualche pressa, oppure se acquistare nuova capacità produttiva. Per quanto riguarda invece il reparto di stampaggio rotazionale, ho le idee meno chiare. In passato, con Cossato abbiamo valutato che questo reparto, dove c'è una quota parte maggiore di lavoro manuale, è adatto ad un funzionamento per un solo turno giornaliero, e mi pare che tale capacità sia anche in questo caso utilizzata in maniera quasi completa".

Effettivamente, lo stile commerciale particolarmente fantasioso di Serra aveva contribuito ad aumentare di più del 10% il fatturato del 2002 rispetto all'esercizio precedente, ma aveva contemporaneamente creato una situazione particolarmente problematica in produzione, specie nel reparto Iniezione. In tale reparto, infatti, si era verificata una situazione di pieno utilizzo del macchinario, anche a causa della sempre crescente gamma di prodotti realizzati, che a sua volta induceva un continuo incremento dei tempi di setup.

Lunga riprese: "vedi, Marco, le macchine ad iniezione sono più rapide di quelle di tipo rotazionale, poiché fanno sino a 50 battute/ora, contro le 15 delle macchine rotazionali. Tuttavia, esse sono molto più rigide rispetto al mix produttivo, poiché richiedono cambi stampo di circa 4 ore, e l'utilizzo di solventi e materiali di lavaggio per un costo di circa 500 € ogni volta che si cambia articolo prodotto. Tu sai molto bene che invece i cambi produzione delle macchine rotazionali sono eseguiti dagli operatori in tempo mascherato e non richiedono alcun tipo di materiale. Pertanto, le presse ad iniezione si adattano a realizzare grandi quantitativi di pochi articoli; viceversa, le macchine rotazionali sono più adatte alla produzione di una vasta gamma di articoli, ciascuno con volumi specifici bassi. Ti ricordo che nella nostra storia aziendale non abbiamo mai acquisito una commessa da 50.000 pezzi e che tale quantitativo –come tu stesso hai appena terminato di dirci- potrà addirittura salire in futuro!. Di conseguenza, a naso opterei per lo stampaggio ad iniezione, anche se ritengo indispensabile fare dei conti più precisi".

A questo punto, poiché sia Lunga sia Serra parevano avere detto tutto ciò che pareva loro rilevante, dissero la loro anche gli altri partecipanti alla riunione. Il primo ad esprimersi, come spesso accadeva, fu Pautasso, che aveva una spiccata tendenza alla pignoleria. "Ing. Lunga, se mi consente vorrei esprimere alcune riserve sulla tabella di costo che lei fornisce al Dr. Serra. Infatti, il costo orario di 15 € per ora uomo che lei fornisce, esprime solo la media dei costi aziendali. Infatti, in realtà il personale del reparto Iniezione lavora su 2 turni al giorno, mentre quello del reparto Rotazionale lavora su un solo turno. Pertanto, il costo orario reale dei due reparti è di circa 18 €/ora all'Iniezione e di circa 14 €/ora al rotazionale. Ci sono poi gli attrezzisti del reparto di Strona, che vengono impiegati non solo per la realizzazione degli stampi di entrambi i reparti, ma anche per la realizzazione dei cambi stampo nel solo reparto iniziazione: 4 ore di lavoro per 2 attrezzisti, ad un costo orario che rasenta i 22 €/ora, a fronte sia degli orari, sia del fatto che questi addetti devono avere il diploma di perito meccanico".

Fu ora la volta di Strona, che da molto voleva intervenire, ma visto il suo carattere riservato aveva preferito attendere che si esprimessero i colleghi. "In termini di costi, occorre anche considerare la differenza di costo nel realizzare uno stampo per iniezione, oppure un guscio per rotazionale. Nel primo caso, specie quando, come per il 170, servono dei movimenti, il costo può tranquillamente raggiungere i 130.000 €, tra materiale, lavorazioni esterne, e manodopera interna, mentre non mi è mai capitato di realizzare un guscio di rotazionale che costasse più di 5.000 €"

A questo punto, Lunga stimolò i propri capireparto a contribuire alla conversazione: "Rosazza, Cossato, se avete qualcosa da aggiungere per completare il quadro, vi pregherei di farlo ora, visto che siamo tutti presenti; ad esempio, che ci potete dire dell'attuale stato di carico dei reparti?".

Fu Rosazza il primo a prendere la parola, forse anche perché l'età più avanzata gli dava indubbiamente una maggiore autorità rispetto al collega. "Nel 2002 tutte le 10 presse del reparto Iniezione hanno funzionato praticamente a pieno regime per 2 turni al giorno. Il vero problema è stato costituito, visto il carico di lavoro elevato, dai frequenti attrezzaggi macchina e dai fuori servizio degli stampi. Statisticamente abbiamo visto che per i nostri prodotti, così grandi e colorati, uno stampo riesce a funzionare correttamente per non più di 10.000 battute, dopodichè deve essere inviato presso un fornitore esterno per una rimessa a punto, che dura circa 1 settimana, con un costo pari a 2.000 €. La resa di conformità è stata mantenuta relativamente sotto controllo, non abbiamo avuto più del 5% di scarti. Infine, il reparto ha storicamente denotato una disponibilità delle presse pari a circa il 98%, e dei robot pari al 92%. Quindi, credo che con un ordine così grande dovremo per forza ricorrere o all'acquisto di almeno una nuova pressa, completa di robot estrattore, oppure al lavoro notturno, il che significherà assumere almeno 1 nuovo operatore, ma mi riservo di valutare tale opzione più tranquillamente. So poi che normalmente il lavoro notturno viene contraccambiato da una gratifica del 40%, aggiuntiva rispetto alla normale paga oraria. Per quanto concerne l'eventuale acquisto di una nuova pressa, servirebbe una nuova macchina da 2.000 tonnellate del tipo Negri-Bossi, di cui già abbiamo 2 esemplari. Lo spazio in reparto sarebbe sufficiente per l'allestimento della posizione di lavoro, e tra l'altro il tempo a disposizione ci lascia il margine per avviare l'acquisto, installare la macchina e attivare la produzione. Va tuttavia ricordato che l'ultima pressa, che abbiamo acquistato l'anno scorso, ha richiesto un investimento di 750.000 €, includendo la linea d'alimentazione del polimero e il robot estrattore". Infine, sottolineerei che, sebbene l'adozione dei robot estrattori che abbiamo installato negli ultimi anni abbia fatto si che basti 1 operatore ogni 3-4 macchine, l'installazione di una nuova pressa richiederebbe necessariamente l'inserimento di un nuovo operatore, poiché quelli attuali sono completamente assorbiti dal controllo delle presse già attivate.

Immediatamente dopo che Rosazza ebbe terminato il proprio intervento, Lunga a sua volta sottolineò che anche altri aspetti avevano reso critica la situazione di utilizzo del reparto: "In aggiunta a quanto correttamente ha detto Rosazza, vorrei anche ricordare che la grande quantità di nuovi prodotti che dobbiamo continuamente industrializzare (e nel dire questo, rivolgeva un indice accusatore verso Serra) ci obbliga ad impegnare ciascuna pressa per circa 400 ore all'anno in attività di produzione di prova non vendibile, mentre si verificano circa un 4-5% di assenze del personale per malattia, assenze che, con l'organico all'osso che abbiamo, si ripercuotono in corrispondenti perdite di capacità produttiva."

Solo quando Lunga ebbe terminato, Cossato prese la parola. "Il reparto Rotazionale non è stato, nel 2002, così utilizzato come le presse ad iniezione. Tuttavia, delle 6 macchine attualmente in attività, stimo che almeno 5 siano state pienamente utilizzate nel turno giornaliero su cui normalmente lavorano, e questo praticamente lungo tutte le 48 settimane annue di apertura dello stabilimento. Poiché normalmente viene dedicato un operatore a ciascuna macchina, l'eccedenza di capacità e di manodopera ci hanno consentito di condurre azioni di formazione e di manutenzione preventiva, tali da migliorare notevolmente le condizioni di lavoro del reparto, tanto che la conformità del prodotto, da sempre il nostro tallone d'Achille, è scesa notevolmente, al punto che non abbiamo più registrato difettosità superiori al 10% della produzione realizzata. Al contrario, vista la turnazione meno intensa e la sovrabbondanza di manodopera tipica di un reparto meno automatizzato, non abbiamo mai avuto né il problema dell'assenteismo, né quello della produzione di prova, che viene sempre realizzata durante il secondo turno, e neppure quello della affidabilità, vista la grande semplicità delle presse rotazionali e la possibilità di svolgere comodamente le azioni di manutenzione preventiva. Riguardo al lavoro straordinario, non abbiamo mai avuto questo problema e dunque non sono così informato come Cossato, ma ritengo che possa porsi la questione di un cambio di calendario lavorativo per una o più macchine, se effettivamente decidiamo di realizzare la commessa in oggetto con la tecnologia rotazionale. Occorrerà, penso, passare alcune presse a 2 turni lavorativi giornalieri, o in alternativa acquistare nuova capacità produttiva: va ricordato che le ultime presse che abbiamo acquistato l'anno scorso ci hanno richiesto un investimento di 50.000 € ciascuna, e sono state installate in circa 5 mesi a partire dall'ordine. E' inoltre sicuro che, se decideremo di usare la tecnologia rotazionale, saremo costretti ad allestire almeno un nuovo tavolo di rifilatura manuale per sbavare i pezzi, come già successo molte volte in precedenza: in questo tipo di operazioni, tipicamente si riescono a lavorare non più di 10 pezzi all'ora, con i relativi costi del personale, ed inoltre, gli attuali tavoli sono pressoché totalmente utilizzati; tuttavia questo non è un problema poiché siamo ormai abituati ad utilizzare per questo compito i lavoratori di una cooperativa, che intervengono solo per le ore necessarie e ad un costo di 15 €/ora, che riteniamo molto conveniente rispetto alle assunzioni".

Conclusione

A conclusione della riunione, riprese la parola Lunga, rivolgendosi nuovamente a Serra: "Bene, Marco, mi pare che siano emersi tutti i dati utili per affrontare il problema. Mi pare che si propongano 2 macro-problemi: se realizzare i pezzi richiesti con tecnologia ad iniezione o rotazionale; e se modificare il calendario lavorativo, oppure acquistare nuova capacità. Se sei d'accordo, provo a valutare quale delle soluzioni produttive ci consentirebbe di massimizzare il margine ottenibile con quest'ordine, poi ci rivediamo per discuterne. Considererò come al solito, se tutti concordiamo su questo, un orizzonte di 5 anni per ciascuno dei nostri investimenti, ed una durata media dello stampo pari a 200.000 battute". Serra acconsentì alla proposta del socio: in effetti, sapeva che tale tipo di calcoli erano la cosa che più entusiasmava l'Ingegner Lunga.

2.13 MINIFLEBO SPA – PARTE I

Lo Scenario

"Eh sì, siamo proprio nei guai!" ribadì sconsolato il Dottor Talpa, Direttore dello stabilimento di Segrate della multinazionale italiana Flebo SpA, produttrice di flaconi per trattamenti endovenosi (fleboclisi). Questa volta il Dottor Talpa non scherzava; la prova inconfutabile che il suo posto di Direttore, raggiunto dopo anni di gavetta, poteva dirsi seriamente compromesso era scritta nero su bianco nei registri delle vendite della "MiniFlebo" - questo era il nome con cui veniva chiamato lo stabilimento segratese, a causa delle sue ridotte dimensioni.

All'inizio del 1999, l'Amministratore Delegato della Flebo SpA, l'Avvocato Mitraglia, aveva reso noto l'avvio di una politica di razionalizzazione che, nel corso di un triennio, avrebbe portato alla chiusura di tutti gli impianti che non erano in grado di garantire un adeguato ritorno sugli investimenti, misurato attraverso l'indice ROI (acronimo della dicitura inglese "Return on Investment"). Per lo stabilimento di Segrate, la soglia segnata dal ROI indicava una produzione annua di almeno 6 milioni di flaconi. Da principio, tuttavia, né il Dottor Talpa né i suoi uomini avevano dato peso alla notizia, poiché era cosa risaputa che la produzione ottenibile dal sito segratese in un anno di attività consentiva il pieno raggiungimento del target di redditività fissato dal Consiglio di Amministrazione della Flebo SpA.

Le vendite complessive del triennio 1997-99 ammontavano complessivamente a 19 Milioni di flaconi, è vero; ma nessuno, all'interno dell'organico della MiniFlebo, avrebbe esitato nell'attribuire questo risultato decisamente insoddisfacente alla mediocre gestione del Ragionier Vercio, l'ex Direttore di stabilimento, nonché, si diceva, alla vendita in nero, sui mercati dell'est, di numerosi lotti di produzione marchiati come produzione non conforme destinata allo smaltimento, per evitare il pagamento dei dazi doganali.

Fu tanto amara quanto inaspettata la sorpresa del Dottor Talpa quando, sbirciando curiosamente nel faldone dei prospetti consuntivi delle attività del 1999, si accorse che nei primi dodici mesi di attività come Direttore della MiniFlebo, le vendite dello stabilimento erano di poco inferiori a 5.700.000 flaconi, mentre le giacenze di prodotti finiti risultavano del tutto invariate.

Conscio del fatto che, con ogni probabilità, l'impianto aveva continuato a produrre a questo ritmo inspiegabilmente ridotto anche nel primo trimestre del 2000, e determinato ad identificare le cause della mancata produzione senza perdere ulteriore tempo, il Dottor Talpa contattò l'Ingegner Volpe, brillante neolaureato in Ingegneria Meccanica, esperto di Tecnologie Industriali.

Sul luogo del delitto!

Il pomeriggio seguente il Dottor Talpa convocò nel suo ufficio i cinque capi macchina della MiniFlebo, e diede una mezza giornata di ferie ai quattro aiutanti, che da soli non potevano mantenere l'impianto in produzione. "Non dovete preoccuparvi per questo mezzo turno in cui l'impianto rimarrà improduttivo," disse il Dottor Talpa ai suoi uomini "sono convinto che l'aiuto dell'Ingegner Volpe ci ripagherà in maniera più che adeguata!".

Pochi minuti dopo fece il suo ingresso l'Ingegner Volpe, che venne fatto immediatamente accomodare su una poltroncina. Il lungo tavolo da riunione al centro della stanza era imbandito da tartine e salatini. "Non c'è niente di meglio che risolvere i problemi della produzione comodamente seduti davanti ad un aperitivo, 'nevvero Ingegnere?" esclamò il Dottor Talpa, cercando il consenso di Volpe, mentre una segretaria si accingeva a riempire dei calici con una bevanda verdognola, che aveva tutta l'aria di essere aperitivo al kiwi. "Forse qualcosa di meglio c'è, caro Dottore. Non pensa che un detective che si appresti a risolvere un caso voglia innanzitutto visitare il luogo del delitto?". Così ebbe inizio la visita allo stabilimento.

"Il nostro stabilimento funziona per 220 giorni all'anno, su un solo turno di otto ore. Produciamo flaconi di quattro capienze (100, 250, 500 e 1.000 ml.); combinando tali formati con i diversi liquidi realizzati, si ottiene un complessivo di circa 100 articoli finiti. Non ci sono invece varianti sul confezionamento..." è tutto quello che riuscì a dire sull'impianto il Dottor Talpa, prima di essere interrotto dall'Ingegner Volpe. "Mi scusi se la interrompo, Dottore. Proporrei che ciascuno mi presentasse la parte di ciclo produttivo della quale è responsabile.".

"Beh, se le cose stanno così, allora tocca a me" disse il Signor Bianchi, responsabile dell'operazione di lavaggio flaconi. "Sono responsabile di questo macchinario, che come può vedere è decisamente obsoleto. La cadenza produttiva è di 12.000 flaconi/ora, indipendentemente dalla capienza dei flaconi processati. Il lavaggio è una operazione importante, perché se rimanessero delle impurità nei flaconi, questi sarebbero scartati dalla macchina sperlatrice, alla fine del processo produttivo. Pertanto, ogni giorno ad inizio turno viene effettuato, come previsto dalle norme vigenti, un ciclo completo di ricondizionamento della macchina, della durata di circa un'ora; la stessa procedura di sterilizzazione viene applicata ai due stadi successivi - riempimento e tappatura.

"Questo macchinario è soggetto a frequenti guasti. Su consiglio del Ragionier Vercio, da quattro anni a questa parte stiamo prendendo nota delle durate delle fermate..." borbottò il Signor Bianchi, indicando una bacheca sulla quale erano appesi diversi calendari annuali. L'Ingegner Volpe si appuntò tutti quei numeri, riorganizzandoli come da Tabella 1.

Anno	Eventi di fermo macchina e loro durate (in ore di impianto aperto)												
1996	5	4	3	16	7	6	22	10	20	36	7	4	5
1997	9	22	5	30	8	9	22	2	10	24	7	8	4	18
1998	32	6	4	20	5	6	4	7	24					
1999	5	22	6	6	26	28	5	8	22	3	3	11		

Tabella 1: Serie storica degli eventi di fermo macchina

"In un anno ci sono, mediamente, 12 fermate, la cui durata media si aggira attorno ad un turno e mezzo. Sono pertanto diciotto i turni persi in un anno a causa dei guasti. Vi sono, inoltre, tutte le fermate programmate per cambio formato - ogni fermata di questo tipo dura all'incirca due ore. I piani di produzione prevedono una campagna produttiva al mese, nel corso della quale vengono sempre posti in produzione tutti i formati. Pertanto, in un anno si perdono dodici turni di produzione. E' con i dati che le ho appena fornito che calcolo la capacità produttiva della lava-flaconi: 220 turni in un anno, di cui diciotto persi per guasti e dodici per cambi formato; in ogni turno si produce per sette ore su otto, e in ogni ora si possono lavare 12.000 flaconi. Fanno quasi 16.000.000 flaconi all'anno!"concluse il Signor Bianchi.

"E' il mio turno" disse il Geometra Fillin, addetto alle operazioni di allestimento liquidi e riempimento flaconi. "Il macchinario di riempimento è alimentato dal miscelatore, dove vengono preparati i liquidi. E' da escludersi che la fase di preparazione liquidi possa essere critica, poiché il macchinario può miscelare circa 4 m^3 di liquido in un'ora. La cadenza con cui lavora la stazione di riempimento, invece, varia in funzione della capienza del flacone, secondo questo prospetto..." disse, porgendo all'Ing. Volpe una sbiadita fotocopia, il cui contenuto è sintetizzato in Tabella 2.

Formato Flacone	100 ml.	250 ml.	500 ml.	1000 ml.
Cadenza Produttiva [pz/h]	14.000	8.000	6.000	3.000
Produzione percentuale	30%	25%	30%	15%

Tabella 2 – Dati caratteristici dello stadio di riempimento

"Il 30% dei flaconi è processato ad una velocità di 14.000 flaconi all'ora, il 25% alla velocità di 8.000 flaconi all'ora, e via di seguito... Per cui la cadenza media supera gli 8.000 flaconi/ora, essendo pari a 14.000*0.3 + 8.000*0.25 + 6.000*0.3 + 3.000*0.15.

Inoltre tenga presente che ogni set-up occupa me e il mio aiutante per ben due ore; nelle due ore successive, la macchina è messa in funzione ad un ritmo ridotto del 50%, per controllare meglio la correttezza delle regolazioni, così come imposto dalle norme di buona fabbricazione promulgate dal Ministero della Sanità. In un anno, pertanto, le ore perse per cambio formato sono 144.".

"In condizioni normali, pertanto, potremmo riempire più di 11.000.000 di flaconi ogni anno - e non è cosa da poco! Purtroppo, però, lavoriamo in linea con gli stadi a monte e a valle. Ciò significa che quando non arrivano abbastanza flaconi dalla fase di lavaggio, oppure quando la fase di tappatura non disimpegna una cadenza adeguata, dobbiamo fermare la nostra macchina, perché, come tutto il resto dell'impianto, non è in grado di procedere a velocità ridotta ma ha solo controlli del tipo ON/OFF..." Fece una piccola pausa, e poi riprese, rivolgendosi al Signor Bianchi "...Essere costretti a fermare la macchina non è una cosa rara, vero?".

"Lasciamo perdere e procediamo!" li redarguì l'Ingegner Volpe.

"Io mi occupo delle fasi di tappatura e ghieratura" esordì la Signorina Stroppolo, l'unica donna dello stabilimento. "Questi macchinari, acquistati da poco, operano in linea con la fase di riempimento, e sono in grado di disimpegnare una cadenza di 12.000 flaconi all'ora. Alla fine della ghieratura, il mio assistente scarica i flaconi dalla linea e li carica su quei vagoncini. Ogni quarto d'ora circa, l'operatore della fase successiva recupera i vagoni carichi e li spinge fino alle autoclavi."

"I cambi formato non sono affatto un problema per la nostra fase, perché si possono effettuare in poco più di venti minuti. Nelle belle giornate, finito l'attrezzaggio, posso andare a fare due passi fuori, nell'attesa che gli operatori a monte completino il loro cambio.". Dopo una lunga pausa, durante la quale sembrava che stesse cercando di concentrarsi, la Signorina ricominciò a parlare. "A prima vista la cadenza della linea potrebbe sembrare più che sufficiente, dato che in un anno potremmo processare oltre 17 milioni di flaconi, e nessuna altra macchina nello stabilimento potrebbe produrre così tanto. In realtà, qualche giorno or sono mi è capitato un fatto buffo: si era inceppato un tappo nella ghieratrice - una banalità che mi ha costretto a fermare la macchina per qualche secondo. Ebbene, Ingegnere, in tutta la giornata non sono riuscita a smaltire quella cinquantina di flaconi che si erano accumulati sul nastro trasportatore! Saprebbe spiegarmi che cosa è successo?".

"Certamente, signorina. Ma ora è meglio procedere, ne riparleremo più tardi." fu la cortese risposta dell'Ing. Volpe.

"Mi chiamo Calpurnio Romeo, e gestisco tutto da solo la fase di sterilizzazione dei flaconi" disse con voce sorprendentemente roca e baritonale un ometto paffuto e giovanile. "Un ciclo di sterilizzazione completo dura all'incirca un'ora e mezza, poiché la sterilizzazione richiede una permanenza dei flaconi in autoclave di 80', e le operazioni di carico e scarico mi occupano per circa dieci minuti. Riesco a mantenere in funzione entrambe le autoclavi, facendo sempre in modo che un'autoclave termini il suo ciclo quando l'altra è a metà, così da avere, tra una fermata e la successiva, il tempo necessario per recuperare i carrelli carichi di flaconi.".

"Il ciclo di sterilizzazione viene eseguito introducendo in ciascuna autoclave 10 carrelli. Infatti, i flaconi già processati dalla linea di riempimento e tappatura vengono spostati su carrelli dove possono trovare posto 1.200 flaconi piccoli, 600 flaconi di 250 ml, 400 da mezzo litro e 300 da litro. Pertanto ogni autoclave può contenere 12.000 flaconi piccoli, 6.000 flaconi da 250 cc, 4000 flaconi da mezzo litro, e 3.000 flaconi grandi. Il numero di carrelli, nel complesso, è pari a 30, che dovrebbero essere sufficienti a contenere tutti i flaconi prodotti dalla linea di riempimento e tappatura, per evitare che questa si fermi, cosa che", ammise, " accade in qualche occasione. Nel tempo di 90 minuti che le ho detto, Ingegnere, è compreso il tempo di carico e scarico dei carrelli, che quindi alla fine dei 90 minuti di sterilizzazione sono da considerarsi disponibili ad un nuovo carico.

Quindi posso sterilizzare rispettivamente 16.000, 8.000, 5.333 e 4.000 flaconi all'ora. Caro Ingegnere, se ricorda le cadenze della prima linea, capirà bene che, mentre nelle giornate in cui si producono flaconi piccoli o flaconi grandi ho la vita facile, le campagne di flaconi dei due formati intermedi richiedono tutta la mia attenzione. Ad esempio, non mi posso permettere di fare partire l'autoclave se non è completamente piena, altrimenti non riuscirei a sterilizzare gli 8.000 flaconi da 250 o i 6.000 da mezzo litro che arrivano dalla Riempitrice. Pertanto, le uniche occasioni in cui è ammissibile di attivare una sterilizzazione ad autoclave incompleta sono le situazioni di "fine lotto": accade raramente, infatti, che il piano di produzione preveda la realizzazione di una quantità di flaconi di uno specifico prodotto e formato pari ad un multiplo esatto della capienza delle autoclavi, mentre le norme di buona fabbricazione vietano assolutamente di sterilizzare insieme prodotti diversi, per evitare di confonderli in fase di confezionamento".

"Qualche minuto prima della fine di ogni turno (ho il treno alle 17 in punto) accumulo nella zona libera tra le due autoclavi tutti i flaconi tappati ma non ancora sterilizzati, (lasciandoli sui carrelli) oppure flaconi già sterilizzati: in quest'ultimo caso sfrutto lo spazio che c'è alla testa della linea di confezionamento, in genere appena sufficiente per contenere i flaconi scaricati dalle autoclavi.".

Il gruppo si spostò quindi di qualche metro: tale era, infatti, la distanza che separava le prime fasi dalla fase di confezionamento. "Gestisco le fasi di sperlatura, etichettatura e confezionamento, aiutato da mio figlio," esordì il Signor Cappello, "e stando a quanto avete appena detto, penso proprio di essere il responsabile delle fasi meno produttive. Il problema, ne sono sicuro, sta nella macchina sperlatrice. Si tratta di una macchina che rileva la presenza di impurità e particelle in sospensione nei liquidi imbottigliati, facendo passare un raggio luminoso attraverso il flacone e misurando, per mezzo di una fotocellula, la quantità di luce filtrata. Ha una cadenza massima di 5.200 pezzi all'ora, indipendentemente dal formato. La produttività effettiva è però più bassa per colpa degli scarti: il 5% dei flaconi, distribuito in modo uniforme tra le diverse produzioni realizzate, non passa il controllo, pertanto vengono inviati alla etichettatrice meno di 5.000 flaconi all'ora. L'etichettatrice, d'altro canto, non potrebbe processare più di 5.000 flaconi all'ora. Il vantaggio di questo macchinario è dato dai ridottissimi tempi di set-up: riesce a realizzare un qualsiasi cambio di formato in meno di dieci secondi!".

"Ci garantiamo un certo margine, invece, sul confezionamento, dove il ritmo massimo è di 12.000 flaconi/ora. Lasciamo pertanto la macchina confezionatrice spenta, facendo in modo che si accumulino, sul nastro a valle della etichettatrice, tra i 1000 e i 1500 flaconi; dopodiché mettiamo in funzione la confezionatrice, fino a che questa non abbia smaltito i flaconi accumulati. A macchina spenta c'è meno confusione, e mio figlio può spostare i cartoni pieni nell'area di deposito.".

"Bene, ragazzi, con voi abbiamo finito..." cercò di concludere il Dott. Talpa. Ma ancora una volta venne interrotto dalla voce dell'Ing. Volpe: "Mi permetta, Dottore. Volevo ringraziare i suoi uomini. Ora le problematiche del vostro impianto mi sono chiare. Vi farò avere, in un paio di giorni, una relazione dettagliata sulla capacità produttiva ottenibile nella situazione attuale." L'Ingegner Volpe amava avere l'ultima parola.

2.14 MINIFLEBO SPA– PARTE II

Lo scenario

Quando il dott. Talpa ebbe letto l'ultima pagina della relazione dell'ing. Volpe, erano le nove di un ancora luminoso Venerdì sera. Non era mai successo che Talpa stesse al lavoro così a lungo, ma questa volta, per comprendere tutti quegli indicatori, gli ci vollero diverse ore. Al ritorno in Miniflebo, il lunedì successivo, il dott. Talpa si era deciso a seguire alcune delle indicazioni dell'ing. Volpe: in primo luogo, aveva deciso di acquistare una nuova Lavaflaconi, dalla cadenza di 15.000 flaconi/ora, e praticamente esente da guasti, che aveva avuto modo di vedere in azione qualche mese prima in una fiera di settore. In secondo luogo, si era convinto della necessità di bufferizzare il sistema produttivo per recuperare la capacità persa nel continuo altalenare dei colli di bottiglia al variare del formato in produzione.

Inoltrò quindi, senza ulteriori indugi, l'ordine di fornitura alla casa produttrice della lavaflaconi, consapevole che i tempi di consegna di tali macchinari si aggiravano attorno ai 6 mesi, nonostante l'investimento fosse tutt'altro che irrilevante, ammontando a circa 300.000 Euro. Subito dopo, mandò una raccomandata all'avv. Mitraglia, presentandogli la situazione e chiedendogli di attendere ancora un anno prima di verificare la redditività della Miniflebo. Per tutta risposta, il dott. Talpa ricevette il seguente telegramma:

Apprezzo sforzi per migliorare redditività - Stop
Incrementi di capacità produttiva sempre benvenuti - Stop
Tuttavia miglioramenti produttività necessari da subito- Stop
Cordiali saluti - Avv. A. Mitraglia

Il dott. Talpa capì che non c'era tempo da perdere, e che altri interventi oltre all'investimento nella nuova lavaflaconi andavano intrapresi sin da subito. Pertanto, previo consulto con i suoi tecnici, deliberò di:

a) Innalzare immediatamente la cadenza della lavaflaconi dai precedenti 12.000 a 14.000 flaconi/ora, da adesso fino alla sua dismissione; questa operazione era possibile e non avrebbe causato nel breve peggioramenti nell'affidabilità del macchinario, ma non era mai stata effettuata vista la vetustà della macchina operatrice:

tuttavia, Talpa ed i suoi uomini decisero che, vista l'imminenza dell'arrivo del nuovo macchinario era sensato assumersi qualche rischio in più.

b) Costituire un buffer tra l'operazione di lavaggio e quella di riempimento flaconi: a tale proposito, domandò al geometra Fillin di assumere tutte le informazioni necessarie presso le ditte produttrici.

c) Costituire un buffer tra le fasi di riempimento e tappatura/ghieratura: anche in questo caso, Fillin fu incaricato di assumere informazioni.

Immagazzinare i flaconi lavati e addirittura riempiti prima della tappatura veniva sino a qualche anno fa considerato assolutamente incompatibile con l'assoluta sicurezza di asetticità che è necessaria nel settore farmaceutico; tuttavia, alcuni produttori avevano cominciato qualche anno addietro a porre sul mercato delle strutture d'immagazzinamento integrabili ai nastri degli impianti di imbottigliamento ma asettiche (stanze bianche). L'analisi svolta dal Geometra Fillin mostrò che la differenza principale tra i moduli realizzati dai due fornitori principali (Galvano e WeissLuft) stava nella capienza, che variava in modo assai differenziato a seconda della dimensione dei flaconi accumulati, secondo lo schema presentato in Tabella 2.1. Ciascuno dei due prodotti reperiti sul mercato era perfettamente integrabile in automatico con il nastro trasportatore che connetteva le macchine della linea di riempimento e tappatura, cosicchè non sarebbero stati necessari interventi manuali per alimentare o svuotare i buffers. Per di più, entrambi i buffers assicuravano la indipendenza della linea di alimentazione da quella di svuotamento, in modo tale da poter essere riempiti e svuotati contemporaneamente ed indipendentemente. Infine, Fillin si era anche assicurato che, in caso, essi potessero gestire separatamente ed indipendentemente diversi prodotti e formati, evitando di confonderli e restituendoli nel medesimo ordine in cui erano stati inseriti, oppure in un ordine differente.

Produttore	Galvano (I)	WeissLuft (D)
Capienza flac. 100 ml	36.000	27.000
Capienza flac. 250 ml	18.000	24.000
Capienza flac. 500 ml	12.000	18.000
Capienza flac. 1.000 ml	6.000	9.000

Tabella 1: Capienza dei moduli dei due principali Produttori

Il costo di un modulo risultò pari a 50.000 euro, indipendentemente dal fornitore scelto, mentre il beneficio ottenibile da un incremento di produttività era ragionevolmente quantificabile in circa 0,6 euro/flacone (equivalenti al margine di contribuzione di un singolo flacone). Infine, entrambi i costruttori erano in grado di garantire per i propri buffers una vita utile di 4 anni almeno.

Ricordando che le campagne produttive hanno durata di un mese, che ad ogni cambio formato seguono due ore in cui il riempimento flaconi è effettuato a velocità dimezzata e che i guasti della lavaflaconi, per ipotesi non influenzati dall'aumento del suo ritmo di funzionamento, sono in massima parte concentrati nella produzione dei formati grandi (1.000 e 500 ml), si aiuti il Dott. Talpa nella scelta dei tipo e del numero di moduli da installare, quantificando l'incremento di capacità produttiva massimo ottenibile.

2.15 ITALFREDDO SPA – PARTE I

Contesto

Fondata nel 1991 da due soci, il Rag. Montalenti e il Cav. Montasvelto, la Italfreddo si era inizialmente dedicata alla costruzione di grandi condizionatori industriali, per lo più impiegati dai produttori di macchine utensili per la refrigerazione dei propri impianti.

Il limitato volume numerico dei prodotti realizzati e la vasta gamma di versioni differenti poste in produzione avevano suggerito la costituzione di un sistema di montaggio in posto fisso, cosicché veniva anche evitata la movimentazione degli assiemi in montaggio, cosa che avrebbe potuto provocare non pochi problemi viste le dimensioni, alcune volte davvero ragguardevoli.

Verso il 1994-95, con il declinare di alcuni grandi produttori nazionali di impianti per l'industria meccanica, che erano da sempre stati i principali clienti della Italfreddo, si era di fatto creata una situazione di pericolosa stagnazione degli ordinativi, che aveva rischiato di porre seri problemi al futuro dell'azienda. A fronte di tale periodo di crisi, Montasvelto era uscito dal pacchetto azionario, vendendo le proprie quote in parte a Montalenti, ed in parte al Direttore Vendite, l'Ing. Battello.

Fu proprio a seguito di un'intuizione di Battello che nel 1995 la Italfreddo costruì il primo condizionatore di precisione per una centrale di telefonia mobile, su progetto di uno dei gestori nazionali di tale servizio. Era in quegli anni in fase di realizzazione la rete di commutazione mobile GSM, che avrebbe dovuto nel giro di pochi anni coprire l'intero territorio nazionale. Come è noto, ciascuna cellula viene creata da un ripetitore, collegato ad una centrale di commutazione a terra, alloggiata entro un container. Poiché tali centrali di commutazione non sono presidiate, occorreva porle al riparo da eventuali sbalzi di temperatura ed umidità attraverso un apparato di condizionamento capace di mantenere tali grandezze entro una fascia di tolleranza particolarmente ristretta.

Intuendo le grosse potenzialità di sviluppo del settore non solo in Italia, ma a livello mondiale, dopo quel primo, positivo esperimento Battello convinse Montalenti a creare un Ufficio Tecnico per sviluppare una linea di condizionatori di precisione per telefonia. Fu assunto come responsabile dell'Ufficio l'Ing. Padovan, un uomo di grande esperienza tecnica, che aveva lavorato per diversi anni come progettista presso uno dei primi produttori nazionali di condizionatori per uso civile.

A distanza di appena 5 anni da quei giorni, Italfreddo è ormai il secondo produttore nazionale di condizionatori di precisione per telefonia, e compete a livello mondiale con una gamma di circa 10 tipi diversi di prodotto (scalati per potenza frigorifera) in un settore che ha conosciuto tassi di crescita a due cifre durante tutti gli ultimi anni.

Una riunione

All'inizio dell'estate del 1999, la pressione della domanda stava ormai divenendo insostenibile per il sistema produttivo della Italfreddo, sovraccaricato ormai oltre il proprio limite. Il ragionier Montalenti convocò pertanto una riunione, alla quale invitò a partecipare, oltre all'Ing. Battello ed all'Ing. Padovan, anche il direttore di produzione, Sig. Montante ed il responsabile amministrativo, Rag. Ferrari.

"Signori –introdusse Montalenti- la situazione è molto grave. Come voi sapete, nel corso del 1998 abbiamo montato circa 4.000 macchine e ritenevamo tutti che tale volume di produzione rappresentasse il limite massimo a cui il nostro sistema produttivo avrebbe potuto fare fronte nel breve termine. Ebbene, voi tutti sapete che ad oggi, 15 Giugno, gli ordini acquisiti corrispondono a quasi 3.000 macchine e che tale flusso non accenna a diminuire. E' proprio di ieri sera la notizia che la South Africa Telecom ci ha confermato quell'ordine di 500 apparati e noi proprio non sappiamo come fare a produrre l'ordine. Occorre predisporre opportune contromisure, altrimenti presto inizieremo a perdere clienti"

"Come voi sapete –proseguì Montalenti- entro 5, massimo 8 anni, si prevede che il diffondersi delle tecnologie di commutazione satellitare anche per i telefoni portatili di uso personale soppianti le attuali tecnologie della telefonia cellulare. Nel frattempo, il nostro mercato è destinato ad aumentare, a livello mondiale, del 20 – 25% annuo e noi abbiamo le carte in tavola per essere dei competitori forti, visto che le nostre macchine hanno un prezzo competitivo e sono ritenute di buona qualità da tutti i clienti, vero Battello? Poiché, come il Rag. Ferrari mi ha spiegato ieri l'altro, per ogni condizionatore che vendiamo ricaviamo mediamente 5.000 euro e ne spendiamo circa 3.500 in materiali e componenti, 250 in manodopera e altri 750 in costi di struttura, ciò significa che –in media- ogni volta che rinunciamo ad una vendita, perdiamo circa 500 euro di utile: signori, io non voglio che la nostra azienda debba subire un simile costo!"

"Effettivamente –rincarò la dose Battello- gli ordinativi vanno a gonfie vele, ma sembra quasi che la produzione non riesca a montare un numero sufficiente di macchine per fare fronte agli ordini, e questo nonostante le ultime assunzioni effettuate. Infatti, la forza lavoro è aumentata del 20% circa, ma i livelli produttivi si sono alzati non più del 10%: c'è qualcosa di strano, che io non capisco!". A questo punto, Montante, sentendosi chiamato in causa, prese a sua volta la parola. "Vedi Battello, effettivamente sono stati inseriti in produzione 5 nuovi addetti nell'ultimo anno, con la quale cosa la forza lavoro è passata a 23 addetti diretti. Tuttavia, poiché noi realizziala quale cosa la forza lavoro è passata a 23 addetti diretti. Tuttavia, poiché noi realizziamo montaggi complessi, tali operatori non possono essere subito immessi nei reparti con la massima efficienza: anzi, le mie statistiche mi dicono che l'efficienza media di questi ultimi mesi è stata piuttosto bassa. Questo spiega il perché non siamo ancora oggi in grado di fare fronte ai volumi della domanda. Inoltre, occorre sottolineare che con le ultime assunzioni siamo arrivati all'esaurimento dello spazio a disposizione all'interno del capannone. Infatti, dei circa 1.800 metri quadrati a disposizione dell'area montaggi, io calcolo che circa 600-800 mq siano occupati dalle macchine in lavorazione; altri 400 circa servono come spazio di manovra per i muletti e di appoggio per il materiale da montare; i rimanenti 600 – 800 mq mi paiono il minimo indispensabile per far lavorare con la sufficiente comodità le 25 persone presenti tra diretti ed indiretti.".

A questo punto intervenne l'Ing. Padovan, che era stato zitto sino a quel momento. "Battello –disse- su questo punto mi sento di dare ragione a Montante. Piuttosto, ritengo che si potrebbe subappaltare all'esterno il montaggio dei condizionatori più semplici, in modo da liberare capacità produttiva per le macchine più complesse". "Anche questo –riprese Montante- è stato tentato, ma purtroppo siamo di fronte ad un grosso problema di qualità: le macchine montate fuori hanno mostrato un tasso di difettosità esterna notevolmente superiore a quella dei modelli montati all'interno e dunque, d'accordo con il Sig. Montalenti, abbiamo deciso di riportarne il montaggio all'interno".

"Signori, signori, vi prego", sbottò a questo punto Montalenti, che aveva percepito un forte accento polemico nelle parole di Montante. "Siamo qui per risolvere i nostri problemi e non certo per litigare! Padovan, tu che hai lavorato per una grande azienda, presumo che ci possa fare qualche commento in merito alla adeguatezza del nostro sistema di montaggio. Come sapete tutti, il nostro sistema di montaggio è di base ancora quello di 10 anni fa. Personalmente non sono del tutto sicuro che sia ancora adatto a sviluppare delle migliaia di prodotti, tutti simili l'uno all'altro".

A tale domanda, Padovan, che aveva già studiato accuratamente il problema, era pronto a rispondere. Dopo essersi schiarito la voce, prese quindi la parola con tono autoritario: "Effettivamente, qualche tempo fa anche a me è venuto il sospetto che il sistema di montaggio attualmente adottato alla Italfreddo non sia quello adeguato ai nostri bisogni attuali. Pertanto, ho studiato in dettaglio la nostra situazione attuale e l'ho confrontata criticamente con le modalità di montaggio adottate già 5 anni fa nella mia precedente azienda. Se abbiamo almeno mezz'ora a disposizione sono in grado di farvi una breve relazione sui risultati della mia analisi".

Il sistema attuale di montaggio

"Come voi sapete, il nostro capannone dedicato al montaggio dei condizionatori per telefonia, il numero 1, copre una superficie di circa 3.000 m^2, utilizzati come vedete nella seguente planimetria". Nel dire queste parole, srotolò un grande foglio di carta da lucidi, che dispose sulla ampia scrivania di Montalenti, e che viene riportato in allegato 1. "Le operazioni di montaggio –proseguì Padovan- sono organizzate in reparti, secondo le principali tipologie di operazioni richieste, così come illustrato su questa tabella (vedasi allegato 2 ndr). Gli operatori appartenenti a ciascun reparto, che possono svolgere esclusivamente le mansioni di competenza di quella fase, agiscono, per le operazioni di montaggio di propria competenza, come a posto fisso, realizzando nella sequenza indicata tutte le operazioni assegnate al reparto".

"Ho domandato al Ragionier Ferrari dell'Amministrazione tutti i più recenti dati in nostro possesso sulle efficienze produttive. I risultati sono stupefacenti, li ho raccolti nella tabella successiva a quella delle operazioni di montaggio (vedasi Allegato 3 ndr.), dopo avere analizzato le tempistiche di inizio-fine lavoro annotate dagli operatori sui fogli di commessa allegati alla documentazione di ciascun lotto. Anzitutto, ho scoperto che la resa di velocità calcolata rispetto ai tempi standard previsti a ciclo è quasi sempre intorno al 70 – 75%, mentre è circa del 95% nel caso del montaggio elettrico, e addirittura del 105% nel caso del collaudo, il che significa che i tempi effettivi rilevati al collaudo sono di circa il 5% più brevi rispetto al tempo indicato a ciclo. Non vorrei, tuttavia, che perdessimo di vista il fatto che, nelle altre fasi, ci sono margini di inefficienza dell'ordine del 25 – 30%, legati alle condizioni improbe di montaggio in cui facciamo lavorare i nostri montatori. In particolare, l'assenza di attrezzature di movimentazione e –soprattutto- sollevamento delle macchine in montaggio abbassano notevolmente l'efficienza degli operatori, e questo lo sta a dimostrare il fatto che, proprio al montaggio elettrico, dove abbiamo appena installato una simile struttura, l'efficienza sia molto più elevata che altrove".

"In secondo luogo, mentre la resa di conformità non sembra particolarmente preoccupante, e le assenze per malattia o altro rientrano più o meno nella media fisiologica, insieme a Montante sospettiamo che ci siano dei significativi tempi di stand-by degli operatori tra la lavorazione di un lotto e quello successivo, che però non riusciamo bene a valutare. Per di più, discordiamo sulla genesi di tali tempi, poiché io sono convinto che dipendano quasi esclusivamente dalla attuale modalità di gestione del flusso produttivo, mentre Montante ne attribuisce la colpa alla frequente assenza dei disegni di assieme e degli schemi di montaggio, che costringe gli operatori a ragionare a lungo prima di cominciare il proprio lavoro, per definire lì per lì il ciclo ottimale di montaggio".

"Per quanto concerne le modalità di programmazione e controllo del flusso di prodotti e materiali –ringhiò Montante- so benissimo che ci sono state, anche nel passato, delle critiche, ma ritengo che siano le più adatte a svolgere il nostro lavoro. Anzitutto, ogni lunedì stampiamo la lista dei nuovi ordini ricevuti ed inseriti nel sistema informativo dalle signorine di Battello nel corso della settimana precedente; successivamente, io raggruppo le macchine uguali o simili in lotti di 10 – 15 macchine ciascuno, accorpando gli ordini ricevuti con quelli già in essere. Passo poi a programmare il lancio in produzione di ciascun lotto, in base alla disponibilità del materiale, alla data di consegna richiesta dal cliente ed alla disponibilità di capacità produttiva. Ciascun lotto di produzione viene quindi programmato per una specifica settimana. Poiché nel 1998 abbiamo montato circa 300 lotti di condizionatori, vengono lanciati settimanalmente circa 6-7 lotti in media. La procedura per il lancio dei lotti della settimana s è la seguente: durante la settimana s-1 si provvede a prelevare da magazzino il materiale necessario, e si eseguono i solleciti eventualmente necessari ai fornitori. Poiché ciascùna macchina è composta in media di 70 componenti principali (escluse le minuterie), occorre realizzare quasi 500 operazioni di prelievo, il che spiega perché i 4 magazzinieri sono assorbiti a tempo pieno. I materiali vengono posti a terra nell'apposita area disposta vicino all'inizio dei reparti di montaggio, caricati per lotto su appositi pallet cercando di suddividere i materiali per fase di montaggio. Normalmente servono circa una decina di pallet per lotto, di modo che nel corso della settimana s-1 vengono posizionati a terra circa 60 – 70 pallet".

"A partire dal lunedì della settimana s, mano mano che ciascun operatore del montaggio meccanico si libera, prende in carico un certo lotto, scelto direttamente da lui. Una volta scelto il lotto, l'operatore chiede ad un carrellista di portargli le palette di componenti che gli servono per eseguire le proprie operazioni, e inizia il lavoro.

Normalmente, le macchine in montaggio vengono caricate e movimentate su Europallet (1.200 x 800 mm), sono infatti eccezionali le macchine più grandi, che richiedono quindi dei supporti di dimensioni maggiori. Le macchine sono generalmente disposte lasciando almeno 1 metro di spazio in ogni direzione, altrimenti l'operatore non riesce ad eseguire con comodità il suo lavoro.

Ogni reparto è diviso in due zone: una prima di attesa, in cui vengono lasciate le macchine dai carrellisti che effettuano le operazioni di movimentazione, ed una seconda, in cui si effettua il montaggio vero e proprio. Gli operatori di ciascuna zona possono spostare manualmente le macchine dalla zona di attesa alla zona di lavoro, e questo spostamento è estremamente rapido, anche grazie alle guide mobili che sono presenti. Al contrario, gli addetti diretti non possono provvedere loro stessi a liberare la zona di lavoro una volta che un lotto sia stato terminato, per una serie di motivi tecnici e di vincoli organizzativi. Devono quindi chiamare il primo carrellista disponibile il quale arriva, preleva il lotto dalla zona di lavoro e lo porta alla zona di attesa della fase successiva. Questa procedura è ripetuta in modo assolutamente eguale per tutte le fasi di montaggio.

Dal punto di vista operativo, l'operatore ha quindi in carico un lotto di macchine e tutti i componenti per montarli e –come indicavo prima– può dunque dedicarsi completamente al montaggio. Ho istruito gli operatori ad eseguire le operazioni di montaggio nella esatta sequenza prevista dal ciclo, ma in parallelo su tutte le macchine del lotto, anziché in serie: ho visto che in questo modo si ottengono degli ottimi risultati in termini di efficienza.

In fase di avanzamento del lotto, pertanto, si può generare un tempo di attesa per gli operatori che devono aspettare che il carrellista liberi la zona di lavoro; allo stesso modo sono stati un po' penalizzati i tempi di attraversamento, poiché la singola macchina deve attendere il completamento dell'intero lotto prima di proseguire, ma ritengo che il raggiungimento degli attuali livelli di efficienza, che pure scandalizzano tanto Padovan, sarebbe stato un miraggio senza agire in tal modo. Comunque, non si può certo parlare di inattività o inefficienze degli operatori: tra l'altro, recentemente abbiamo portato il numero dei carrellisti da 1 a 2 proprio per ridurre al minimo i tempi di attesa in linea.".

"Bene, Montante –sbottò Battello– era ora che ammettessi anche tu che i tempi di attraversamento stanno ormai diventando una cosa impossibile. Personalmente, non so più come fare a tenere buoni i clienti, con ritardi di consegna addirittura di settimane. Anche su questo fronte ritengo che le tue modalità di programmazione potrebbero essere migliorate". Effettivamente, come diceva Montante, i tempi di attraversamento del montaggio erano piuttosto elevati e dell'ordine di almeno 4 settimane.

La conclusione

Percependo che la discussione andava surriscaldandosi, il Rag. Montalenti, che aveva molta sensibilità per queste cose e sapeva sempre motivare i suoi collaboratori al punto giusto, intervenne con autorità.

"Padovan –disse– io voglio vederci chiaro, e subito, sul nostro sistema di produzione, così come tu e Montante lo avete appena descritto. Sapete benissimo che nessuno può sottrarsi alla forza dei numeri, cosicché vorrei che nei prossimi giorni tu e Montante vi dedicaste ad una approfondita analisi quantitativa della nostra attuale situazione. In particolare, mi piacerebbe avere una relazione esauriente e quantitativa riguardo i seguenti punti:

a) I tempi di stand-by degli operatori: dovete trovare assolutamente una metodologia per quantificarli e per comprenderne la genesi. Non possiamo certo permetterci di tenere i nostri operai fermi, con quello che ci costano!

b) La capacità produttiva a disposizione: vorrei insomma comprendere se veramente, ad oggi e con il numero di addetti che abbiamo, il nostro limite produttivo è pari a 4.000 macchine all'anno, oppure se si può migliorare la nostra situazione.

c) Infine, vorrei che mi spiegaste e in modo convincente, i tempi di attraversamento e l'elevata occupazione di spazio, poiché da un lato concordo con Battello che è ora di finirla con i ritardi di consegna, dall'altro non riesco a capire com'è possibile che impegniamo una superficie così rilevante, senza possibilità di espansione.

Naturalmente, occorre anche che esaminiate e mi sottoponiate al più presto i correttivi che ritenete possano eventualmente essere adottati per migliorare a breve termine la situazione riguardo le valutazioni che effettuerete.

Tutti i presenti, sapevano molto bene che il tono perentorio usato dal Rag. Montalenti per pronunciare quelle frasi non lasciava spazio a commenti.

Allegato 1: Planimetria del capannone 1

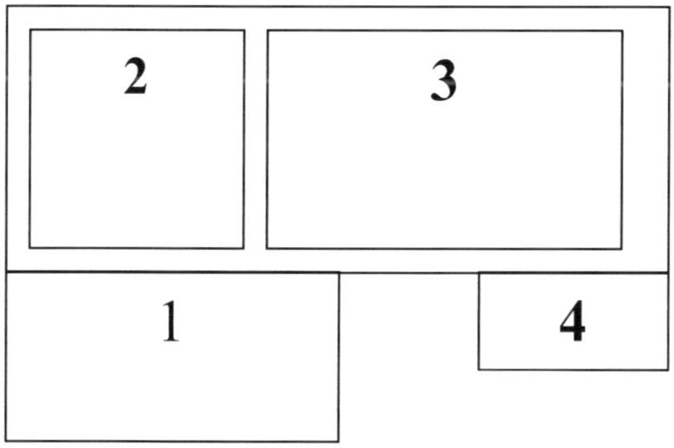

Figura 1*: Planimetria del capannone 1*

Il capannone illustrato nella figura 1 è composto dalle seguenti superfici (riportate non in scala).

1. *Magazzino componenti da montare*, di mq. 600 circa. Il magazzino è completamente costituito da scaffalature metalliche, sulle quali vengono messi a dimora i diversi componenti, solitamente montati su palette.
2. *Magazzino materiale di commessa*, di mq. 250 circa, spazio dedicato alla disposizione dei materiali settimanalmente prelevati da magazzino e predisposti per il montaggio, a partire dalla settimana successiva. I materiali vengono disposti a terra, su palette accostate le une alle altre, e contraddistinto dalla documentazione di commessa.
3. *Area montaggi*, di circa 1.800 mq., organizzata per reparti di montaggio, come descritto nel paragrafo relativo al sistema attuale di montaggio.
4. *Area spedizioni,* di circa 350 mq, dove i condizionatori vengono brevemente immagazzinati prima della spedizione, e dove vengono stampati tutti i documenti necessari per l'installazione e l'utilizzo. Nell'area spedizioni sono inoltre collocati anche gli uffici del reparto.

Allegato 2: Il processo di montaggio

N.op	Descrizione	Prec.	On/Off line	Tempi [min]
	MONTAGGIO MECCANICO			
1	Montaggio zoccolo di base		ON	2
2	Montaggio lamiera di supporto compressore	1	ON	2,5
3	Montaggio lamiera di tamponamento	2	ON	0,5
4	Montaggio guarnizioni anti-spiffero	1	ON	0,5
5	Montaggio para-freddo	1	ON	0,5
6	Montaggio tubo vapore e tubo scarico condensa	3	ON	1
7	Montaggio resistenze elettriche	1	ON	1,5
8	Montaggio ventilatori	3	ON	3
9	Montaggio supporto quadro elettrico	7, 8	ON	1,5
10	Montaggio vaschetta raccoglimento condensa	6, 16	ON	1
11	Montaggio supporto batteria	9	ON	2,5
12	Montaggio batteria	11, 14, 16	ON	4
13	Montaggio rubinetti intercettazione freon	2, 15	ON	3,5
	MONTAGGIO FRIGORISTICO			
14	Saldatura prolunghe ingresso/uscita freon con batteria		OFF	15
15	Preparazione/saldatura rubinetti di intercettazione del freon		OFF	10
16	Saldatura vaschetta raccoglimento condensa		OFF	10
17	Preparazione assieme compressore		OFF	20
18	Montaggio compressore sul supporto	12, 13, 17	ON	15
	MONTAGGIO ELETTRICO			
19	Adattamento quadro elettrico		OFF	70
20	Immissione di azoto in pressione nel circuito frigorifero	18	ON	10
21	Montaggio quadro elettrico	9, 19	ON	7
22	Montaggio supporto sistema di controllo PLC	21	ON	2
23	Programmazione PLC di controllo		OFF	10
24	Montaggio PLC di controllo	22, 23	ON	4

N.op	Descrizione	Prec.	On/Off line	Tempi [min]
25	Montaggio assieme umidificatore	18	ON	4
26	Cablaggio e collegamento dei componenti al quadro elettrico	24, 25	ON	40
27	Montaggio pannelli laterali	10, 26	ON	3
	CONTROLLO & COLLAUDO			
28	Creazione del vuoto e immissione del freon	20	ON	4
29	Controllo e collaudo	26, 28	ON	60
	FINITURA			
30	Pulitura dell'assieme	27, 29	ON	10
31	Montaggio filtro aria	30	ON	1,5
32	Montaggio griglia	30	ON	3
33	Applicazione isolanti e materiali vari	31, 32	ON	9
34	Montaggio pannellatura esterna	33	ON	16
35	Imballaggio condizionatore	34	ON	15

Tabella 1: Descrizione sintetica del ciclo di montaggio

La tabella 1 sopra riportata presenta le principali informazioni riguardanti il ciclo di montaggio dei condizionatori di precisione per telefonia. La tabella illustra le operazioni nell'ordine in cui vengono svolte dagli operatori, raggruppate per fasi, così come avviene nel reparto di montaggio. Le operazioni precedenti che vengono presentate in tabella sono pertanto solo quelle la cui esecuzione deve essere realizzata strettamente prima di quella in oggetto. La penultima colonna indica se l'operazione è da svolgersi necessariamente in linea, oppure se essa può essere svolta anche separatamente rispetto alla linea di montaggio principale, fermo restando che attualmente le operazioni sono tutte eseguite in linea dagli operatori, viste le modalità di montaggio adottate. Infine, i tempi espressi in minuti sono i valori standard utilizzati per il calcolo dei costi.

Allegato 3: Le informazioni sulla produzione

Dato	u.m.	MEC	FRI	ELE	COL	FIN
Resa di velocità degli operatori	%	71,43	72,46	93,98	105,9	74,15
Tempo di apertura impianto	Gg/anno	220				
Orario lavorativo	Ore/gg	7,5				
Numero medio di giorni di assenza	Gg/anno	9				
Resa di conformità	%	99%	95%	98%		
Tempi medi di stand by degli operatori	%	Non noti				

Tabella 2: I principali dati di efficienza

La resa di conformità non è indicata per le fasi di collaudo e finitura, in quanto:

a) Per la fase di collaudo, si assume una resa unitaria.

b) Per la fase di finitura, la resa non è rilevata, ma l'assunzione che essa sia unitaria costituisce una buona approssimazione della realtà.

Capitolo 3
Dimensionamento dei sistemi di produzione per processo

3.1 RUBBER SPA

La Rubber SpA deve acquistare dei mescolatori "Bambury" per il suo nuovo reparto di produzione mescole. Tale reparto deve rispondere ad una domanda stimata in circa 6.400 tonn/anno, operando su due turni da 8 ore, per 220 giorni all'anno. Sul mercato sono disponibili due modelli di mescolatori, rispettivamente da 125 kg/carica e da 250 kg/carica. Considerato che in media un ciclo di carica, mescolatura (circa 50% del tempo di ciclo) e scarica si conclude in 15 minuti, le potenzialità di targa dei due tipi di mescolatore sono pari a 500 e a 1.000 kg/h.

In particolare, il costo di acquisto di un mescolatore da 125 kg è pari a 225.000 Euro, con un fattore di scala pari a 0,7. La potenza elettrica impegnata durante la fase attiva di lavorazione è pari a 55 kW per il mescolatore da 125 kg e cresce meno che proporzionalmente nel mescolatore da 250 kg, grazie alle minori perdite meccaniche, attestandosi sui 90 kW. Il costo industriale del kWh, per la Rubber, è di 0,1 euro.

La disponibilità dei due macchinari è simile, e pari al 96% per il mescolatore da 125 kg e al 97% per quello da 250 kg. Le manutenzioni programmate sono fatte al di fuori dell'orario di lavoro, mentre il costo della mancata produzione per fermi in orario di lavoro è piuttosto elevato, e pari a 1,5 euro/ kg di mescola perso.

Per quanto concerne, invece, i fattori di resa dell'impianto si è stimata una resa quantitativa pari a 0,98 e una resa di conformità pari a 0,96.

Nel reparto sono prodotte tre mescole (A, B, C) e per passare da una mescola all'altra è necessario un tempo di setup di 8 ore, e un costo aggiuntivo per solventi e detersivi pari a 500 euro.

Per la mescola di tipo A si stima una domanda pari al 50% dei volumi annui totali realizzati; il restante 50% è diviso in parti uguali fra le mescole tipo B e tipo C.

La produzione è organizzata su campagne di durata mensile (20 giorni) e le operazioni di attrezzaggio vengono effettuate all'interno dell'orario lavorativo.

Sulla base di tali dati si valuti l'alternativa impiantistica migliore, ripartendo i costi di acquisto degli impianti su un orizzonte di 10 anni (vita utile dell'investimento), senza attualizzare i flussi di cassa ricavati di anno in anno.

Soluzione

L'obiettivo da perseguire è la minimizzazione del costo totale della nuova configurazione impiantistica, la quale dovrà essere articolata sul numero e sui tipi di mescolatori disponibili in commercio e richiamati nel testo. Le voci di costo che rientreranno nell'analisi sono le seguenti e in linea generale si è portati a pensare che:

- Costo di acquisto degli impianti: questa voce, in virtù delle evidenti economie di scala, spingerebbe verso la scelta del mescolatore con potenzialità maggiore
- Costo vivo dei setup: questa voce, per conoscere la quale è necessario conoscere il numero di campagne fatto ogni anno, spingerebbe a frazionare la capacità produttiva, ovvero a scegliere i mescolatori con potenzialità inferiore da dedicare a singoli prodotti
- Costo della mancata produzione: in caso le problematiche affidabilistiche, o i setup, rendano impossibile evadere parte della domanda, questo si configura come un costo opportunità, quantificato nel testo
- Costo dell'energia: presumibilmente una voce minore; anche questa voce spinge a muoversi verso grandi impianti, in virtù del loro miglior rendimento.

Per prima cosa è bene ricavare i dati di domanda relativi a ciascuna mescola:

Mescola **A**: 6.400.000 [Kg/anno] · 0,5 = 3.200.000 [Kg/anno]
Mescola **B**: 6.400.000 [Kg/anno] · 0,25 = 1.600.000 [Kg/anno]
Mescola **C**: 6.400.000 [Kg/anno] · 0,25 = 1.600.000 [Kg/anno]

Calcoliamo la capacità produttiva di un mescolatore dedicato da 1.000 [Kg/h] e verifichiamo se soddisfa la domanda relativa alla mescola A.

Il tempo di apertura dell'impianto sulla base dei dati forniti è pari a:

- **Ta** = 220 [gg/anno] · 2 [turni/giorno] · 8 [h/turno] = **3.520 [h/anno]**

In assenza di setup la capacità produttiva del mescolatore sarà data da:

- **Cp** = Pmix · Ta · Un · A · S · R = 1.000 [Kg/h] · 3.520 [h/anno] · 1 · 0,97 · 1 · 0,98 · 0,96 = **3.212.267 [Kg/anno]**

La domanda per quanto riguarda la mescola A è , quindi, soddisfatta.

Alla luce di questo risultato una prima ipotesi impiantistica potrebbe, quindi, prevedere l'acquisto di due mescolatori da 1000 kg/h, di cui uno dedicato alla prima tipologia di mescola e l'altro alternato tra le rimanenti due; allo stesso modo, potrebbe essere ragionevole vagliare l'alternativa 1 mescolatore da 1000 kg/h + 2 mescolatori da 500 kg/h, a loro volta interamente dedicati ciascuno a una delle due tipologie minori.

Dal momento che entrambe prevedono comunque l'acquisto di un mescolatore da 1.000 kg/h da dedicare alla mescola di tipo A, l'analisi differenziale si può compiere solo sulla rimanente parte dell'impianto.

A questo punto è effettivamente possibile compiere l'analisi differenziale sulla rimanente parte dell'impianto.

Con riferimento alle due alternative suggerite vi è innanzitutto da verificare se l'impatto dei tempi non produttivi dovuti ai setup per cambio tipologia comporti dei costi di mancata produzione.

Nel caso si acquistino due mescolatori da 500 Kg/h ciascuno da dedicare rispettivamente alle mescole B e C non si avranno setup per cambio formato e la capacità produttiva di ciascun mescolatore sarà pari a:

- **Cp** = Pmix · Ta · Un · A · S · R = 500 [Kg/h] · 3.520 [h/anno] · 1 · 0,96 · 1 · 0,98 · 0,96 = **1.589.575 [Kg/anno]**

A fronte di una domanda annua pari a 1.600.000 Kg si avrà un costo di mancata produzione di:

- **Cmp** = (1.600.000 – 1.589.575) [Kg/anno] · 1,5 [€/Kg] = **15.638 [euro/anno]**

Non si sosterranno, però, in questo caso costi vivi di setup per utilizzo di solventi e detergenti.

Nel caso in cui , invece, si acquisti un solo mescolatore da 1.000 [Kg/h] sul quale alternare la produzione delle mescole B e C si dovrà calcolare l'impatto dei setup sulla capacità produttiva dell'impianto.

Cominciamo col calcolare quale sarà il numero di setup che si effettueranno in un anno.

Poiché ogni campagna dura 20 giorni e all'interno di ogni campagna bisognerà effettuare due setup (mescola B $\Rightarrow$ mescola C e viceversa) si avrà:

- **n° campagne in un anno** = 220 [giorni/anno]/20 [giorni/campagna] = **11 [campagne/anno]**
- **n° setup in un anno** = 11 [campagne/anno] · 2 [setup/campagna] = **22 [setup/anno]**

Poiché come detto nel testo ciascun setup dura 8 ore la saturazione del mescolatore sarà pari a:

- **Saturazione** = (3520 – 22 · 8)/3520 = **0,95**

e di conseguenza la capacità produttiva scenderà a:

- **Cp** = Pmix · Ta · Un · A · S · R = 1.000 [kg/h] · 3.520 [h/anno] · 1 · 0,96 · 0,95 · 0,98 · 0,96 = **3.020.194 Kg/anno**

A fronte di una domanda annua pari a 3.200.000 Kg si avrà un costo di mancata produzione per ciascun mescolatore di:

- **Cmp** = (3.200.000 – 3.020.194) [Kg/anno] · 1,5 [€/kg] = **269.710 [euro/anno]**

In questo caso si dovranno sostenere, inoltre, dei costi vivi di setup quantificabili come segue:

- **Costo vivo setup** = 11 [campagne/anno] ·2 [setup/campagna] * 500 [euro/setup] = **11.000 [euro/anno]**.

Si valuti, infine, quali sono i costi di acquisto. Utilizzando la nota espressione delle economie di scala, ed usando come riferimento il mescolatore da 500 kg/h, come suggerito nel testo, si ha che:

- $\mathbf{C_{acq\text{-}500}}$ = **225.000 euro**;
- $\mathbf{C_{acq\text{-}1000}}$ = 225.000 [euro] · $(1.000/500)^{0,7}$ ≈ **365.000 euro**.

Su base annuale, quindi, la prima soluzione incide per 22.500·2 = 45.000 euro, mentre la seconda per 36.500 euro. L'ultima voce da considerare è quella relativa al consumo elettrico. Si proceda come segue:

<u>Caso due mescolatori da 500 kg/h.</u>

- $T_{mescolatura\ effettiva}$ = 2[turni/gg·mescolatore]·8[h/turno]·0,5[incidenza fasi attive]·220 [gg/anno]·2 [mescolatori]·0,96 [disponibilità] ≈ 3.380 [h/anno];
- **$Costo_{energia}$** = 3.380 [h/anno]·55 [kW]·0,1[euro/kwh] = **18.590 [euro/anno]**.

Caso un mescolatore da 1.000 kg/h.

- $T_{mescolatura\ effettiva}$ = (2[turni/gg]·8[h/turno]·0,5[incidenza fasi attive]·220 [gg/anno]·0,97 [disponibilità]) – 11 [campagne/anno] · 16 [h_{setup}/campagna] ≈ 1.530 [h/anno]
- **$Costo_{energia}$** = 1.530[h/anno]·90 [kw]·0,1[euro/kwh] = **13.770 [euro/anno]**.

Il profilo dei differenziali è riportato in Tabella 1 alla pagina seguente:

Solo costi rilevanti [euro/anno]	**2 x 500 kg/h**	**1 x 1.000 kg/h**
Acquisto	45.000	36.500
Costo vivo setup	0	11.000
Mancata prod.	31.276	269.710
Energia	18.590	13.770
Totale	**94.866**	**330.980**

Tabella 1: Dati di costo rilevanti

Come si nota, appare ampiamente conveniente la soluzione con due mescolatori da 500, e questo grazie agli elevati costi che si sosterrebbero altrimenti per mancata produzione.

Non vi sono altre soluzioni da esplorare: infatti, rispetto al profilo appena evidenziato, l'alternativa 1.000+1.000+500 consentirebbe di azzerare la voce dei setup, ma solo nel caso in cui si dedichi il 1.000 ad una delle due mescole tipo B e C ed il 500 all'altra. In questo modo però un impianto risulterà utilizzato al 50%. Nel caso in cui si tenga la produzione delle mescole tipo B e C sul mescolatore da 1.000 si sosterrebbe comunque almeno il costo vivo di setup, e si sarebbe obbligati a tamponare le ore di produzione persa accendendo il mescolatore da 500, cosa alquanto macchinosa.

Per questi motivi, a meno di considerazioni strategiche che portino a credere che la domanda possa crescere in futuro, la soluzione 1.000 + 2x500 è la migliore.

3.2 ICE STAR SRL

La Dott.ssa Panna, nuova direttrice generale della IceStar Srl, media azienda produttrice di gelati e creme per pasticceria, sta osservando i prospetti di crescita per il nuovo anno.

"Bene, bene (rimuginava scartabellando i prospetti forniti dall'Ufficio Commerciale) se i nostri commerciali non si sono sbagliati, l'anno a venire sarà ricco di soddisfazioni. La cosa migliore da fare è pensare ad un'espansione del reparto di mescolatura … direi almeno di…almeno di 2.000 tonn/mese".

Per realizzare l'espansione prevista, la Dott.ssa Panna aveva a disposizione diverse alternative impiantistiche realizzabili attraverso l'acquisto di due differenti tipologie di mescolatori: mescolatori da 1.000 tonn/mese, caratterizzati da una disponibilità $A_{1000} = 0{,}91$, e mescolatori da 500 tonn/mese, caratterizzati, invece, da una disponibilità $A_{500} = 0{,}88$.

Sapendo che il costo di un singolo mescolatore da 500 tonn/mese è pari a 100.000 euro, che queste macchine hanno un fattore di scala prossimo a 0,8 e che il costo della produzione persa è stimabile in 7,5 euro/kg non prodotto, si definisca quale sia la configurazione preferibile, trascurando tutti gli effetti di resa e di interazione con le altre risorse aziendali.

Soluzione

Il tema affrontato in questo caso è relativo al dimensionamento degli impianti di processo e in particolare al frazionamento della capacità produttiva.

Nel testo viene fatto espressamente riferimento a un previsto aumento di capacità pari a 2.000 ton/mese.

In funzione del livello di protezione che si vuole assumere nei confronti del rischio di fermata dei macchinari e della conseguente mancata produzione si può pensare di adottare diverse soluzioni visto che tra l'altro nel testo non ne viene suggerita una in particolare.

In linea di massima si potrebbe pensare di dimensionare i nuovi mescolatori per una capacità uguale o eventualmente superiore al previsto aumento.

La matrice incrociata riportata di seguito aiuta ad esplorare alcune fra le possibili alternative:

<table>
<tr><td rowspan="2">Macchine da 1000 ton/mese</td><td>SI</td><td>2 x 1.000</td><td>1 x 1.000 + 2 x 500</td></tr>
<tr><td>NO</td><td>X</td><td>4 x 500</td></tr>
<tr><td></td><td></td><td>NO</td><td>SI</td></tr>
<tr><td></td><td></td><td colspan="2">Macchine da 500 ton/mese</td></tr>
</table>

Matrice 1 : Matrice delle alternative

Nell'ipotesi di voler realizzare un aumento di capacità produttiva pari a 2.000 ton/mese proviamo a confrontare, fra quelle suggerite, le tre alternative:

- acquisto di due mescolatori da 1.000 ton/mese ciascuno
- acquisto di quattro mescolatori da 500 ton/mese ciascuno
- acquisto di un mescolatore da 1.000 ton/mese e di due mescolatori da 500 ton/mese

Le tre soluzioni prospettate si distinguono per i seguenti aspetti: la soluzione 2 x 1.000 è caratterizzata da un costo di impianto inferiore, grazie alle economie di scala che contraddistinguono i macchinari e da una disponibilità superiore (se considerata sul singolo macchinario); al contrario la soluzione 4 x 500 è più scalabile.

Si inizi dal calcolo del costo del singolo mescolatore da 1.000 tonn/mese. In conformità con il fattore di scala indicato, è possibile scrivere che:

$\mathbf{C_{1.000}} = C_{500} \cdot (1.000/500)^{0,8} \approx$ **174.100 [euro/impianto]**.

Per calcolare quale sia la disponibilità dei macchinari si può far ricorso alla cosiddetta tabella degli stati, che altro non è se non un breakdown di tutti i possibili stati del sistema, con una precisa valutazione della probabilità che contraddistingue ciascuno stato e del costo di disservizio ad esso collegato. Si faccia riferimento, a tal proposito, alla Tabella 1 a seguire.

Stato mescolatori		Probabilità stato	Valore prob.	Mancata produzione (t/mese)	Produzione persa attesa (t/mese)
1	2				
OK	OK	$0,91^2$	0,8281	0	0
KO	OK	$0,91 \cdot (1-0,91)$	0,0819	1.000	81,9
OK	**KO**	$0,91 \cdot (1-0,91)$	0,0819	1.000	81,9
KO	**KO**	$(1-0,91)^2$	0,0081	2.000	16,2
Totale		**1**	**1**	--	**180**

Tabella 1: Tabella degli stati per il caso 3x1.000

Finalizzando quanto emerso sopra, la soluzione 2 x 1.000, comporta una perdita di produzione attesa di circa 180 tonn/mese. Il costo totale di disservizio si calcola come:

Costo totale disservizio = produzione persa attesa · periodi di funzionamento · costo unitario disservizio = 180 [tonn/mese] · 12 [mesi/anno]· 7.500 [euro/tonn persa] ≈ **16.200.000 [euro/anno]**.

Per calcolare il costo del disservizio nel caso si scelga un impianto 4 x 500 si devono replicare i passi logici sopra percorsi. In questo caso, avendo già familiarizzato con la logica di calcolo, la tabella degli stati riportata a seguire non disarticolerà in dettaglio tutti gli stati possibili, ma si limiterà ad illustrare le possibili combinazioni di eventi.

Stato mescolatori				Probabilità stato	Mancata produzione (t/mese)	Produzione persa attesa (t/mese)
1	2	3	4			
OK	OK	OK	OK	$0{,}88^4$	0	0
KO	OK	OK	OK	$4 \cdot 0{,}88^3 \cdot (1-0{,}88)$	500	163,6
KO	**KO**	OK	OK	$6 \cdot 0{,}88^2 \cdot (1-0{,}88)^2$	1.000	66,9
KO	**KO**	**KO**	OK	$4 \cdot 0{,}88 \cdot (1-0{,}88)^3$	1.500	9,1
KO	**KO**	**KO**	**KO**	$(1-0{,}88)^4$	2.000	0,4
Totale				**1**	--	**240**

Tabella 2: Tabella degli stati per il caso 4x500

Costo totale disservizio = 240 [tonn/mese] · 12 [mesi/anno]· 7.500 [euro/tonn persa] = **21.593.700 [euro/anno]**.

Si valuti adesso la terza e ultima possibile configurazione impiantistica, vale a dire quella che prevede l'acquisto di un mescolatore da 1.000 Kg e di due mescolatori da 500 Kg.

La procedure di calcolo è sempre la medesima:

Stato mescolatori			Probabilità stato	Mancata produzione (t/mese)	Produzione persa attesa (t/mese)
1 (1.000)	2 (500)	3 (500)			
OK	OK	OK	$0{,}91 \cdot 0{,}88^2$	0	0
OK	OK	**KO**	$2 \cdot 0{,}91 \cdot 0{,}88 \cdot (1-0{,}88)$	500	96,1
OK	**KO**	**KO**	$0{,}91 \cdot (1-0{,}88)^2$	1.000	13,1
KO	OK	OK	$(1-0{,}91) \cdot 0{,}88^2$	1.000	69,7
KO	OK	**KO**	$2 \cdot (1-0{,}91) \cdot 0{,}88 \cdot (1-0{,}88)$	1.500	28,5
KO	**KO**	**KO**	$(1-0{,}91) \cdot (1-0{,}88)^2$	2.000	2,6
Totale			**1**	--	**210**

Tabella 3: Tabella degli stati per il caso 1x1.000 + 2x500

Costo totale disservizio = 210 [tonn/mese] · 12 [mesi/anno]· 7.500 [euro/tonn persa] = **18.900.000 [euro/anno]**.

In Tabella 4 sono riassunti tutti i dati di costo del problema affrontato.

Soluzione	**2x1.000**	**4x500**	**1x1.000 + 2x500**
Costo impianto [euro]	348.200	400.000	374.100
Costo disservizio [euro/anno]	16.200.000	21.593.700	18.900.000

Tabella 4: Dati riassuntivi del problema

Come evidente la soluzione 2x1.000 risulta vantaggiosa non solo dal punto di vista del minor costo di impianto in virtù delle economie di scala realizzabili, ma anche da quello dei minori costi legati alla mancata produzione.

Questa soluzione è pertanto da preferirsi alla altre due contemplate dal problema, qualsiasi sia l'orizzonte di analisi del problema.

3.3 POLYFILM SPA

Scenario

L'Ing. Sacchi, presidente della POLYFILM SpA, stava discutendo con il Rag. Borsotti, responsabile dell'Amministrazione, i consuntivi contabili del 1° trimestre 2003. A fronte di un notevole aumento del fatturato rispetto al medesimo periodo dell'anno precedente, i costi diretti di produzione erano aumentati in modo più che proporzionale, dando adito a dubbi sull'efficienza produttiva e sulla validità del controllo di gestione adottato.

Preoccupato, l'Ing. Sacchi, convocò una riunione, nel corso della quale il Rag. Borsotti rimproverò alla Produzione l'inefficienza della gestione operata, mentre l'Ing. Fustella, capo stabilimento, lamentò l'inadeguatezza degli impianti, gran parte dei quali erano ormai tecnologicamente superati.

Mentre la primavera del 2003 era ormai inoltrata, la POLYFILM realizzava 3 principali linee di prodotto, di seguito descritte brevemente.

a. *Prodotti per uso agricolo*, ed in particolare film di polietilene spesso per la ricopertura di serre.

b. *Sacchi per nettezza*, una linea di prodotti che aveva recentemente conosciuto un interessante sviluppo a fronte delle nuove attività di raccolta differenziata avviate in molte città Italiane.

c. *Shoppers*, di varia dimensione e colore, e con differenti tipi di stampa superficiale

Ognuna di queste famiglie di prodotto era realizzata da stabilimenti specializzati. La più importante linea di prodotti, sia per motivazioni storiche, sia anche per il flusso economico generato, era quella degli shoppers, realizzati nello stabilimento di Macerata, dove era anche posizionata la Direzione aziendale, e che costituiva il più vecchio insediamento produttivo della Polyfilm. Essi erano per il 90% dei volumi costituiti da prodotti stampati su commessa, per specifici clienti, mentre solo per il 10% si trattava di prodotti realizzati in colori e formati standard per il magazzino.

Lo shopper viene prodotto attraverso le seguenti fasi di lavorazione: estrusione del film di polietilene, stampa, saldatura e confezionamento. Utilizzando come materie prime granuli di resina di polietilene vergine (1,5 €/kg) e rigenerata (0,7 €/kg) nel rapporto di 3/1, l'estrusione produce un film tubolare che viene raccolto in bobine. La stampa può essere effettuata sia in linea con l'estrusore, sia in un reparto distinto. In

In ciascuno dei due casi, essa prevede un trattamento preliminare del film per agevolare l'adesione degli inchiostri alla superficie del polietilene. Infine, dalla bobina stampata si ottengono gli shoppers tramite saldatura, taglio e fustellatura.

Gli impianti di questo tipo, fortemente integrati dal punto di vista del collegamento tra i diversi stadi di produzione, funzionano tutti a ciclo continuo su 3 turni/giorno di 8 ore, 7 giorni la settimana, per almeno 48 settimane annuali, visti gli elevati investimenti in capitale fisso che sono richiesti ed i volumi elevati di prodotto assorbiti dal mercato.

Inoltre, uno dei principali punti fermi dell'azienda, che sapeva di operare in un territorio assai sensibile alle istanze sindacali, era sempre stato di favorire un rapporto di tipo morbido con le maestranze e le rappresentanze del sindacato, atteggiamento che aveva sempre garantito una sostanziale tranquillità sul versante della conflittualità interna, anche in momenti di rinnovo del contratto, oppure nelle inevitabili vertenze che si erano aperte a fronte delle diverse fasi di sviluppo delle attività aziendali.

Le alternative produttive

Nel corso della riunione intercorsa con Borsotti e Fustella, l'Ing. Sacchi aveva iniziato a meditare che forse la chiave per risolvere i problemi relativi ai costi di produzione era proprio legata al rinnovo del parco macchine di Macerata. Lo stabilimento era in attività sin dalla fine degli anni '60, quando il fondatore dell'azienda, il Cav. Ersilio Sacchi, aveva intuito il grande potenziale dello shopper, visto lo sviluppo che di lì a poco avrebbe avuto la grande distribuzione alimentare.

Pertanto, aveva domandato a Fustella di informarsi dettagliatamente sui più aggiornati macchinari relativi alle tre fasi della produzione degli shopper, e di riferire poi al Comitato di Direzione, fissato per i primi di Luglio. Fustella, cui tutto si poteva dire, ma non che non fosse preciso, aveva quindi programmato una serie di visite tecniche presso i principali produttori del settore, sparsi tra Italia, Germania, Stati Uniti e Giappone, e si era recato anche presso una fiera specializzata, cosa che lo aveva interessato non poco.

Con la meticolosità tipica dell'Ingegnere vecchio stampo, aveva selezionato alcune alternative che riteneva le migliori, e ne aveva successivamente raccolto i dati essenziali entro una tabellina assai ordinata, che ora si accingeva a proiettare tramite una lavagna luminosa ai colleghi convocati da Sacchi nella grande sala riunioni, per il Comitato di Direzione. Oltre a Sacchi e a Fustella, erano presenti i capi stabilimento degli altri insediamenti produttivi (il P.I. Serra per lo stabilimento dei prodotti per agricoltura, e il Dr. Urbani per lo stabilimento dei sacchi per nettezza, entrambi localizzati nel raggio di pochissimi chilometri da Macerata), il Direttore Vendite, Dottor Volponi e il Ragionier Borsotti.

Mentre si aggiustava gli occhiali sul naso, Fustella posizionò delicatamente sul proiettore la tabella in allegato 1, e raschiandosi la gola si augurò tra sé e sé di ricordarsi completamente tutte le informazioni che avrebbe dovuto trasmettere e discutere con i colleghi. Come sempre in simili occasioni, il Rag. Borsotti estrasse dal taschino la calcolatrice, la accese, ed inforcò a punta di naso gli occhiali da vista.

"Come vedete nella tabella –esordì Fustella- ho reperito 3 diverse alternative per quanto concerne le macchine di estrusione. In tabella ho riportato per ciascuna i principali dati tecnici e di costo, così come mi è stato possibile reperirli in parte grazie alla nostra esperienza, in parte dal produttore medesimo, e in parte direttamente da alcuni utilizzatori con cui ho parlato durante una fiera. Più nello specifico, le macchine a disposizione sul mercato sono le seguenti.

a) *Estrusori Berkel*, prodotti in Germania, e dotati di stampa in linea. Il principale vantaggio di queste macchine è che realizzano in un'unica operazione l'estrusione e la stampa; sono anche macchine assai veloci, potendo realizzare una cadenza di circa 200 kg di prodotto all'ora. Tuttavia, il tempo medio di cambio ordine è di circa 2 ore, e quindi occorrerà valutarne attentamente la flessibilità. Queste macchine producono bobine di elevate dimensioni (non meno di 1.000 kg ciascuna) e richiedono un investimento complessivo di circa 500.000 € ciascuna. Ho potuto verificare che, conformemente alla buona fama dei prodotti tedeschi, queste macchine sono assai affidabili anche per utilizzi come il nostro.

b) *Estrusori Babcock*, realizzati dalla stessa azienda Americana che ha originariamente fornito quelli ad oggi in uso, e non integrati con un dispositivo di stampa. Si tratta di macchine di piccole dimensioni e assai flessibili: il tempo di cambio ordine medio è di 30 minuti circa e le bobine realizzate possono essere anche molto piccole (anche di 200 kg ciascuna). La Babcock ha provveduto ad un retrofitting della macchina per migliorarne il controllo ed il livello di automazione: così, ho la certezza che ognuno dei nostri operatori potrebbe controllare agevolmente 2 macchine. Per giunta, ogni macchina non costa molto. Tuttavia, alla fiera dove mi sono recato, giravano voci assai poco lusinghiere sulla disponibilità, che ho quindi valutato prudenzialmente al 92%.

c) *Estrusori Shenker Mammuth*, una macchina appena messa sul mercato dalla Shenker, altra ditta tedesca. Non conosco bene la ditta costruttrice, ed il modello è nuovo, con il chè risulta difficile raccogliere impressioni dai colleghi, certo che le caratteristiche sono davvero sorprendenti! Accoppia una eccellente potenzialità produttiva ad un ridotto tempo di cambio ordine e alla possibilità di realizzare bobine anche piccole. Il prezzo pare decisamente un affare, anche se occorrerà valutare sul campo l'affidabilità delle macchine ed il servizio post vendita offerto.

Così dicendo, mentre ancora gli brillavano gli occhi, si tolse momentaneamente gli occhiali e fissò lo sguardo fuori dalla finestra per un istante. "Ah, dimenticavo – riprese subito- come voi tutti sapete, in estrusione, le macchine debbono essere mantenute sempre in funzione a causa di grosse difficoltà tecniche che insorgerebbero in sede di riavvio. Per questo motivo, durante il cambio d'ordine (dimensione, spessore e colore del tubolare) si ha produzione di materiale di scarto. Lo scarto viene considerato di prima scelta e venduto a 0,28 €/kg se non ancora stampato (questo è il caso delle macchine Babcock e Shenker), viceversa è di seconda scelta e può essere venduto a soli 0,2 €/kg se è già stato sottoposto a stampa".

Vedendo che l'uditorio taceva, in attesa che completasse la propria esposizione, e mentre il dito indice di Borsotti si accaniva furiosamente sulla tastiera della sua calcolatrice tascabile, Fustella aggrottò la fronte come per raccogliere le idee, e riprese il proprio discorso.

"In stampa, invece, vi proporrei 2 tipi di macchine, che di seguito vado brevemente a descrivere:

a) *Stampatrici Muffatto*, realizzate da una ditta nata dopo l'installazione delle nostre stampatrici, e localizzata a Padova. Il punto forte di queste macchine è il basso costo e l'affidabilità: peraltro, poiché non sono caratterizzate da un elevato livello di automazione, hanno un tempo di attrezzaggio molto significativo e richiedono diverso personale per essere attivate.

b) *Stampatrici Mikado*, realizzate dalla ditta Giapponese che è considerata da tutti gli operatori come la Mercedes delle stampatrici. La macchina ha un elevato livello di automazione, che consente di realizzare un prodotto di elevata qualità, con un ridotto impiego di manodopera, e con cambi produzione assai più contenuti: tuttavia tanta qualità in più, come vedete si paga!

Mentre Fustella si passava il fazzoletto sulla fronte per detergere il sudore che la imperlava, i suoi occhi ebbero come un sussulto: "dimenticavo –disse- di menzionarvi i coefficienti di resa di conformità, che vedete in tabella: essi sono stati tutti verificati sia con il costruttore, sia con qualche utilizzatore, se possibile, da me e da Saccà, il mio responsabile delle tecnologie di processo. I dati presentati in tabella si riferiscono alla quantità di materiale buono ottenuto in output per ciascun kg di materiale trattato in input dalle diverse macchine durante il normale esercizio, e vanno quindi a sommarsi alle quantità di materiale di scarto prodotte durante i cambi di produzione".

La temperatura era ormai divenuta insopportabile, sia a causa della magnifica giornata estiva, sia anche per il calore irraggiato dalla lavagna luminosa, presso la quale Fustella si trovava ormai da più di 1 ora. Mentre si allargava la cravatta nel tentativo di trovare un po' di sollievo, e rispondendo ad un cenno degli occhi da parte di Sacchi, Fustella si accinse a commentare l'ultima riga della sua tabella.

"Per la fase di fustellatura e saldatura degli shoppers, le mie ricerche hanno condotto tutte alla Gervasoni, che è la medesima ditta che circa 35 anni fa ci ha installato le attuali linee. Le linee moderne sono state molto migliorate nella cadenza produttiva, disponibilità e resa di conformità, soprattutto attraverso l'impiego di molta automazione. Il prodotto di punta, il modello super 100 XL, ha una cadenza più che doppia rispetto alle nostre attuali linee, e richiede un solo addetto per macchina (attualmente ne disponiamo fino a 3). Una particolarità di questa fase produttiva, tra l'altro, è che oltre allo scarto di produzione, che è di seconda scelta, produce anche dello sfrido di prima scelta (fustellatura per l'impugnatura, area che comunque non viene stampata)".

Fustella, esausto, si sedette e bevve avidamente il bicchiere di acqua minerale fresca che il Rag. Borsotti provvidenzialmente gli porgeva. Anche se, come molti tecnici, era tutt'altro che un oratore brillante, i colleghi e soprattutto l'Ing. Sacchi gli fecero molti complimenti per la completezza e chiarezza della sua esposizione. Fustella si accoccolò sulla sua poltroncina, con la piacevole sensazione che forse finalmente si stava avvicinando il momento in cui avrebbe potuto installare i nuovi macchinari, da tempo richiesti alla Direzione.

La discussione si allarga

"Bene –disse Sacchi dopo essersi schiarito la voce- ringraziamo l'Ing. Fustella per la chiarezza e completezza della sua relazione, che ha messo insieme in poco più di un mese: davvero un bel lavoro! Ora però, vorrei sentire anche il parere degli altri colleghi su quanto ha detto Fustella".

Il primo a farsi avanti fu il Dottor Volponi, che come molti venditori aveva la parola molto facile. "Caro Fustella, il tuo è un lavoro davvero egregio, non c'è che dire! Però, come sempre, è necessario confrontarsi con i dati del mercato. Ho preparato uno specchietto riassuntivo su alcuni aspetti che mi paiono rilevanti, che ho tratto dal report vendite 2002". Così dicendo, riaccese la lavagna luminosa e proiettò il suo prospetto. Mentre Fustella assisteva terreo in volto, il dito di Borsotti ricominciò la sua frenetica attività. "Come vedete, il volume netto complessivamente venduto nel 2002 è stato pari a circa 2.500.000 kg, dei quali solo il 10% corrisponde ai 10 articoli che produciamo per il magazzino. Per questi, si sono gestite campagne produttive mensili. Per quanto concerne i rimanenti codici gestiti per commessa, abbiamo avuto solo 50 ordini per quantitativi superiori ai 10.000 kg, per un totale di 850.000 kg; ve ne sono poi stati circa 200 relativi a quantitativi compresi tra 1.000 e 10.000 kg, per un totale di 680.000 kg, mentre i rimanenti 720.000 kg sono tutti relativi ad ordini compresi tra i 200 e i 1.000 kg: per la precisione ne abbiamo soddisfatti 2.100. E c'è di più: su un totale di 2.350 ordini a commessa complessivi, abbiamo prodotto esattamente 750 articoli differenti, dei quali se non sbaglio esattamente 200 del tutto nuovi per noi. Ritengo quindi che le scelte produttive debbano senz'altro tenere conto della dimensione medio-piccola delle nostre commesse, e dell'ampia gamma produttiva realizzata, anche perché questa è una tendenza che va sempre più accentuandosi nel mercato sia nazionale sia estero".

A questo punto, lasciata stare per un momento la calcolatrice portatile, intervenne il Rag. Borsotti, che aveva riempito alcuni fogli con i risultati dei suoi conti. "Certo –disse- sospetto anch'io che una delle ragioni alla sorgente dei nostri elevati costi di produzione sia proprio il fatto che i nostri attuali impianti produttivi, ancorché vetusti, siano più adatti ad una produzione standard realizzata in lotti medio-grandi, così come effettivamente si era soliti produrre ai tempi del Cavaliere, buonanima". Anch'egli, come Fustella e Volponi faceva parte della vecchia guardia e rappresentava parte integrante della memoria storica dell'azienda. "Tuttavia –riprese Borsotti- in diversi casi menzionati dianzi da Fustella, mi pare di avere capito che i nuovi macchinari consentirebbero di risparmiare alcuni addetti: secondo i miei primi conti circa 10. Questo è senz'altro molto interessante, visto anche il costo aziendale pieno di un nostro operatore medio, pari a circa 20 €/ora, considerate le indennità, le gratifiche etc., ma dobbiamo anche considerare che i nostri lavoratori hanno un regolare contratto a tempo indeterminato, e che quindi non possono essere licenziati senza giusta causa, e mi mangerei il cappello se questa verrebbe considerata dal Tribunale del Lavoro una giusta causa". Tutti sapevano che Borsotti aveva ragione, specie in una regione a forte matrice sindacale come le Marche, e considerando lo stile di reciproco rispetto e collaborazione che aveva sempre informato le relazioni con le rappresentanze sindacali.

A questo punto, sia Serra sia Urbani alzarono la mano per intervenire: parlò per primo Urbani, facendosi interprete di quanto entrambi avevano da tempo voluto far sapere alla Direzione: "Su questo punto, Borsotti, mi sentirei di rassicurarti, poiché sia io sia Serra abbiamo bisogno di assorbire nuova forza lavoro, a fronte dei volumi produttivi crescenti. Poiché i nostri stabilimenti non sono troppo distanti da Macerata, ritengo che nessuno degli addetti si impunterebbe se fosse spostato ad un altro stabilimento".

"Urbani, questa è una bella notizia –riprese Volponi, proseguendo il suo ragionamento precedentemente interrotto da Borsotti- tuttavia vorrei anche ricordare che, come Fustella sa bene, al giorno d'oggi i clienti che ordinano nuovi articoli richiedono quasi sempre una preserie di prova prima di confermare l'ordine, poca roba, s'intende, non più di 30-40 kg di prodotto, però sospetto che in questo modo, tra attrezzagli, prove e produzione, se ne vada una parte non certo trascurabile della capacità produttiva". Volponi non parlava a vanvera: traeva invece questa convinzione da una discussione precedentemente sostenuta con Fustella, che gli aveva riferito di dover produrre fino a 100-120 kg di prodotto per ciascuna campione, a fronte delle diverse prove di produzione necessarie a mettere a punto il nuovo prodotto, e dei vari sfridi e scarti.

Conclusione

Dopo avere lasciato che la discussione si sviluppasse adeguatamente, l'Ing. Sacchi, che era il più giovane tra i presenti, ma aveva molto chiare le prerogative del suo ruolo, richiamò l'attenzione con qualche colpetto di tosse. "Bene –affermò- ora mi pare che tutte le informazioni rilevanti siano emerse e siano state opportunamente discusse e condivise. Penso quindi che l'Ing. Fustella, insieme con il Rag. Borsotti, possano elaborare una proposta di investimento, secondo le nostre consuete modalità: vi ricordo che consideriamo sempre una vita utile non superiore ai 5 anni, ed un valore di recupero nullo degli impianti, a favore di sicurezza: per di più, suggerisco di impiegare un tasso di attualizzazione non superiore al 6%, che è il nostro attuale tasso marginale dell'indebitamento a lungo. In particolare, sarei molto curioso di sapere quale combinazione dei diversi macchinari identificati da Fustella meglio si adatti, in termini di produttività e flessibilità, al nostro mix produttivo. In secondo luogo, vorrei che mi ricavaste un dimensionamento dei vari reparti, ed il corrispondente investimento complessivo necessario per l'attivazione del nuovo impianto. Infine, mi piacerebbe avere una stima dei costi di produzione realizzabili con questo rinnovato sistema, per verificare se veramente, così come dice Fustella, il rinnovo del parco macchine ci possa aiutare a risolvere i nostri problemi".

ALLEGATO 1: Le alternative produttive

Fase	Tipologia di Macchina	Caratteristiche Tecniche	Costi
Estrusione	Estrusore in linea Berkel	Potenzialità: 200 kg/h Scarto seconda scelta Bobina minima: 1.000 kg Coefficiente Disponibilità: 97% Tempo cambio Ordine: 2 ore Resa di conformità: 90%	Investim.: 500.000 € Energia: 20 €/h Mdo: 1 operatore fisso per macchina
	Estrusore Babcock	Potenzialità: 60 kg/h Scarto prima scelta Bobina minima: 200 kg Coefficiente Disponibilità: 92% Tempo cambio ordine: 30 minuti Resa di conformità: 90%	Investim.: 100.000 € Energia: 10 €/h Mdo: 2 macchine per addetto
	Estrusore Shenker Mammuth	Potenzialità: 280 kg/h Scarto prima scelta Bobina minima: 200 kg Coefficiente Disponibilità: 96% Tempo cambio ordine: 70 minuti Resa di conformità: 95%	Investim.: 140.000 € Energia: 15 €/ora Mdo: 1 operatore fisso per macchina
Stampa	Stampatrice Muffatto	Potenzialità: 280 kg/h Scarto: seconda scelta Coefficiente Disponibilità: 97% Tempo cambio ordine: 100 minuti Resa di conformità: 98%	Investim.: 230.000 € Energia: 6,5 €/ora Mdo: 1 addetto per macchina
	Stampatrice Mikado	Potenzialità: 140 kg/h Scarto: seconda scelta Coefficiente Disponibilità: 95% Tempo cambio ordine: 40 minuti Resa di conformità: 92%	Investim.: 200.000 € Energia: 2,5 €/ora Mdo: 1 addetto per macchina
Saldatura	Saldatrici Gervasoni	Potenzialità: 400 kg/h Scarto: seconda scelta Sfrido: prima scelta Coefficiente Disponibilità: 95% Tempo cambio ordine: 10 minuti Resa di conformità: 98% Resa di quantità: 90%	Investim.: 50.000 € Energia: 15 €/ora Mdo: 1 addetto per macchina

3.4 CARTIERE BORGO SPA

Un accordo strategico

A metà del 2003, il gruppo Borgo poteva senza tema di smentite considerarsi il maggiore gruppo cartario Italiano, con 7 stabilimenti attivi in Italia e 2 all'estero, ed interessi in differenti comparti, dalla carta per giornale e riviste, alla carta da disegno, al cartoncino multistrato, alle carte tecniche per impieghi industriali.

Fu intorno ai primi mesi dell'anno che il Direttore Commerciale, Dr. Viola, iniziò a trattare con alcuni grossi gruppi editoriali del settore dei quotidiani, tra cui spiccavano RCS, Il Sole 24 Ore e Espresso, per la costituzione di una joint venture che avrebbe dovuto portare alla realizzazione di un nuovo stabilimento nel Nord-Est d'Italia, destinato alla produzione di carta per alimentare le edizioni locali dei quotidiani di tali Gruppi. Da qualche tempo, infatti, il crescente rilievo economico delle regioni di Nord-Est aveva spinto i principali gruppi editoriali nazionali ad investire in quelle regioni. Così, il gruppo RCS aveva di recente lanciato un'edizione Nord-Est dei propri quotidiani nazionali (il glorioso "Corriere della Sera" e la diffusissima "Gazzetta dello Sport"); su questa strada era stato quasi subito seguito dal "Sole 24 Ore", ansioso di conquistarsi maggiore mercato tra gli imprenditori rampanti ed i manager del Nord-Est. Espresso, invece, aveva seguito un percorso differente, facendo shopping di una decina di piccoli quotidiani locali, quali (per non citarne che alcuni): l'Alto Adige di Bolzano, il Trentino di Trento, il Corriere delle Alpi di Belluno, il Mattino di Padova, etc.

Verso la fine di Maggio 2003 fu raggiunto un accordo generale di fornitura, strutturato come sommariamente descritto nella tabella 1. di seguito riportata, che fu immediatamente sottoposto da Viola all'Amministratore Delegato e Presidente, Dr. Giovanni Borgo, e da questi al Consiglio di Amministrazione.

Cliente	Articolo	Formato	Q.tà/anno	Prezzo
RCS – Corriere della Sera	Impasto A, carta bianca gr. 40 per stampa offset	Bobine luce 3 metri diametro 1,5 metri	220.000 q	90 €/q
RCS – Gazzetta dello Sport	Impasto A, carta rosa gr. 40 per stampa offset	Bobine luce 3 metri diametro 1,5 metri	324.000 q	108 €/q
Sole 24 Ore	Impasto A, carta salmone gr. 35 per stampa offset	Bobine luce 3 metri diametro 1 metro	86.000 q	120 €/q
Editoriale Espresso	Impasto B, carta bianca gr. 40 per stampa a trasferimento	Bobine luce 2 metri diametro 1 metro	576.000 q	90 €/q

Tabella 1: schema dell'accordo di fornitura stipulato

Come si può intuire consultando la tabella, i 4 prodotti da fornire si differenziano in relazione sia al formato di fornitura (l'altezza delle bobine è legata alla dimensione del giornale da realizzare, mentre il diametro fa riferimento alle caratteristiche tecniche della macchina rotativa di stampa utilizzata), sia alla grammatura (che fa riferimento alla maggiore o minore rigidezza richiesta alla carta in ragione del formato del quotidiano), sia al colore (scelto dall'editore per differenziare il proprio prodotto), sia all'impasto impiegato, che deve assicurare differenti caratteristiche di inchiostrabilità in relazione al diverso procedimento di stampa adottato.

I prezzi preliminarmente indicati da Viola sono relativi al listino normalmente applicato dal Gruppo Borgo riguardo a prodotti simili fabbricati in svariati stabilimenti del Gruppo. Più nello specifico, i prezzi minori vengono assegnati alla carta bianca, domandata in quantitativi maggiori e con una altezza della bobina maggiore.

L'accordo stipulato, che avrebbe potuto, qualora convalidato, divenire operativo a partire dal gennaio 2005, prevedeva una durata della fornitura assicurata per 10 anni, con revisione annuale di prezzi e quantitativi, che avrebbero potuto modificarsi non più del 10% rispetto ai parametri definiti senza l'accordo di entrambi i contraenti. Le parti si lasciarono con il proposito di eseguire tutte le necessarie verifiche interne e di ritrovarsi a Settembre 2003 per la stesura dell'accordo di dettaglio e la firma del contratto entro il 2003.

Una riunione del Consiglio di Amministrazione

Il Consiglio di Amministrazione, costituito per lo più da membri della famiglia Borgo, che da più di un secolo controllava l'omonimo Gruppo, si riunì sotto la presidenza del Dr. Giovanni Borgo, intorno al 15 di Giugno 2003, e naturalmente esaminò in via prioritaria l'accordo siglato da Viola, che per l'occasione era stato invitato a relazionare il Consiglio.

Esordì il Dr. Borgo, introducendo l'argomento della discussione, per poi dare la parola a Viola, che espose con rapidità e chiarezza gli elementi principali dell'accordo. Riprese poi la parola il Dr. Giovanni Borgo: "Signori –disse- come voi avete capito molto bene si tratta di una questione della massima importanza per la nostra Azienda: facendo qualche semplice operazione aritmetica, si può valutare che a regime potrebbe essere generato un giro d'affari pari al 10% circa dell'intero fatturato attuale del Gruppo". "Fra l'altro –gli fece eco nuovamente Viola- mi permetto anche di farvi notare che la stipula di questo accordo aiuterebbe la Borgo a strappare preziose quote del mercato editoriale ad aziende concorrenti. Infatti, le copie che i quotidiani da noi serviti venderanno in più nel Nord Est d'Italia, in parte si aggiungeranno a quelle già attualmente acquistate dai cittadini, ma in parte andranno a sostituire alcuni quotidiani localmente consolidati, come ad esempio il Gazzettino di Venezia".

Il primo ad intervenire in discussione, fu l'Ing. Carbone, cugino del Dr. Borgo ed a sua volta azionista, che svolgeva il compito di Direttore Attività Industriali, ruolo cui competeva la guida ed il coordinamento di tutte le attività tecnico-produttive del Gruppo. "Caro Viola –disse schiarendosi la voce- mi complimento con te per il risultato brillante del tuo lavoro. Tuttavia, a fronte della grande entità dei volumi da corrispondere ai nuovi clienti, non mi pare che vi siano allocazioni produttive negli attuali stabilimenti in nostro possesso in grado di soddisfare interamente tali volumi. Attualmente, per fortuna, i nostri stabilimenti sono tutti assai vicino al pieno utilizzo, che come sai fissiamo a 24 ore al giorno per almeno 350 giorni/anno. Saremmo quindi costretti ad allocare alcuni dei prodotti richiesti, se non addirittura tutti su più stabilimenti. Tuttavia, come sanno gli esperti del settore cartario, fornire il medesimo prodotto al medesimo cliente da differenti stabilimenti produttivi significa invariabilmente incorrere in lamentele senza fine per la scadente conformità del prodotto". Non ebbe fatto tempo a terminare il periodo che si alzò il Presidente Onorario, l'anziano ma sempre valido Commendator Tarcisio Borgo, il quale agitando tremolante il dito nodoso verso il nipote Ing. Carbone, rincarò la dose: "Bravo, Giuseppe, è proprio così: nessuna linea continua è uguale ad un'altra". Riprese quindi Carbone: "Come se non bastasse, sapete bene che allocare il medesimo prodotto su più stabilimenti diversi conduce invariabilmente ad aumentare il numero complessivo di attrezzaggi delle linee, che sono il vero nemico dell'efficienza produttiva di una cartiera". A questo punto, Carbone, tergendosi il sudore dalla fronte con un fazzoletto candido, si pose nuovamente a sedere.

Il successivo intervento fu da parte della dr.ssa Erminia Borgo, anch'essa parte della famiglia, cui era stata affidata la responsabilità delle funzioni Amministrazione, Finanza e Controllo. "C'è anche da aggiungere –disse mentre si accomodava una ciocca di capelli ribelli- che visti i prezzi e quindi i margini assai compressi, consegnare le bobine ai clienti nel Triveneto a partire da stabilimenti remoti inciderebbe indubbiamente sulla profittevolezza dell'affare. Come sappiamo bene, la carta da giornale è un materiale assai povero in termini di valore per unità di peso, e quindi i costi di trasporto di fatto pongono un preciso limite geografico alla distanza economicamente percorribile dal prodotto: secondo alcuni conti che ho realizzato insieme alla Direzione Logistica, tale distanza massima è tra i 150 e i 200 km: ciò in pratica vuole dire che per non perderci dovremmo disporre di un impianto di produzione in loco.

A questo punto, le redini del discorso passarono nelle mani del Presidente, che riassunse quanto era stato detto con la capacità di sintesi che lo contraddistingueva: "bene, mi pare quindi che non vi sia modo di soddisfare quest'ordine a partire dalla capacità produttiva già a disposizione del Gruppo: ciò vuole dire che sarà necessario studiare una nuova unità produttiva collocata in un'opportuna località geografica del Nord-Est. Affiderei questo studio, se siamo tutti d'accordo, al Dr. Viola, che detiene la paternità dell'accordo, al cugino Carbone, che è il nostro massimo esperto di impianti e tecnologia cartaria, ed alla cugina Erminia, che terrà costantemente sotto controllo il versante dei costi. Proporrei a tutti i membri di riconvocare un nuovo Consiglio per i primi di Settembre, in maniera da lasciare al gruppo di lavoro il tempo di operare, per poi venirci a riferire, in maniera da poter prendere tutti insieme una decisione il più possibile informata".

Il Gruppo di lavoro in attività

Il gruppo designato dal Dr. Borgo si pose subito al lavoro. Anzitutto, fu identificata una possibile collocazione dell'impianto in comune di Grisignano di Zocco, tra Vicenza e Padova, all'interno di un'area di nuova urbanizzazione, in cui il terreno dei richiesti 100.000 mq fu opzionato per un importo di poco superiore a 2.000.000 di €. In secondo luogo, Carbone si attivò con l'impresa di costruzioni solitamente utilizzata per i capannoni industriali del Gruppo, e stese insieme un progetto preliminare del capannone, per totali 10.000 mq coperti, ad un costo preventivabile di circa 4 milioni di €.

Riguardo il macchinario, il gruppo unanime decise di dedicarsi, visto il poco tempo a disposizione, alla configurazione dell'impianto principale di ogni cartiera, ossia alla linea continua. Sapevano bene, infatti, che l'installazione ed attivazione di una linea continua ha un costo dell'ordine di grandezza delle centinaia di milioni di €, mentre stimarono che i macchinari e le attrezzature relative alla fase di preparazione della miscela (linea di disinchiostratura, raffinatori Jordan, Pulpers) e di ribobinatura finale non potessero incidere per più di 3-4 milioni di € sull'investimento, indipendentemente dalla specifica configurazione scelta, così come era gà accaduto per lo stabilimento di Pinerolo, anch'esso dedicato alla produzione di carta da giornale, ultimato solo 6 mesi prima.

Anzitutto, l'Ing. Carbone visitò i due principali produttori di linee continue per cartiere, localizzate una in Finlandia ed una in Canada. Più in particolare, il produttore Finnico era specializzato in piccole linee di elevata flessibilità, mentre l'azienda Canadese concentrava la propia attenzione su grandi linee continue ad elevatissima cadenza. Sulla base di tali visite, e della propria esperienza personale nell'uso di tali macchine, molte delle quali erano correntemente in esercizio alla Borgo, stilò una tabellina di caratteristiche tecniche, visibile in ALLEGATO 1, che inviò alla Dr.ssa Borgo ed al Dr. Viola. Sul medesimo foglio, Carbone appuntò manualmente alcuni dati ben noti all'interno del Gruppo Borgo: che ciascuna sosta per pulizia richiede circa 2 turni pieni di lavoro, indipendentemente dal tipo di macchina considerato. Indicò anche i principali dati relativi agli attrezzaggi:

a) Cambio impasto: richiede l'arresto completo della macchina, la sua pulizia e la reintestatura del nastro di carta: tali operazioni richiedono circa mezzo turno nel caso delle linee continue finlandesi, e un turno pieno nel caso delle grosse linee di fabbricazione canadese. Per questo motivo si tende a realizzarle il più possibile in coincidenza con la pulizia periodica, nel quale caso avvengono in tempo mascherato.

b) Cambio colore: può essere eseguito in corsa, semplicemente immettendo nella tina di macchina il nuovo impasto col nuovo colore. Naturalmente, l'operazione dà adito ad un transitorio, durante il quale si genera prodotto di scarto. Il tempo richiesto è pari a circa 2 ore nelle linee di fabbricazione Finlandese e a ½ turno per le linee Canadesi, più lunghe e complesse.

c) Cambio grammatura: può essere svolta a macchina in corsa, azionando le regolazioni del caso. In questo caso il materiale prodotto durante la messa a punto viene considerato di scarto, e va ad aggiungersi a quello scartato durante le operazioni produttive a regime (quindi non è considerato dalla resa di conformità quantificata nelle tabelle). Il tempo richiesto è circa pari a 1 ora nelle linee finniche e a 3 ore nelle linee canadesi.

d) Riavvio produzione: qualsiasi caso di riavvio produzione (es: dopo un guasto, dopo la rottura del nastro, dopo le ferie, etc.) richiede di reinnestare il nastro di carta, un'operazione molto delicata che viene svolta da operai estremamente specializzati, ed il riposizionamento a regime dell'impianto. Ciò richiede circa 1 ora nelle linee di costruzione Finlandese (dove mediamente accade non più di 10 volte l'anno), mentre richiede circa 3 ore nel caso delle linee di costruzione Canadese a fronte della maggiore complessità e dimensione, dove tra l'altro l'interruzione della produzione avviene non meno di 20 volte l'anno a fronte della maggiore esasperazione della velocità.

Tutti gli scarti, così come era prassi comune della Borgo e delle altre imprese cartarie, possono essere riutilizzati immettendoli nell'impianto come materia prima.

Il dato sulla disponibilità delle linee, messo insieme da Carbone sia tramite specifiche informazioni ricevute dai costruttori, sia guardando all'utilizzo quotidiano delle linee consimili già installate presso altri stabilimenti della Borgo, riguarda tutti i guasti e gli interventi ulteriori rispetto alle pause periodiche di pulizia, nel corso delle quali si fanno sempre una serie di interventi a preventivo.

Carbone apprese anche che i 2 impianti più piccoli offerti da ciascun costruttore interpellato avevano un costo approssimativamente pari a € 40 milioni (impianto tipo A della Finnskield) ed € 200 milioni (impianto tipo 1 della Canada Paper Machines). Per entrambi i costruttori vi era poi un effetto di economia di scala, basato sulla potenzialità produttiva massima di targa (quintali / ora), con coefficiente pari a 0,8 per il produttore Finnico e 0,7 per quello Canadese.

I dati vennero poi integrati dalla Dr.ssa Borgo, che ben conosceva i report contabili che i propri controller di stabilimento le inviavano mensilmente. Fece principalmente riferimento per analogia al recente stabilimento di Pinerolo. Emersero costi generali fissi di periodo (servizi di stabilimento, altri servizi esterni, funzioni centrali di stabilimento, etc.) pari a circa 1 milione di €/anno. Si accertò, con un'indagine su tutti gli stabilimenti del gruppo, che uno stabilimento delle dimensioni che si stavano delineando richiedeva circa 15 operatori diretti (a ciclo continuo) per presidiare le fasi a monte e a valle della continua, e circa 30 addetti di manutenzione, a rotazione sui vari turni. Infine, fu calcolato in circa 14,5 €/ora il costo aziendale pieno dell'addetto medio (diretto ed indiretto) di produzione.

Un aspetto importante fu quello della stima del costo della materia prima in input. Poiché veniva impiegata carta da macero, il prezzo poteva oscillare anche notevolmente sia in relazione ai corsi economici mondiali, ma soprattutto in relazione alle diverse partite di prodotto ed alla loro qualità. Nonostante ciò, venne svolta insieme al Direttore Acquisti una indagine dei prezzi dell'ultimo anno, che mostrò un'oscillazione tra 17 e 25 €/quintale, con una tendenza progressiva verso un moderato ribasso in relazione al progressivo miglioramento dei sistemi di riciclo posti in atto dai differenti comuni. Carbone, poi, stimò in base ai dati medi dello stabilimento di Pinerolo che per ogni quintale di materia prima acquistata solo 0,85 quintali potevano effettivamente entrare nel processo produttivo, visto che la rimanenza se ne andava in umidità, graffette, sporco, ed impurità varie che venivano vagliate prima di immettere il materiale in produzione

Una particolare cura fu posta anche nella valutazione dei consumi energetici delle diverse soluzioni impiantistiche. La bolletta energetica era una delle voci di costo più salate del Gruppo –la Dr.ssa Borgo lo sapeva bene. Ciascuno stabilimento era dotato di una centrale energetica autonoma, in grado di generare tutta l'energia necessaria. Sulla base dei dati medi del Gruppo, la Dr.ssa Borgo fu in grado di calcolare un costo pieno di generazione pari a 0,1 €/kwh, inclusivo anche della quota di ripartizione dei costi fissi legati alla realizzazione della centrale energetica.

Infine, il gruppo si incontrò per definire quali avrebbero potuto essere le politiche produttive. Come tradizione del gruppo Borgo, e come richiesto dal mercato, si optò per la produzione per il magazzino, con campagne produttive di lunghezza adattata alla cadenza delle operazioni di pulizia dell'impianto e di sostituzione delle reticelle e dei feltri di asciugatura del nastro di carta, in maniera da poter svolgere almeno alcune fasi di attrezzaggio in tempo mascherato con tali operazioni.

Verso il 15 di Luglio, l'intera mole dei dati necessari era stata raccolta, ed ormai non rimaneva che definire quali tipologie di impianto acquistare tra quelle identificate e quante per ciascuna tipologia. L'Ing. Carbone sapeva che questo lavoro sarebbe stato il tormentone delle sue vacanze estive. In particolare, si riservava di riflettere approfonditamente e di svolgere dei calcoli dettagliati per comprendere se fosse conveniente ricorrere ad una soluzione centralizzata, basata su una linea di grande potenzialità condotta in modalità lottizzata multiprodotto, oppure se non dovesse semmai ricorrere a tante piccole linee dedicate, una soluzione spesso posta in atto con successo da alcuni concorrenti del Nord Europa.

Inoltre, tutto il gruppo di lavoro sapeva che avrebbe dovuto fornire al Consiglio di Amministrazione anche una dettagliata relazione di tipo economico, volta ad assicurare il Consiglio sulla profittevolezza del progetto. La Dr.ssa Borgo sapeva che tale delicato compito sarebbe spettato certamente a lei, ed era perfettamente conscia che il vertice aziendale non avrebbe convalidato alcun investimento che non fosse stato in grado di assicurare, nel periodo previsto, un margine di profitto pari ad almeno il 10%, tale perciò da remunerare i costi generali di sede (generalmente valutati intorno al 4% del fatturato) e da realizzare un utile finale del 6% circa.

ALLEGATO 1: Le macchine continue

FINNSKIELD

Modello	Luce (m)	Velocità Max (m/s)	Resa conf. (%)	Dispon. (%)	Pulizia ogni (gg)	Operatori (n°)	Potenza (kw)
A	2,0	9,0	93%	95%	20	4	2.000
B	2,5	9,0	93%	95%	20	4	2.500
C	3,0	8,0	93%	95%	20	4	2.800
D	3,5	8,0	93%	95%	20	5	3.200
E	4,0	7,5	95%	95%	20	5	3.500

CANADA PAPER MACHINES Co

Modello	Luce (m)	Velocità Max (m/s)	Resa conf (%)	Dispon. (%)	Pulizia ogni (gg)	Operatori (n°)	Potenza (kw)
1	7,0	12	95%	98%	35	8	9.000
2	8,0	12	95%	98%	35	8	10.000
3	9,0	12	96%	98%	35	9	11.500
4	10,0	12	96%	98%	35	9	12.700
5	11,0	12	97%	98%	35	10	14.000

3.5 ACCIAIERIE LA LEONESSA SPA

Il rilancio di un'azienda storica

Visti i 70 anni abbondanti di storia, le Acciaierie La Leonessa si potevano certamente annoverare tra le aziende che avevano fatto la storia dell'imprenditoria Bresciana. Nata tra le 2 guerre, La Leonessa aveva avuto un prodigioso sviluppo, come molte altre realtà Bresciane, nel secondo dopoguerra grazie alla produzione di tondino laminato a caldo per utilizzi edilizi. Con gli anni '70 e soprattutto durante gli '80 si era tuttavia andata sviluppando una progressiva diminuzione della domanda di tali prodotti, sia a fronte del calo dell'industria edilizia, sia per il progressivo sorgere di una significativa concorrenza soprattutto da parte dei Paesi produttori della materia prima. La Leonessa, incapace di diversificare, e schiacciata da una crescente crisi finanziaria, aveva progressivamente diminuito i volumi di vendita, fino ad arrivare all'amministrazione controllata nel 1995 ed alla chiusura delle attività industriali nel 1998.

A distanza di 5 anni, nella prima metà del 2003, il gruppo di banche che a tutt'oggi deteneva il pacchetto di maggioranza della Leonessa aveva deciso di rilanciare questo marchio storico, riattivando gli impianti produttivi di Ponte S.Marco.

Al proposito, era stato insediato un nuovo management, a cui era stato affidato il compito preliminare di stendere un piano industriale credibile sia dal punto di vista economico sia da quello tecnico. Il gruppo era guidato dall'Ing. Leone, Amministratore Delegato, che oltre ad avere un background culturale di tipo tecnico si era costruito una certa fama come risanatore di aziende. Lo supportavano il Dr. Bonetti, direttore Amministrazione e Finanza, con una solida esperienza di *project financing*, e l'Ing. Silva, dotato di una grande conoscenza dei processi siderurgici, che venne insediato come Direttore Industriale.

In una riunione tenutasi nel Marzo 2003, il Consiglio di Amministrazione, costituito dai Direttori Generali delle banche coinvolte, dopo avere approvato all'unanimità l'insediamento di questi manager, diede loro il mandato, entro 6 mesi, di identificare le opportunità a disposizione per riattivare la produzione La Leonessa e di stendere un opportuno piano d'azione. Essi avrebbero quindi dovuto studiare sia il mercato, sia la tecnologia di produzione, sia gli aspetti di finanziamento dell'intero progetto, e riferirne in Consiglio entro Ottobre.

Le opportunità di mercato

Relativamente alle opportunità di mercato, apparve subito chiaro che il progressivo consolidamento dell'industria siderurgica Europea aveva lasciato aperte diverso spazio in una serie di settori di sbocco quali la lamiera in fogli, il tubo saldato di grandi dimensioni, le barre trafilate a caldo e a freddo, le rotaie, i tubi senza saldatura, il filo d'acciaio. I materiali andavano dall'acciaio al carbonio, agli acciai legati, all'acciaio inox. A fronte di uno studio quantitativo commissionato ad una società di analisi di mercato, si riteneva certo il raggiungimento, nel giro di 1-2 anni, di vendite aggregate pari ad almeno 500.000 tonnellate/anno. Per giunta, si riteneva verosimile che tale volume potesse arrivare anche a 700.000 tonnellate/anno: a questa ipotesi veniva infatti assegnata una probabilità pari ad almeno il 60%.

Ciò che, comunque, lo studio non era stato in grado di chiarire era la ripartizione percentuale delle quantità vendibili tra i vari potenziali settori sopra delineati (sia per quanto riguarda la tipologia dei prodotti, sia in relazione al materiale da utilizzare). A causa di ciò, visti i volumi in gioco e la loro probabile ripartizione entro diversi settori, il management Leonessa conveniva che i nuovi impianti avrebbero dovuto garantire la massima flessibilità, sia in termini di gamma, per poter modificare in tempi rapidi ed a costi ridotti il settore di sbocco della produzione realizzata, sia di volume, per potersi adattare a variazioni anche significative di volume di produzione senza risentire troppo in termini di variazione del costo pieno del prodotto, sia –infine- in termini di mix, per potersi adattare alla produzione di lotti piccoli di un'ampia gamma di prodotti diversi.

Per questo motivo, era stato deciso di partire con un impianto per la sola produzione di lingotti d'acciaio, da vendere sul mercato, in maniera da non acquistare alcun macchinario e da non svolgere nessuna lavorazione tale da rendere il prodotto specifico per un predeterminato settore.

Le alternative produttive

Verso la metà di Giugno Leone convocò una riunione di Direzione per commentare con i colleghi i risultati dello studio del mercato. "Uno dei punti principali da definire –disse rivolto ai colleghi- è il livello di integrazione verticale a monte che dobbiamo scegliere per il nostro impianto, ed al proposito ho domandato a Silva di svolgere uno studio per saperne di più". Suscitato da un cenno delle sopracciglia di dell'Ing. Leone, Silva si schiarì la voce ed iniziò a parlare.

"Leone, hai perfettamente ragione: le due questioni che hai sollevato sono assolutamente significative, ed ho predisposto a tale proposito alcune informazioni aggregate. Riguardo l'integrazione a monte, possiamo scegliere tra due diverse opzioni: il ciclo integrato, alimentato da minerale di ferro, e quello non integrato, alimentato da rottami ferrosi".

"Nel caso integrato, occorre installare degli altoforni, che verranno caricati con minerale di ferro, carbone coke e calcare. Le proporzioni reciproche in massa di tali componenti sono di circa il 55% di minerale, il 30% di coke e il 15% di calcare; per giunta, per ciascuna tonnellata di minerale introdotta nell'altoforno si ottengono circa 0,55 tonnellate di ghisa in uscita, mentre la rimanente parte del minerale viene eliminata come scoria e deve essere posta a discarica, con un costo addizionale di almeno 1,5 €/tonnellata. L'investimento necessario per avviare un altoforno dipende dalla dimensione della carica: sul mercato se ne trovano da 400 ad 800 tonnellate di dimensione; una indagine presso i principali costruttori mi ha permesso di stabilire che la potenzialità produttiva in termini di tonnellate/giorno di minerale complessivamente immesso in un altoforno è all'incirca pari al doppio della capienza della sua carica. Per giunta, il prezzo è legato anch'esso alla dimensione della carica, con fattore di scala pari a 0,7: per la dimensione minima di altoforni si parla di un investimento circa 1.000.000 di €, tra impianto principale e servizi d'impianto. In base alla mia esperienza so che un altoforno funziona a ciclo continuo per circa 340 giorni/anno, e nei rimanenti 25 giorni viene arrestato per rifare gli interni in materiale refrattario, operazione che costa intorno a 100.000 €. L'intero impianto richiede 2 persone per essere condotto".

"Cosa ci puoi dire riguardo il cambio di produzione tra un tipo di ghisa ed un altro?" chiese a questo punto Leone, che sapeva bene che in molti settori industriali gli attrezzaggi sono un elemento di costo importante. "Non vi sono significativi tempi di attrezzaggio: vedi Leone, l'altoforno produce sempre e solo ghisa, che esce con specifici parametri di prodotto in base alle caratteristiche del minerale introdotto, alle effettive proporzioni tra le diverse sostanze in carica ed in base alla condizioni del processo, e soprattutto alla temperatura mantenuta all'interno del nocciolo dell'altoforno. Dove avviene la diversificazione tra le varie qualità di materiale è la fase successiva, quella dei forni di affinamento, che costituiscono la seconda fase produttiva nel caso integrato, e la prima nel caso non integrato, che vado a descrivere ora".

"I forni di affinamento servono, appunto, per ottenere diverse tipologie di acciaio, attraverso l'introduzione in lega di una serie di elementi in quantità predefinite che dipendono sia dal tipo di materiale in ingresso, sia dal materiale che si desidera ottenere in uscita. Pertanto, nel caso di impianto integrato, essi vengono alimentati con la ghisa prodotta dall'altoforno, mentre nel caso non integrato vi si introduce rottame ferroso acquistato sul mercato. Tipicamente, una volta fatta la carica, si procede al riscaldo ed alla fusione del materiale (questo evidentemente non è necessario nel caso integrato); una volta in temperatura se ne analizza la composizione e si determina quindi quali quantitativi di quali elementi di lega inserire; una volta che tali elementi sono stati inseriti, c'è bisogno di circa 8 ore di omogeneizzazione, a valle delle quali si procede alla scarica. Nel caso di alimentazione a rottame, la composizione di partenza è meno omogenea e quindi occorre ripetere l'operazione di analisi ed effettuare eventuali correzioni ulteriori. A fronte di tali diversi procedimenti, la carica a ghisa richiede circa 10 ore mediamente per essere elaborata, mentre quella a rottame non impiega meno di 15."

"Il modello più conveniente di forno di affinamento per la nostra applicazione è il forno a volta, che ha una capacità di circa 100 tonnellate per colata e costa circa 150.000 €. Mano mano che vengono realizzate le diverse colate, il forno si rovina, di modo che ogni 450 colate esso deve essere interamente ricostruito, operazione che richiede circa 10 giorni di lavoro più 1 giorno per il riscaldo ed 1 giorno per il raffreddamento del forno. Anche i forni di affinamento lavorano a ciclo continuo per 340 giorni/anno, ed un operatore è in grado di condurre 2 forni in parallelo. Con questi forni, servono circa 1,12 tonnellate di ghisa o di rottame e circa 0,15 tonnellate di elementi di lega per produrre una tonnellata di acciaio vendibile: lo scarto può essere riutilizzato immettendolo nuovamente nel forno di affinamento".

"Silva, dacci anche qualche elemento sui costi della materia prima nei due casi" suggerì Bonetti, che ovviamente era molto interessato a tali elementi. "Certo, Bonetti, un attimo solo –riprese Silva aggiustandosi il nodo della cravatta che si era fatto troppo stretto- Il minerale ferroso costa circa 4 €/tonnellata in qualsiasi dei porti a noi più vicini, a cui dovremo aggiungere almeno 2 €/tonnellata per il trasporto qui a Brescia. Per il coke, stesso discorso: il prezzo di mercato è di circa 6 €/tonnellata, franco un qualsiasi porto, cui dovremo aggiungere i medesimi 2 €/tonnellata per il navettaggio. Per entrambi questi materiali, i prezzi sono stati sostanzialmente stabili, ma con una certa tendenza al rialzo, diciamo dell'ordine del 5% annuo ed è probabile che tale andamento continui".

"Il calcare lo possiamo reperire invece in zona a circa 3 €/tonnellata, prezzo che ritengo possa rimanere stabile visto la grande quantità di materiale disponibile dalle cave di Botticino e da altre localizzazioni in provincia. Per quanto concerne il rottame ferroso, esiste un mercato mondiale derivante dai cantieri di demolizione navale, dagli sfasciacarrozze automobilistici e ferroviari, dalle demolizioni dei capannoni industriali, etc. L'attuale prezzo di mercato è pari a circa 20 €/tonnellata franco nostro stabilimento, ma la disponibilità internazionale è crescente a fronte della sempre maggiore efficacia dei processi di riciclo, quindi è prevedibile un progressivo calo, dell'ordine del 10% annuo, così come è stato negli ultimi anni. Per finire, gli elementi di lega hanno un costo medio molto elevato, di circa 100 €/ton".

"Mi rimane ora da descrivere l'ultima fase del processo, che verrà realizzata in qualsiasi caso: quella della colata del metallo fuso in fossa termica per la realizzazione dei lingotti della dimensione e della composizione richiesta dal cliente. Mi sono rivolto ad un noto produttore di fosse termiche: ogni modulo, del costo di circa 100.000 € ha lo spazio per colare 100 lingotti di mezza tonnellata di peso in media. Il processo di raffreddamento dura in media circa 1 ora, dopo di che si possono prelevare i lingotti con il carro ponte, il chè impegna la fossa per altre 2 ore. Questa fase è quella a più elevata intensità di mandopera, poiché per ciascun modulo serve 1 operatore a ciclo continuo che supervede alla colata e poi provvedere alla rimozione dei lingotti. Il medesimo operatore nei tempi morti provvede alle necessarie prove di qualità e compila la documentazione tecnica che verrà allegata a ciascun lingotto".

Le ipotesi di finanziamento

A seguito dell'incontro di Giugno, dedicato ai temi tecnici, Bonetti aveva potuto raccogliere alcuni elementi in più riguardo le disponibilità finanziarie interne e le eventuali fonti di investimento alternative. Ne parlava in un incontro tenutosi all'inizio di un torrido Luglio con i colleghi.

"Per quanto riguarda le fonti di finanziamento interno, l'accordo intercorso tra gli azionisti è che l'investimento per il rifinanziamento sia pari a 1,5 €/azione, con il chè le risorse interne disponibili sono facilmente calcolabili a € 6.000.000. Una ulteriore emissione azionaria è fuori discussione, visto che il Consiglio all'unanimità ha votato di non diluire l'attuale pacchetto di controllo. C'è poi una ulteriore quota di finanziamento, pari a non più di € 2.000.000, eventualmente attivabile all'occorrenza attraverso un prestito obbligazionario con durata di 5 al 6% di rendimento annuo: per maggiore chiarezza, sottolineo che tale è il valore del tasso passivo di interesse che dovremmo corrispondere ai sottoscrittori, qualora decidessimo di utilizzare tale strumento di finanziamento. Infine, eventuali ulteriori necessità finanziarie dovranno essere fronteggiate attraverso il ricorso al credito, ad un tasso che non credo potrà essere inferiore al 9% visti gli oggettivi rischi connessi all'operazione".

"Dimenticavo –riprese subito Bonetti dopo una breve pausa- è chiaro che una fonte importante di finanziamento saranno i fatturati, realizzabili entro 1 anno dopo l'inizio ufficiale dell'investimento. Mi risulta che i lingotti in acciaio al carbonio, acciaio legato o inox possano essere venduti ad un prezzo medio di circa 55 €/tonnellata: mi risulta ad oggi impossibile valutare con maggiore dettaglio le differenze di prezzo tra tutte le diverse categorie di prodotto realizzabili".

"E, per quanto concerne invece i flussi uscenti?" domandò Leone. "Il terreno di Ponte S.Marco è sufficiente ai nostri fabbisogni, ed anche i capannoni e la palazzina uffici richiederanno solo moderati interventi di restauro, che insieme a Silva e ad un'impresa di costruzioni abbiamo valutato in non più di 500.000 €. C'è poi l'acquisto e l'attivazione delle strutture produttive, sui quali non ho ancora le idee chiare perché i costi dipenderanno molto dalle scelte che decideremo di fare: su questo punto mi riservo di lavorare con Silva. Sul versante della manodopera, ho svolto qualche valutazione sia con Silva, sia rivolgendomi anche a società di consulenza specializzata, ed emerge che per uno stabilimento di questo tipo gli operatori diretti ed indiretti di produzione possono avere un costo aziendale, tra indennità per i turni notturni ed altre manfrine di 25 €/ora uomo. A fronte delle varie operazioni di manutenzione, movimentazione, magazzinaggio, gestione dei servizi d'impianto., etc. servirà un numero di operatori indiretti di produzione circa pari a quello dei diretti. Ciascuno di questi operatori andrà assunto e formato opportunamente durante il primo anno di attività, durante la predisposizione degli impianti produttivi. Per fortuna abbiamo la fortuna che qui a Brescia c'è abbondanza di manodopera esperta nel settore siderurgico, cosicché ho stimato il costo una tantum di assunzione ed addestramento per persona a solo € 10.000".

"Infine, vi sono i costi generali di periodo, legati agli impiegati, a noi dirigenti, ai costi commerciali, ai servizi esterni, etc., che ho stimato in circa €/anno 1.000.000" concluse con una espressione trionfante il Dr. Bonetti. "Ti sbagli, Bonetti –riprese Leone- dimentichi i costi dell'energia, che nel settore siderurgico è sempre molto salata!". Vedendo la sorpresa e la delusione dipingersi in rapida sequenza sul volto del collega, seguite dall'imbarazzo per quell'imperdonabile dimenticanza, prese la parola Silva: "su questo punto, pur non avendoci lavorato in dettaglio, posso venire io in soccorso di Bonetti, visto che si tratta di materia alquanto tecnica. Come si sa, gli altoforni vengono riscaldati dalla medesima carica di coke, cosicché il loro consumo di energia è assai limitato, potendo essere valutato in non più di 0,5 kwh per ciascuna tonnellata di carica elaborata, per gli impianti di sollevamento e trasporto ed altre piccole utenze. Viceversa, i forni di raffinazione sono alimentati in alta tensione elettrica, ed hanno una potenza installata di 500 kw. La colata dei lingotti ha un consumo del tutto trascurabile, cosicché possiamo stimare a non più di altri 100kw di potenza e 150.000 kwh annui di consumo tutte le altre utenze di stabilimento e di ufficio"

"Vi sono 2 diverse alternative di alimentazione dell'energia: acquistandola dalla rete elettrica, il costo fisso è assai limitato, dell'ordine di 1 €/mese per ciascun kw di potenza contrattuale, mentre il costo variabile medio ammonta a circa 0,02 €/kwh. Viceversa, è possibile la scelta dell'autoproduzione, che comporterebbe un investimento di circa 3.500.000 € per la realizzazione di una centrale della potenza di 5.000 kw, con un fattore di scala di 0,6. Tale configurazione ci consentirebbe di autoprodurre l'energia che ci serve a circa 0,005 €/kwh".

A conclusione dell'intervento di Silva, mentre ancora Bonetti si tergeva il sudore dalla fronte con un immacolato fazzoletto, Leone concluse: "bene Silva, ora occorre che tu e Bonetti elaboriate la soluzione tecnico-economica più conveniente sulla base delle alternative che ci hai prospettato, e dei costi / ricavi che paiono realizzabili. Per fare questo lavoro, che vi pregherei di concludere entro Settembre, dovete tenere presente l'orizzonte medio-breve, diciamo di non più di 5 anni, entro i quali il Consiglio di Amministrazione desidera poter iniziare a remunerare il proprio capitale investito".

Capitolo 4
Dimensionamento dei sistemi di fabbricazione per parti

4.1 PROCONT SPA

La Procont S.p.A. lavora in conto terzi per realizzare trattamenti termici speciali. Un grosso produttore tedesco di autovetture ha selezionato la Procont come suo subfornitore primario per il trattamento di nitrurazione delle canne dei cilindri per motori diesel ad alte prestazioni. Il contratto è valido per i prossimi due anni, e rappresenta una grande opportunità di crescita per l'azienda. Da un rapido esame dei parametri di commessa (volumi ordinati, varianti, ecc.) e dalla stima dei tempi tecnici, l'Ing. Tempro, da anni direttore di produzione, si rende conto della criticità della situazione. "Qui ci tocca fare i salti mortali", pensa osservando i numeri.

"4 varianti di canne da trattare" dice tra sé e se "con dei volumi annui stimati di circa 35.000 pezzi per ciascuna delle prime due varianti, 30.000 pezzi per la variante C e 27.500 per la variante D. Tutte possono venire realizzate con la medesima tecnologia produttiva, e quindi da macchine sostanzialmente uguali. Il tempo di trattamento della variante A è di 20' circa, e si possono lavorare 4 elementi per volta. I tempi delle varianti B e C sono leggermente superiori, pari a circa 30', ma queste possono essere anche lavorate assieme, in lotti da 6 elementi per volta; per finire la variante D richiede un tempo di trattamento di circa 30', con solo 3 elementi processabili in parallelo."

"Il passaggio da una variante all'altra richiede un setup abbastanza lungo (circa 90'), ma tutte le varianti sono producibili su tutte le macchine acquistate. Il controllo dei parametri di processo è delicato, e in casi come questo in cui è tassativo garantire elevatissimi standard di qualità e servizio, non conviene lesinare sulla manodopera di controllo alle macchine. Ciascuna macchina di trattamento, quindi, dovrebbe essere supervisionata da 3 operatori, il cui costo annuo è di circa 30.000 euro in orario regolare (1° e 2° turno) e sale a 40.000 in caso di turno di notte. Essendo aperti 220 giorni l'anno, e considerando i tempi di non utilizzo e gli effetti di resa, ho verificato dai dati degli anni passati che mediamente un turno di produzione mette a disposizione circa 1.500 ore di produzione buona nel caso del 1° e del 2° turno, 1.430 nel caso del 3° turno."

Sapendo che il costo da sostenere per l'acquisto, l'installazione e l'avviamento operativo di una macchina di nitrurazione è pari a 200.000 euro, si aiuti l'Ing. Tempro a definire la configurazione / turnazione ottimale per evadere la nuova commessa.

Soluzione

La situazione che deve affrontare l'Ing. Tempro prospetta due diversi problemi decisionali:

- Selezione della turnazione ottimale, ottimizzando il bilanciamento tra il numero delle macchine da acquistare e l'estensione dell'orario di lavoro;
- Decisione di allocazione Macchina – Prodotto. Questa seconda decisione, in virtù del limitato impatto del tempo di setup e degli elevati volumi da realizzare, sembra essere meno importante della precedente.

Con riferimento alla prima scelta, si inizi a calcolare quale sia il tempo produttivo netto necessario per evadere la commessa. Ragionando su base annua si ha che:

- Var. A: 35.000 [pz/anno] / 4 [pz/batch] · 1/3 [h/batch] ≈ 2.900 [h/anno];
- Var. B e C: 65.000 [pz/anno] / 6 [pz/batch] · 1/2 [h/batch] ≈ 5.400 [h/anno] (potendo essere lavorate assieme, e quindi non comportando setup, le varianti B e C verranno considerate come uno stesso prodotto);
- Var. D: 27.500 [pz/anno] / 3 [pz/batch] · 1/2 [h/batch] ≈ 4.600 [h/anno].

Il totale delle ore annue richieste è pari a circa 12.900. Tale fabbisogno potrà essere ricoperto da 9 turni di produzione, sia che si lavori su 2 turni, sia che si lavori su 3. Infatti, in un anno 9 turni realizzati nelle ore giornaliere mettono a disposizione 13.500 ore di tempo produttivo netto; lavorando anche la notte (6 turni giornalieri + 3 notturni) si avrebbero a disposizione 13.290 ore/anno, comunque sufficienti a soddisfare la richiesta, dopo una verifica dei tempi di setup.

Le possibili scelte di configurazione da valutare sono perciò tre:

- acquistare 9 macchine ed attivarle un solo turno,
- acquistare 5 macchine, di cui 4 attivate per 2 turni ed una attivata per un turno,
- acquistare 3 macchine, e attivarle per 3 turni.

Si valuteranno le tre possibili soluzioni con l'obiettivo di minimizzare i costi totali, rappresentati dal costo di investimento, che viene spalmato su due anni (tale è la durata del contratto del fornitura, dopo la quale non si ha sicurezza sull'utilizzo dei macchinari: di conseguenza, acquistando una macchina si sostiene un costo annuo pari a 200.000/2 = 100.000 euro) e dal costo della manodopera, che varia in funzione dei turni attivati (90.000 euro/anno per ogni 1° o 2° turno attivato, 120.000 euro anno per ogni 3° turno attivato).

In sintesi, per il caso 9 macchine attive su un turno si ottiene:

- Costo di acquisto: 9 · 100.000 = 900.000 [euro /anno]

- Costo di manodopera: 9 · 3 · 30.000 = 810.000 [euro /anno]
- Costo totale: 1.710.000 [euro/anno]

Per il caso 5 macchine su due turni (solo 4 attive il secondo turno) si ha:

- Costo di acquisto: 5 · 100.000 = 500.000 [euro /anno]
- Costo di manodopera: 9 · 3 · 30.000 = 810.000 [euro /anno]
- Costo totale: 1.310.000 [euro/anno]

Infine, nel caso 3 macchine su tre turni si ottiene:

- Costo di acquisto: 3 · 100.000 = 300.000 [euro /anno]
- Costo di manodopera: 6 · 3· 30.000 + 3· 3 · 40.000 = 900.000 [euro /anno]
- Costo totale: **1.200.000 [euro/anno]**

L'ipotesi più conveniente è perciò la terza.

Per quanto riguarda l'allocazione Macchina – Prodotto, avendo a disposizione 3 macchine, ancora una volta la strategia di allocazione può essere multiforme, soprattutto notando come nessuna delle 4 varianti sia in grado di assicurare volumi sufficienti per saturare pienamente un numero intero di macchine.

Per valutare la fattibilità di una scelta di allocazione, si consideri che:

- Tempo di produzione buona disponibili: 3 [macchine] · (2 · 1.500 [h/turno in 1° e 2° turno] + 1.430 [h/turno in 3° turno]) = 13.290 [ore/anno]. Ciascuna macchina mette a disposizione un terzo di questo tempo, cioè 4.430 ore/anno.
- Tempo di produzione buona richiesto: 12.900 [ore/anno]
- Tempo disponibile per setup: 13.290 - 12.900 = 390 [ore/anno]
- N.massimo setup effettuabili : 390 [h] / 1,5 [h/setup] = 260 [setup/anno]

Con una opportuna allocazione prodotti - macchine, si potrà realizzare un numero di setup compatibile con il tempo disponibile. Ad esempio, si consideri la seguente configurazione:

- La variante A (2.900 h/anno richieste) occupa pressoché interamente due turni sulla macchina 1;
- Le varianti B+C (5.400 h/anno richieste) occupano per tre turni al giorno la macchina 2, mentre le 970 ore di produzione residue vengono realizzate sulla macchina 1;
- La variante D (4.600 h/anno richieste) occupa per tre turni al giorno la macchina 3, mentre le 170 ore di produzione residue sono realizzate sulla macchina 1.

In tale configurazione, tutte le operazioni di attrezzaggio saranno concentrate sulla macchina 1 (unica macchina non dedicata). Dato il contesto industriale del cliente da servire è ragionevole ipotizzare di realizzare lotti settimanali. Con 44 settimane/anno di produzione, si realizzeranno 44 · 3 = 132 [setup/anno], ampiamente al di sotto del numero massimo di setup realizzabili. Se inoltre, come sembra più ragionevole i lotti della variante D sulla macchina 1 venissero realizzati solo ogni 2 o3 settimane, il numero di setup necessari calerebbe ulteriormente.

Infine, si fornisce di seguito una formulazione rigorosa per il problema di ottimizzazione appena analizzato. Sia x_i la variabile booleana che esprime l'acquisto o meno di una nuova macchina, e sia $y_{i,t}$ la variabile booleana che esprime l'accensione o meno del t-esimo turno di produzione per la macchina i-esima. Si ha che:

F.O. $= \min \Sigma_i (x_i \cdot 200.000 / 2) + \Sigma_i \Sigma_t y_{i,t} \cdot C_t$ (costo totale)

S.V.

$\Sigma_i \Sigma_t (Tpn_t \cdot y_{i,t}) \geq 12.900$ (v.1)

$x_i = 1$ se $\Sigma_t y_{i,t} > 0$ per $\forall$ i (v.2)

$y_{i,t+1} \leq y_{i,t}$ per $\forall$ i,t(v.3)

$x_i = \{0; 1\}$ per $i \in [1, 9]$

$y_{i,t} = \{0; 1\}$ per $i \in [1, 9]$, $t \in \{0; 1; 2 ; 3\}$

$C_1 = C_2 = 90.000$

$C_3 = 120.000$

Il primo vincolo, sotto l'ipotesi che tutti i turni esprime la necessità di mettere a disposizione almeno 12.900 ore di tempo di produzione netto. Il secondo vincolo impone che non si possa avere un turno attivo su una macchina non acquistata: questo vincolo è necessario perché altrimenti (cf. funzione obiettivo) non si acquisterebbe nessuna macchina. Il terzo vincolo impone che non si possa accendere il t+1 esimo turno se non si è acceso prima il t-esimo. I rimanenti vincoli esprimono il campo di esistenza delle diverse variabili decisionali.

4.2 DOOR SPA – PARTE 1

La Door SpA è una giovane azienda produttrice di cerniere per mobili. Per supportare il piano quinquennale di crescita, l'Ing. Sportello sta valutando l'acquisto di una nuova linea di produzione, alla quale assegnare due varianti di cerniere: le Small e le Medium. La tabella a seguire riporta le principali operazioni da compiere ed i tempi (espressi in minuti) per ciascuna delle due varianti.

N°	Operazione	Tempo [min]		Macchina
		Small	Medium	
1	Trancio lamiera a misura	0.2	0.2	Pressa
2	Piegatura bordo superiore	0.2	0.3	Pressa
3	Tranciatura invito molla	0.2	0.3	Pressa
4	Inserzione molla	0.6	0.8	Robot manipolatore
5	Ribattitura invito cardine	0.4	0.4	Maglio
6	Inserzione perno rotazione	0.1	0.1	Robot manipolatore
7	Pulizia e controllo	0.2	0.2	Pulitrice

Tabella 1: Tempi e fasi di lavorazione delle due varianti

La domanda annua delle due varianti è pari a 120.000 pezzi/anno per le cerniere Small, e 80.000 pezzi/anno per le Medium, mentre il tempo di produzione (al netto di tutte le possibili cause di fermo) è valutabile in 1.500 ore/anno (la linea sarà aperta su un turno per 220 giorni). Per finire, si stima che la fase di controllo posta a fine linea porti ad individuare un 2% di produzione difettosa.

A partire da queste informazioni, si supporti l'Ing. Sportello nella definizione del tempo di ciclo ottimale della linea, individuando un ragionevole criterio di minimizzazione del costo di impianto.

Soluzione

L'Ing. Sportello affronta un problema di configurazione di una linea di produzione. A partire dai dati disponibili è possibile calcolare quale dovrà essere la Pmix della nuova linea di produzione: questa, però, può essere ottenuta a partire da valori anche molto differenti dei due ritmi di produzione delle singole varianti.

Il valore di Pmix obiettivo infatti vale **Pmix** = D/R·Tpn = 200.000 [pz/anno]/(1.500[h/anno]·0,98) ≈ **136 [pz/h]**, dove (cfr. equazione 1) :

$$\text{(1)} \qquad \text{Pmix} = \frac{1}{\sum_i \frac{\%_{\text{i-volume}}}{\text{Rsi}}} \qquad \text{[pezzi/ora]}$$

Il problema risulta indefinito, in quanto ha un grado di libertà, avendo due ritmi standard da definire. Per superare tale ostacolo,si fa riferimento a considerazioni di natura economica, in particolare alla minimizzazione del costo della nuova linea. Si può ragionevolmente ipotizzare che questo cresca al crescere dei ritmi standard di produzione della singole delle varianti garantiti dalla linea. Pertanto, il problema nella sua forma definita potrebbe assumere la forma seguente:

$$\text{minimizzare} \qquad \Sigma_i \text{ Rsi}$$

$$\text{s.v.} \qquad \frac{1}{\sum_i \frac{\%_{\text{i-volume}}}{\text{Rsi}}} = 136$$

Il problema di ottimizzazione può essere risolto in molti modi: il più semplice di questi si basa sulla seguente intuizione "grafica". Posti per praticità Rs_{small} = x e Rs_{medium} = y, si ottiene che la funzione di vincolo g(x, y) si può esprimere come:

$$\frac{1}{\frac{0,6}{x} + \frac{0,4}{y}} = 136 \Leftrightarrow g(x, y)$$

Questa equazione rappresenta, in un piano x-y un'iperbole, come mostrato in figura 1 a seguire. Dal momento che le due produzioni sono percentualmente abbastanza vicine (120.000 : 80.000 = 0,6 : 0,4), i due valori x ed y non saranno molto distanti dal valore di Pmix.

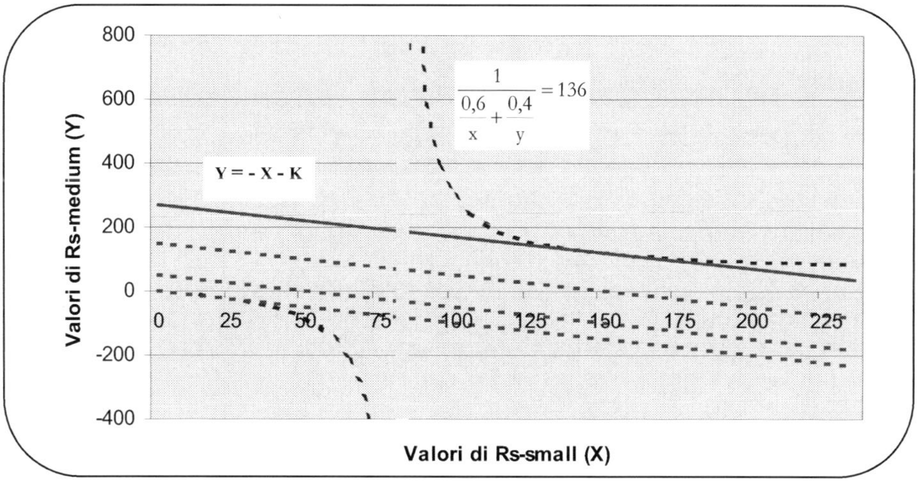

Figura 1: Rappresentazione del problema

A partire dalla funzione di vincolo, va ricercato il punto che, pur appartenendo alla g(x,y), abbia x + y = min.

In maniera approssimata (tracciando la funzione per punti) si ottiene un minimo della x + y in corrispondenza di x =150 e y = 119,3.

Volendo ricercare una soluzione esatta, ciò può essere fatto graficamente, prendendo una retta a pendenza – 45° (y = –x) e cercando la tangente al ramo d'iperbole. Ciò garantisce che x + y siano minimi, e soddisfino g(x, y). Analiticamente, si interseca la g(x, y) con il fascio di rette m(x, y, k) = x + y + k, individuando per quale valore di k si hanno due intersezioni uguali e coincidenti. In figura 1 sono tracciate alcune rette del fascio. Procedendo secondo questa strada, si ha che:

$$\frac{xy}{0{,}6y+0{,}4x}=136\,; \quad x\cdot y = 81{,}6\cdot y + 54{,}4\cdot x$$

m (x, y, k): y = - (x + k)

$$-x^2 - k\cdot x = -81{,}6\cdot x - 81{,}6\cdot k + 54{,}4\cdot x$$
$$-x^2 - k\cdot x = -27{,}2\cdot x - 81{,}6\cdot k$$
$$x^2 + (k - 27{,}2)\cdot x - 81{,}6\cdot k = 0$$

A questo punto è necessario imporre che il Δ dell'equazione sopra riportata sia pari a zero, e questo perché si abbiano due soluzioni coincidenti. L'incognita sarà appunto quel valore di K in corrispondenza del quale si ha $\Delta=0$.

$\Delta = (k - 27,2)^2 + 4 \cdot 81,6 \cdot k = 0$

$k^2 - 54,4 \cdot k + 326,4 \cdot k + 739,84 = 0$

$k^2 + 272 \cdot k + 739,84 = 0$

Risolvendo si ottengono due valori per k: $k_1 = -2,74$ e $k_2 = -269,25$. Dei due, graficamente, è facile comprendere che il secondo è quello corretto, dal momento che il primo fa riferimento alla retta tangente al ramo più basso dell'iperbole. La retta di minimo individuata ha pertanto la seguente equazione:

$$m(x, y, k) \approx y = -x + 269$$

Sostituendo questi valori nella g(x, y), si ricava:

- $x = Rs_{small} \approx 148$;
- $y = Rs_{medium} \approx 121$.

Maggiorando per prudenza i due valori di qualche punto percentuale, possiamo stabilire che Rs_{small} e Rs_{medium} varranno:

- $Rs_{small} = 150$ [pz/h];
- $Rs_{medium} = 125$ [pz/h].

da cui, tenendo presente che Rs [pz/h] = 60/Tc [min/pz] si ottiene:

- $Tc_{small} \approx 0,4$ [min/pz];
- $Tc_{medium} \approx 0,5$ [min/pz].

La possibilità e le modalità di conseguimento di tali tempi ciclo vanno valutate a partire dalla sequenza delle operazioni da realizzare (tabella 1). Tale tema verrà trattato nel problema successivo.

4.3 DOOR SPA – PARTE 2

Con riferimento al risultato del problema 4.2, a partire dai valori del tempo ciclo di 0,4 minuti/pezzo per la variante Small e di 0,5 minuti/pezzo per la variante medium si aiuti l'Ing. Sportello a definire l'assegnazione delle operazioni alle singole stazioni, calçolando per ciascuna stazione il proprio coefficiente di impiego.

Soluzione

I tempi di lavorazione per ciascuna fase vengono riportati nuovamente in tabella 1.

N°	Operazione	Tempo [min]		Macchina
		Small	Medium	
1	Trancio lamiera a misura	0.2	0.2	Pressa
2	Piegatura bordo superiore	0.2	0.3	Pressa
3	Tranciatura invito molla	0.2	0.3	Pressa
4	Inserzione molla	0.6	0.8	Robot manipolatore
5	Ribattitura invito cardine	0.4	0.4	Maglio
6	Inserzione perno rotazione	0.1	0.1	Robot manipolatore
7	Pulizia e controllo	0.2	0.2	Pulitrice

Tabella 1: Tempi e fasi di lavorazione delle due varianti

Sarà necessario dimensionare il numero di stazioni e l'eventuale grado di parallelismo per ciascuna variante a partire dal tempo ciclo richiesto (0,4 min/pz per la variante Small e 0,5 min/pz per la variante Medium).

Il numero di stazioni dipende essenzialmente da aspetti tecnologici, pertanto in una stazione vanno assegnate operazioni in funzione della possibilità di accorpare/suddividere le operazioni stesse.

Si osservi inoltre che l'operazione 4 (inserzione molla) ha un tempo di esecuzione superiore al tempo ciclo richiesto per entrambe le varianti. Si ipotizza di poter duplicare la stazione di inserimento molla (e quindi l'acquisto di robot manipolatori) per parallelizzare l'operazione. In tal modo, il tempo di esecuzione dell'operazione 4 visto all'esterno sarà pari alla metà (0,3 min per la variante small e 0,4 per la variante medium).

Di conseguenza:

- Le prime tre operazioni richiedono la stessa macchina (pressa). Non è però possibile accorparle in una sola stazione, in quanto la somma dei tempi di lavorazione è superiore (per entrambe le varianti) al tempo ciclo richiesto. Sarà necessario aprire due stazioni, che svolgeranno le 3 operazioni in parallelo (in questo modo si avrà una situazione più bilanciata rispetto alla realizzazione in serie, e si risparmieranno movimentazioni di carico/scarico manuale);
- La quarta operazione va parallelizzata (per entrambe le varianti) in due stazioni;

- L'operazione 5 costituisce una stazione a sé in quanto richiede una macchina diversa e ha un tempo di lavorazione compatibile con il tempo ciclo;
- Le operazioni 6 e 7, nonostante richiedano macchine diverse possono essere accorpate, in quanto la somma dei due tempi di lavorazione è inferiore al tempo ciclo richiesto ed inoltre l'operazione finale è un'operazione di semplice pulitura.

Il risultato di quanto esposto viene illustrato in tabella 2.

Stazione	Small				Medium			
	Operazioni	**Tlav.**	**Tc**	**Coeff. Imp.**	**Operazioni**	**Tlav.**	**Tc**	**Coeff. Imp.**
1	1, 2, 3	0,3	0,4	75%	1, 2, 3	0,4	0,5	80%
1'	1, 2, 3	0,3	0,4	75%	1, 2, 3	0,4	0,5	80%
3	4	0,3	0,4	75%	4	0,4	0,5	80%
3'		0,3	0,4			0,4	0,5	
4	5	0,4	0,4	100%	5	0,4	0,5	80%
5	6, 7	0,3	0,4	75%	6,7	0,3	0,5	60%

Tabella 2: Assegnazione operazioni e coefficiente di impiego

Come mostrato in tabella 2, la situazione appare molto bilanciata tra le due varianti. Il coefficiente di impiego è ben equilibrato per la variante Medium, mentre per la variante Small la stazione 4 si rivela critica, in quanto impiegata al 100%.

4.4 DISORDER SRL

Dopo anni di gestione trascurata, la Disorder Srl., azienda che realizza lavorazioni meccaniche su commessa, è davvero in cattive condizioni. Tempi di attraversamento lunghi e poco controllati (con tutti i ritardi che ne conseguono), flussi produttivi emolto intrecciati hanno convinto il titolare il Sig. Mesto, a rivolgersi a un giovane ingegnere, l'Ing. Marco Baldo, perché si occupi di razionalizzare il più problematico dei reparti della Disorder, ovvero quello di lavorazione delle bielle.

In questo reparto vengono lavorate 8 diverse varianti di bielle (indicate con codici da B1 a B8), che richiedono per il loro trattamento 6 diverse macchine (indicate con le lettere maiuscole da "A" ad "F"). A seguire viene riportata la matrice di incidenza, che specifica quali varianti abbiano bisogno di quali macchine. Uno zero all'incrocio pezzo/macchina implica che la macchina non è richiesta nella lavorazione del pezzo, mentre l'uno indica il contrario.

	Macchina					
Pezzo	**A**	**B**	**C**	**D**	**E**	**F**
B1	1	0	0	0	0	1
B2	1	0	1	0	0	1
B3	0	0	0	1	0	0
B4	0	0	1	1	1	0
B5	1	1	0	0	0	1
B6	0	0	1	0	1	0
B7	0	0	0	1	1	0
B8	0	0	1	1	0	0

Tabella 1: Matrice di incidenza

Facendo ricorso agli strumenti formali della progettazione di celle di fabbricazione, si aiuti l'Ing. Baldo a mettere ordine nella realtà produttiva sopra descritta.

Soluzione

Il problema proposto può vedersi come un classico caso di progettazione di un sistema di fabbricazione per celle. Scopo di un intervento di questo tipo è quello di raggruppare prodotti omogenei tra loro (dal punto di vista tecnologico), in modo da poter organizzare le risorse di produzione in celle all'interno delle quali i flussi produttivi siano più lineari. A questo scopo, si può far ricorso al metodo del Rank Order Clustering (ROC); questo metodo permette di raggruppare prodotti simili (e di conseguenza le macchine che realizzano tali prodotti) e si basa sulla seguente procedura:

- Interpretare ciascuna riga della matrice di incidenza come un numero scritto in base binaria. Associare a ciascuna riga il corrispondente valore decimale;
- Ordinare le righe per valore decrescente. In tale modo una riga viene posta tanto più in alto quanto più possiede 1 a sinistra;
- Interpretare ciascuna colonna della matrice come un numero scritto in base binaria. Calcolare il corrispondente valore decimale ed associarlo a ciascuna colonna;
- Ordinare le colonne per valore decrescente. In tale modo una colonna viene posta tanto più verso sinistra, quanto più possiede 1 in alto;
- Se questi due ordinamenti hanno cambiato la situazione iniziale, ripartire con il passo 1. Altrimenti fine.

Questo metodo, estremamente semplice e sufficientemente generale, può quindi essere applicato al caso presente. A tal fine, si faccia riferimento alla Tabelle 2 – 5 riportate a seguire.

	Macchina						
	32	16	8	4	2	1	**Bin**
Pezzo	**A**	**B**	**C**	**D**	**E**	**F**	
B1	1	0	0	0	0	1	33
B2	1	0	1	0	0	1	41
B3	0	0	0	1	0	0	4
B4	0	0	1	1	1	0	14
B5	1	1	0	0	0	1	49
B6	0	0	1	0	1	0	10
B7	0	0	0	1	1	0	6
B8	0	0	1	1	0	0	12
Bin							

Tabella 2: Metodo ROC: Ciclo 1 - Passo 1

	Macchina						
	32	16	8	4	2	1	**Bin**
Pezzo	**A**	**B**	**C**	**D**	**E**	**F**	
B5	1	1	0	0	0	1	49
B2	1	0	1	0	0	1	41
B1	1	0	0	0	0	1	33
B4	0	0	1	1	1	0	14
B8	0	0	1	1	0	0	12
B6	0	0	1	0	1	0	10
B7	0	0	0	1	1	0	6
B3	0	0	0	1	0	0	4
Bin							

Tabella 3: Metodo ROC: Ciclo 1 - Passo 2

		Macchina						
								Bin
	Pezzo	A	B	C	D	E	F	
128	B5	1	1	0	0	0	1	
64	B2	1	0	1	0	0	1	
32	B1	1	0	0	0	0	1	
16	B4	0	0	1	1	1	0	
8	B8	0	0	1	1	0	0	
4	B6	0	0	1	0	1	0	
2	B7	0	0	0	1	1	0	
1	B3	0	0	0	1	0	0	
	Bin	**224**	**128**	**92**	**27**	**22**	**224**	

Tabella 4: Metodo ROC: Ciclo 1 - Passo 3

	Macchina						
							Bin
Pezzo	F	A	B	C	D	E	
B5	1	1	1	0	0	0	
B2	1	1	0	1	0	0	
B1	1	1	0	0	0	0	
B4	0	0	0	1	1	1	
B8	0	0	0	1	1	0	
B6	0	0	0	1	0	1	
B7	0	0	0	0	1	1	
B3	0	0	0	0	1	0	
Bin	**224**	**224**	**128**	**92**	**27**	**22**	

Tabella 5: Metodo ROC: Ciclo 1 - Passo 4

Come si può notare, questi primi passi hanno fatto convergere verso l'angolo in alto a sinistra un primo "cluster" di soli "1" che individueranno un gruppo di prodotti e di macchine che potrà essere isolato dal resto della produzione.

Questo primo ciclo ha introdotto un cambiamento nell'ordinamento, per cui si renderebbe necessario fare un nuovo ciclo; come però si nota dalla tabella seguente, un nuovo ciclo non potrebbe alterare la situazione perché l'ordinamento sopra ottenuto è definitivo.

	Macchina						
	32	16	8	4	2	1	Bin
Pezzo	**F**	**A**	**B**	**C**	**D**	**E**	
B5	1	1	1	0	0	0	56
B2	1	1	0	1	0	0	52
B1	1	1	0	0	0	0	48
B4	0	0	0	1	1	1	7
B8	0	0	0	1	1	0	6
B6	0	0	0	1	0	1	5
B7	0	0	0	0	1	1	3
B3	0	0	0	0	1	0	2
Bin	**224**	**224**	**128**	**92**	**27**	**22**	

Tabella 6: Metodo ROC: Ciclo 2 - Passo 1

Come risulta dalla tabella 6, un possibile intervento di razionalizzazione del reparto potrebbe consistere nella creazione di due isole di produzione, secondo le linee guida specificate a seguire:

- Una prima cella di produzione, a cui assegnare le parti **B5**, **B2** e **B1**, e composta dalle macchine **F**, **A, B** e **C**;
- Una seconda cella di produzione, a cui assegnare le parti **B4**, **B8**, **B6**, **B7** e **B3**, e composta dalle macchine **C, D** ed **E**;
- Se ne deduce che la macchina **C** dovrebbe essere duplicata. Questo è l'investimento che si rende necessario per ridare linearità ai flussi di produzione. Nel caso in cui si decidesse di tenere una sola macchina di tipo C, questa risulterebbe il collo di bottiglia tecnologico del reparto.

Un ulteriore miglioramento da proporre a questa prima alternativa progettuale potrebbe essere la reingegnerizzazione del prodotto B2, al fine di evitare l'utilizzo della macchina C. Questo sforzo di riprogettazione, nel caso in cui fosse tecnologicamente possibile, renderebbe nel medio termine la gamma produttiva dell'azienda più coerente con la sua organizzazione produttiva interna.

4.5 BOX SPA

L'ing. Make è stato da poco assunto presso la Box SpA, azienda produttrice di particolari in alluminio pressofuso. L'ing. Make è al momento impegnato nella progettazione della nuova linea di finitura dei pezzi pressofusi, linea a cui verrà assegnata la produzione di due varianti di scatole, il modello 1 ed il modello 2. I tempi di ciclo nella produzione di queste due varianti, secondo il budget di produzione, sono stati fissati rispettivamente a 0,3 e 0,4 minuti/pezzo. Nella Tabella 1 a seguire viene riportato il ciclo tecnologico delle due varianti sopra menzionate.

N°	Operazione	Tempo lavorazione [min]	
		Tipo 1	Tipo 2
1	Prelievo pezzo grezzo	0,1	0,1
2	Staffatura	0,2	0,2
3	Foratura grezzo	1	1
4	Fresatura guida destra	0,8	0,4
5	Fresatura guida sinistra	0,5	0,9
6	Riporto invito connettori	--	0,4
7	Distaffatura	0,2	0,2
8	Posizionamento in contenitore PF	0,1	0,1

Tabella 1: Ciclo di fabbricazione delle due varianti

Si collabori con l'ing. Make per definire quale sia l'organizzazione ottimale della nuova linea, suggerendo eventualmente degli interventi di riorganizzazione del ciclo produttivo che favoriscano il bilanciamento (statico e dinamico) della linea stessa.

Soluzione

Il problema che sta affrontando l'ing. Make consiste nel valutare con quali macchine attrezzare la linea, quali operazioni assegnare alle diverse stazioni e che grado di parallelismo stabilire per ciascuna di queste. Infine si dovrà calcolare il coefficiente di impiego di ciascuna stazione valutando l'esistenza di eventuali sbilanciamenti statici (all'interno della produzione del medesimo codice) o dinamici (al cambio produzione). In caso questi si verifichino, si dovranno suggerire degli interventi sul ciclo produttivo atti a ribilanciare la situazione.

Dato il ciclo produttivo descritto in Tabella 1, è possibile definire di quali macchine dovrà comporsi la linea in fase di allestimento. Questo viene fatto, orientativamente, in Tabella 2, in cui si riportano per praticità i tempi delle diverse fasi come indicato in Tabella 1.

Staz.	**Operazione**	**Tempo 1 [min]**	**Tempo 2 [min]**	**Tipo macchine**
1	Prelievo e posizionamento	0,3	0,3	Manipolatore autom.
2	Foratura grezzo	1	1	Trapano
3	Esecuzione guida destra	0,8	0,4	Fresatrice
4	Esecuzione guida sinistra	0,5	0,9	Fresatrice
5	Riporto invito connettori	--	0,4	Fresatrice
6	Rimozione del PF	0,3	0,3	Manipolatore autom.

Tabella 2: Ipotesi di composizione della linea di fabbricazione

In Tabella 2, le fasi 1 e 2 di Tabella 1 sono state accorpate, ed assegnate ad un manipolatore automatico, così come le fasi 7 e 8. Si noti, inoltre, che la variante tipo 1 non subisce lavorazioni alla stazione 5.

A questo punto, separatamente per le due varianti, si rende necessario calcolare il grado di parallelismo delle diverse stazioni, così da calcolare quante macchine in parallelo, per ciascuna stazione, sono necessarie.

Il numero effettivo di macchine presso ciascuna stazione sarà quindi ottenuto come valore massimo, calcolato tra le due varianti, del numero di macchine da installare presso ciascuna stazione. In formule:

$$(1) \qquad GDP_{ij} = \text{int.sup.}\left(\frac{Tlav_{ij}}{Tc_i}\right)$$

$$(2) \qquad N_j = \max_i (GDP_{ij})$$

dove i è l'indice del generico prodotto, j è l'indice della generica stazione e $Tlav_{ij}$ rappresenta il tempo di lavorazione del prodotto i alla stazione j.

Applicando quanto sopra indicato, e ricordando che i tempi di ciclo sono pari rispettivamente a 0,3 e 0,4 minuti, si ottiene quanto illustrato in Tabella 3.

Staz.	**Tempo 1 [min]**	**Tc 1 [min]**	**Tempo 2 [min]**	**Tc 2 [min]**	**Gdp 1**	**Gdp 2**	**N_j**
1	0,3	0,3	0,3	0,4	1	1	1
2	1	0,3	1	0,4	4	3	4
3	0,8	0,3	0,4	0,4	3	1	3
4	0,5	0,3	0,9	0,4	2	3	3
5	--	--	0,4	0,4	--	1	1
6	0,3	0,3	0,3	0,4	1	1	1

Tabella 3: Grado di parallelismo delle stazioni

Per valutare se questa soluzione presenti eccessivi sbilanciamenti è opportuno calcolare il coefficiente di impiego delle singole stazioni che, in caso vi sia più di una macchina per ogni stazione, assume la seguente formulazione:

$$(3) \qquad \text{Coeff. Impiego}_{ij} = \frac{Tlav_{ij}}{N_j \cdot Tc_i}$$

dove tutti gli indici ed i termini hanno i significati prima richiamati. Svolgendo i calcoli, si ottengono i risultati proposti in Tabella 4 a seguire.

Staz.	Operazione	Tlav$_{1j}$ [min]	Tlav$_{2j}$ [min]	Nj	Coef. Im$_{1j}$	Coef. Im$_{2j}$
1	Prelievo	0,3	0,3	1	1	0,75
2	Foratura	1	0,9	4	0,83	0,56
3	Guida dx	0,8	0,4	3	0,89	0,33
4	Guida sx	0,5	0,9	3	0,56	0,75
5	Riporto invito	--	0,4	1	--	1,00
5	Rimozione	0,3	0,3	1	1,00	0,75

Tabella 4: Coefficiente di impiego delle stazioni

Come si nota, sono presenti due vistosi sbilanciamenti: un primo statico (all'interno della produzione della variante 2, tra le stazioni 3 e 5) e un secondo dinamico (alla stazione 3 che è collo di bottiglia per il codice 1, ma non per il codice2). Oltre a ciò, si notano alcune operazioni in cui il coefficiente di impiego è molto alto (100%), fatto questo che potrebbe implicare delle lavorazioni incomplete. Concentrandosi sul problema dello sbilanciamento, è possibile suggerire alcuni semplici interventi che migliorano sensibilmente l'utilizzo delle risorse produttive:

- Invertire, nel Tipo 2, le lavorazioni dx e sx, per mezzo dell'interposizione di un meccanismo che ruoti il pezzo;
- Accorpare l'esecuzione della guida dx con l'esecuzione dell'invito, dal momento che entrambe le operazioni richiedono una fresatrice.

Questi due interventi portano alle seguenti modifiche sul progetto fin qui discusso.

Staz.	Operazione	Tempo 1 [min]	Tempo 2 [min]	Tipo macchine
1	Prelievo	0,3	0,3	Manipolatore autom.
2	Foratura	1	0,9	Trapano
2 (bis)	Rotazione pezzi tipo 2	--	--	Inserimento perno di rotazione sul nastro
3	1° Guida	0,8 (dx)	0,9 (sx)	Fresatrice
4	2° Guida + Invito (se presente)	0,5 (sx)	0,4 (dx) + 0,4 (inv)	Fresatrice
5	Rimozione	0,3	0,3	Manipolatore autom.

Tabella 5: Nuova ipotesi di composizione della linea di fabbricazione

Staz.	Tempo 1 [min]	Tc 1 [min]	Tempo 2 [min]	Tc 2 [min]	Gdp 1	Gdp 2	N_j
1	0,3	0,3	0,3	0,4	1	1	1
2	1	0,3	1	0,4	4	3	4
2 (bis)	--	0,3	--	0,4	-	-	-
3	0,8 (dx)	0,3	0,9 (sx)	0,4	3	3	3
4	0,5 (sx)	0,3	0,4 (dx) + 0,4 (inv.)	0,4	2	2	2
5	0,3	0,3	0,3	0,4	1	1	1

Tabella 6: Nuovo grado di parallelismo delle stazioni

Staz.	Operazione	$Tlav_{1j}$ [min]	$Tlav_{2j}$ [min]	Nj	Coef. Im_{1j}	Coef. Im_{2j}
1	Prelievo	0,3	0,3	1	1	0,75
2	Foratura	1	1	4	0,83	0,56
2 (bis)	Rotazione pz. 2	--	--	-	--	--
3	1° Guida	0,8 (dx)	0,9 (sx)	3	0.89	0,75
4	2° Guida + Invito (se presente)	0,5 (sx)	0,4 (dx) + 0,4 (inv.)	2	0,83	1,00
5	Rimozione	0,3	0,3	1	1,00	0,75

Tabella 7: Coefficiente di impiego delle stazioni

La nuova soluzione prospettata sembra quindi ampiamente vantaggiosa:

- Migliora il bilanciamento statico (0,56→1 contro 0,33→1);
- Migliora il bilanciamento dinamico (0,83→0,56 contro 0,89→0,33);
- Risparmia una stazione rispetto alla situazione precedente;
- Risparmia una macchina rispetto alla soluzione precedente;
- Ottiene Ic_j basso su una sola macchina (il trapano) che presumibilmente ha basso valore;
- Necessita solo di un limitato investimento nel sistema di movimentazione.

4.6 OFFICINE TERMOTECNICHE NORD-EST SPA

Il Gruppo Biasiolo

Ogni volta che varca la soglia della palazzina che contiene gli uffici direzionali del suo Gruppo, situata nelle immediate vicinanze di Treviso, il Cavalier Egidio Biasiolo non può fare a meno di provare una grande fierezza di appartenere alla famiglia che, con 3 generazioni di operoso ed intelligente lavoro, è riuscita a costruire un piccolo impero nel settore della termotecnica, con più di 2.000 dipendenti ed un fatturato annuo che nel 2003 si prevede potesse sfiorare i 500 milioni di €.

Svariate divisioni del Gruppo, dislocate in differenti regioni d'Italia, sono dedicate alla produzione di caldaie murali a gas per utilizzo domestico, grosse caldaie in ghisa, radiatori a piastra, in alluminio pressofuso, in acciaio tubolare saldato oltre ad altri particolari, sempre legati al mondo della termotecnica. Ma è pur sempre lo storico stabilimento di Treviso, appartenete alla Divisione denominata Termotecnica Nord Est, con il suo capannone ormai vetusto, e la palazzina uffici in rigoroso stile anni '50, l'unità più legata alla storia ed allo sviluppo del gruppo Biasiolo, iniziato immediatamente dopo la Prima Guerra Mondiale dal nonno del Cavalier Egidio.

Lo stabilimento era stato originariamente concepito per produrre elementi radianti in ghisa per edilizia, un genere che pur essendo ormai obsoleto per abitazioni ed impianti moderni, ha ancora un discreto mercato soprattutto in Europa per gli edifici storici che vengono restaurati. Non senza una certa malcelata soddisfazione, il Cav. Egidio era solito ricordare ai propri interlocutori che lo stabilimento di Treviso era stato in grado di conquistarsi e di mantenere una leadership in questo settore di nicchia a livello continentale.

La produzione di elementi radianti in ghisa

La produzione di elementi radianti in ghisa viene realizzata su previsione per il magazzino, e si svolge in 3 fasi principali: la preparazione del metallo fuso, la fonderia e le lavorazioni meccaniche. Anzitutto, la materia prima, rottame di ghisa, viene accumulata per tipologia e qualità su un grande piazzale, formando cataste di un'altezza tale da essere visibili da distante nella piatta pianura Veneta. Essa viene caricata in continuo con grandi gru magnetiche entro due grandi forni elettrici di elevata potenza, detti *cubilotti*, che provvedono a portarla a fusione. Un tecnico metallurgo analizza continuamente la composizione del metallo fuso contenuto nei cubilotti, e provvede alla correzione della stessa, per garantire la costanza delle caratteristiche del materiale in uscita. La correzione avviene sia tramite l'aggiunta di nuovo rottame di qualità accertata, in specifiche quantità, sia aggiungendo piccole quantità di elementi di lega in polvere, tenuti sempre a disposizione.

Ogni 5 minuti circa, da ciascun cubilotto viene spillata una grossa quantità di ghisa fusa entro una *siviera*, una sorta di grande mastello in acciaio foderato di materiale refrattario, sospeso ad un grossissimo carro ponte. Ciascuna siviera riversa poi il proprio contenuto nel crogiolo di alimentazione di una delle due linee di colata continua. In effetti, ciascun cubilotto è posto in linea rispetto ad una delle due linee di colata continua e, secondo l'opinione dell'Ing. Zatterin, il capostabilimento, non è mai successo che i cubilotti fossero in difficoltà ad alimentare le rispettive linee di colata continua.

Ciascuna linea di colata continua è strutturata come un piccolo anello ferroviario, e provvede in continuo, attraverso successive stazioni ad elevata automazione, alle seguenti fasi produttive:

a) costituzione delle staffe di fusione in terra (sistemate, per l'appunto, su piccoli vagoncini in grado di scorrere sui binari della linea)

b) realizzazione in negativo dello stampo dell'elemento radiante sia sulla parte di punzone, sia su quella di matrice

c) fabbricazione e deposizione delle anime, appositamente realizzate in sabbia di fonderia e consolidate con un'apposita resina

d) chiusura delle staffe, e colata della ghisa fusa, alimentata dal crogiolo sopra descritta

e) apertura delle staffe, e distaffatura degli elementi appena colati, che vengono immediatamente smaterozzati ed agganciati ad un'apposita catena sopraelevata per la rimozione

f) disgregazione delle staffe in terra, recupero della terra di fonderia, ed inoltro dei vagoncini ad iniziare il prossimo giro.

Le linee delle Officine Termotecniche Nord Est, installate alla fine degli anni '80 insieme ai relativi cubilotti, sono in grado di garantire un ritmo produttivo costante di 1 staffa ogni 2 minuti. Visto l'elevato investimento in capitale fisso che si è compiuto per installare queste linee, la politica adottata è quella di farle funzionare in ciclo continuo, per 24 ore al giorno, 7 giorni la settimana e 48 settimane l'anno. Nelle restanti 4 settimane, tipicamente 2 in agosto, 1 durante le ferie natalizie, ed 1 sparsa in vari ponti e festività durante l'anno si svolgono operazioni di manutenzione straordinaria.

Una analisi condotta da Zatterin e riguardante alcuni mesi di produzione, ha recentemente consentito di accertare che, in media, il numero di elementi prodotti da ciascuna staffa è pari a 4. Inoltre, è emerso un *mean time between failures* (MTBF, tempo medio tra due guasti) pari a quasi 2.000 ore, mentre il tempo medio di avaria (*mean down time*, MDT) è risultato pari a circa 30 ore. La produzione viene condotta su campagne mensili, nell'ambito delle quali vengono messi in produzione tutti i 20 modelli a catalogo, che si differenziano per numero di colonne e per altezza. Tipicamente, è necessario un turno intero per la realizzazione degli attrezzaggi della linea di colata continua necessari per passare da un tipo di articolo ad un altro.

Una volta distaffati, gli elementi vengono agganciati ad una catena sopraelevata che li conduce all'esterno dello stabilimento, dove tramite un ampio giro vengono raffreddati in aria. Successivamente, essi passano attraverso un tunnel di sabbiatura per provvedere alla rimozione delle tracce di terra di fonderia e di eventuali bave. Infine, vengono avviati al reparto di lavorazioni meccaniche. Qui, una serie di stazioni di lavorazione provvedono a svolgere le seguenti operazioni:

a) spianatura di testa delle 4 flange dell'elemento

b) filettatura interna delle flange stesse

c) prova di tenuta del singolo elemento: ciascun elemento è sottoposto ad una insufflatura di aria a 4 atmosfere da una delle flange, mentre le altre 3 vengono ermeticamente tappate. Se si verifica una perdita, questo significa che il pezzo non è perfetto (è infatti possibile che si verifichino delle soffiature o delle piccole porosità) e l'elemento viene scartato

d) assemblaggio degli elementi in batterie standard da 10: questa operazione comporta l'avvitaggio di tappi sulle flange esterne degli elementi di testa, e il collegamento dei 10 elementi in batteria mediante raccordi a doppia filettatura, detti nipples.

e) prova di tenuta batterie: ciascuna batteria viene sottoposta ad una nuova prova di tenuta prima di chiudere l'ultimo tappo esterno, tramite l'immissione di acqua in pressione. In questo modo ci si assicura che: a). tutti gli elementi della batteria siano, in effetti, sani, e b). i raccordi siano stati assemblati correttamente

f) verniciatura delle batterie con una mano di base di colore grigio, destinata a proteggere la batteria dalla ruggine una volta a magazzino, e a fornire successivamente l'adeguato supporto per le mani di verniciatura estetica che vengono applicate in cantiere.

Tutti gli elementi e le batterie risultati scarti alla prova pneumatica o idraulica, vengono gettati nuovamente nella catasta del rottame. A valle del reparto lavorazioni meccaniche le batterie risultate idonee vengono invece confezionate su pallet, rivestite opportunamente di cartone protettivo, e posizionate a magazzino finiti.

Il rinnovo del reparto di lavorazioni meccaniche

Già da qualche tempo i centri di lavoro e le macchine operatrici installate nel reparto delle lavorazioni meccaniche alla fine degli anni '60 avevano iniziato a dare segnali di inadeguatezza. I frequenti guasti macchina, la crescente percentuale di batterie scartate, e gli elevati costi della manodopera venivano tutti considerati elementi poco adatti per un prodotto estremamente maturo, la cui unica forza era la possibilità di essere prodotto a costi bassi. Pertanto, il Cav. Biasiolo aveva da qualche mese chiesto all'ing. Zatterin di fare delle analisi per identificare il nuovo tipo di linee da installare, e di redigergli una proposta di investimento. Fu quindi con soddisfazione e al tempo stesso curiosità che sul finire del Novembre 2003 Biasiolo ricevette Zatterin nel suo ufficio foderato di legni pregiati all'ultimo piano della palazzina uffici. Biasiolo arrivò con un grande faldone di carte e portando con sé il Sig. Pivetta, responsabile delle tecnologie di produzione del Gruppo, con cui era andato a diverse fiere di macchine utensili. Biasiolo aveva domandato di partecipare alla riunione anche al responsabile del personale, Rag. Munaro.

Schiaritosi la gola, Zatterin cominciò con il suo Italiano infarcito di inflessioni dialettali. "Vede Cavaliere, abbiamo selezionato dopo ampie ed approfondite analisi un nuovo tipo di linea transfer completamente automatizzata, ed ampiamente configurabile, in grado di svolgere l'intero ciclo di lavorazioni meccaniche, assemblaggio, prove e preverniciatura in pochi secondi. Ciascuna linea viene azionata da due soli operatori, con il chè si dovrebbe poter realizzare un bel risparmio rispetto ad adesso". Nel dire questo, Zatterin aperse sotto il naso del Cavalier Biasiolo, adornato di un pesante paio di occhiali bifocali in tartaruga, un ampio depliant illustrativo con incomprensibili scritte in tedesco". Ma c'è di più –riprese Zatterin, anticipando le obiezioni di Biasiolo- le nuove linee saranno *flessibili*, nel senso che si potranno adattare ai diversi tipi di prodotto con un tempo di attrezzaggio di circa 1 ora: pertanto –concluse trionfante- non dovremo più avere delle linee dedicate, con i soliti problemi di sovraccarico o sottocarico produttivo che si generano in relazione alla fluttuazione del mix di misure".

A questo punto, dopo essersi rassettato gli occhiali sulla punte del naso ed essersi raschiato la gola, il Cavalier Biasiolo prese la parola. "Zatterin –disse- mi pare che abbiate fatto un buon lavoro, anche a me le caratteristiche che mi hai menzionato paiono interessanti. Tuttavia, non mi è chiaro quante di queste linee dobbiamo acquistare: questo mi pare un punto fondamentale, perché in relazione al numero di linee da acquistare viene dimensionato l'investimento dal punto di vista economico-finanziario, oltre al fatto che occorrerà anche chiarire quante persone ci servirà avere nel reparto, e di conseguenza cosa faremo con le persone eventualmente in esubero".

"Questo è esattamente il punto debole della questione –replicò immediatamente Zatterin- mentre dietro le sue spalle Pivetta annuiva con il capo- infatti, stiamo facendo dei conti, che non abbiamo ancora concluso, per comprendere quale livello di turnazione sarebbe conveniente. Il numero di linee da acquistare, e di conseguenza il numero di dipendenti necessari, e l'entità dell'investimento da prevedere dipendono tutti dal tipo di turnazione che riterremo il migliore. Per intanto, abbiamo raccolto alcuni dati. Anzitutto, sono andato da Agnoletto, il direttore amministrativo, che mi ha dato il costo pieno aziendale di un operatore del reparto. A quanto pare ciascun operatore lavora per 1.920 ore/anno ed il costo pieno orario è pari a 15 €/ora per il turno a giornata (dalle 8 alle 17, con 1 ora di pausa, come adesso), mentre sale a 20 €/ora per i 2 turni (dalle 6 alle 14 e dalle 14 alle 22), e a 28 €/ora per il turno di notte. Il lavoro festivo, se mai lo si volesse considerare, costa circa 35 €/ora. In secondo luogo, abbiamo esaminato in dettaglio le prestazioni delle nuove linee, ma vorrei che di questo parlasse Pivetta, che è più competente di me". Così dicendo, lanciò un'occhiata di invito al collega, il quale inforcati gli occhiali, iniziò a parlare.

"Dapprima –iniziò Pivetta- abbiamo ottenuto i dati di targa delle linee, che a quanto pare possono lavorare circa 1 elemento ogni 20 secondi come ritmo standard medio, un valore molto simile a quello attuale. Non vi è una grande differenza tra i tempi di lavorazione delle varie misure, visto che le operazioni da svolgere sono grosso modo le stesse e ci può al più essere un po' più di tempo per caricare / scaricare pezzi di dimensioni più grandi. Abbiamo verificato che la macchina sia in grado di cambiare i taglienti usurati in tempo mascherato, cosicché tale tempo morto non va considerato. Infine, tramite una visita ad un produttore di arredobagno che utilizza due di queste linee per produrre le serpentine impiegate per scaldare le salviette, abbiamo scoperto che le linee hanno una prestazione affidabilistica soddisfacente, avendo dimostrato un *mean down time* (MDT) di circa 12 ore ed un *mean time between failures* (MTBF) di più di 200 ore."

"Certo, Pivetta –ribattè Zatterin- ma tu sai benissimo che, anzitutto già attualmente si verifica una perdita al controllo pneumatico ogni circa 15 elementi. Per di più, sai bene che non meno di una batteria su 20 viene scartata al controllo di tenuta idraulico per errato assemblaggio dei nipples, e non vorrei che queste linee così automatizzate peggiorassero addirittura questa prestazione. Per di più, sono a tutt'oggi ancora perplesso, perché come sai le nostre linee di lavorazioni meccaniche hanno un output minore mediamente del 15% circa rispetto a quello teoricamente calcolabile anche considerando i guasti, gli attrezzaggi e gli scarti. Abbiamo sempre attribuito questa perdita di prestazione apparentemente inspiegabile alla miriade di piccole perturbazioni, perdite fisiologiche, piccole pause produttive, che non possono essere rilevate da nessun sistema, per quanto efficiente: ebbene, queste linee automatizzate, come pensi potranno comportarsi?"

Pivetta si era preparato la risposta, quindi non tardò a riprendere la parola, con calma, accendendosi una sigaretta: "Caro Zatterin, come già ti ho detto, ho svolto stime accurate anche su questo punto. La maggiore ripetibilità delle operazioni svolte in maniera integralmente automatizzata ci dovrebbe dare una sostanziale riduzione del tasso di scarto. Io stimo che tale tasso dimezzerà, e sono in questo confortato dalla ditta di arredobagno che abbiamo visitato insieme, ricordi, no? Per di più, come abbiamo già detto al Cavaliere, il fatto stesso che venga significativamente aumentato il tasso di automazione delle linee svincolerà maggiormente il loro funzionamento dalla presenza degli operatori, cosicché attendo anche in questo caso una significativa riduzione della perdita di prestazione, che stimerei prudenzialmente pari al 10%."

La discussione si andava facendo vivace, cosicché Biasiolo fece portare delle bibite fresche dalla propria segretaria personale. Fu proprio quando tutti i presenti si stavano immergendo nel refrigerio del proprio bicchiere che arrivò da parte del Cavalier Biasiolo la domanda più difficile: "Signori, tutto ciò è molto interessante, e comprendo anche che la grande competenza tecnica di Zatterin e Pivetta li porti a concentrarsi su questi elementi prima che su quelli economici ed organizzativi. Tuttavia, in linea di massima mi è parso di capire che l'adozione di queste linee potrebbe portarci a ridurre significativamente il numero di addetti da impiegare nel reparto, cosicché potremmo realizzare importanti risparmi di manodopera: tuttavia, non mi è ancora chiaro cosa faremo degli operatori eventualmente in esubero, né mi avete fatto capire quanto sia il costo stimato di installazione di una di queste benedette linee".

A questo punto, dopo essersi schiarito la voce, prese la parola il Rag. Munaro, che fino a quel momento era rimasto in disparte, ma che aveva riempito un foglietto fitto fitto di appunti. "Veda Cavaliere, il discorso sulle risorse è presto fatto. Attualmente il reparto ha circa 40 addetti, dei quali 32 operatori diretti e 8 indiretti, che vengono dedicati alle movimentazioni, agli attrezzaggi e alla manutenzione. Supponiamo che gli 8 indiretti rimangano anche nella nuova configurazione, dico bene Zatterin? –e nel dire ciò rivolse uno sguardo indagatore al collega, che oscillò il capo in segno di assenso- Per 4 dei diretti non ci sarà problema, essi sono a meno di 1 anno dalla pensione e quindi prima che le nuove linee possano ragionevolmente entrare in funzione, essi saranno già a casa. Per altri 3-4 addetti, ci potrebbe essere la possibilità di spostarli allo stabilimento di Pordenone, quello delle caldaie murali. Visto che lo stabilimento è nel raggio di 50 km da Treviso, a norma sindacale dovrebbe bastare un incentivo una tantum di 5.000 € cadauno. Se però il numero degli esuberi dovesse superare le 7-8 unità, tutti gli esuberi in eccesso dovranno essere licenziati, una procedura possibile, ma che tra carte bollate, sussidi per i primi mesi, trattamento di fine rapporto, e buonuscita una tantum per evitare ulteriori complicazioni ci costerebbe circa 50.000 € per lavoratore".

Infine Zatterin, che ben conosceva quanto Biasiolo fosse attento nella realizzazione di elevati investimenti, non senza ondulazioni emotive nella voce, riferì al proprio titolare quanto aveva stimato potesse costare l'istallazione di ciascuna delle linee considerate. "Veda Cavaliere, il costo per la progettazione, realizzazione ed installazione del macchinario è di circa 700.000 – 800.000 € per linea. Tuttavia, considerando la produzione persa nel transitorio, i ritardi di fornitura che si manifestano sempre in questi casi, gli imprevisti di tipo impiantistico, la dotazione di attrezzature ed utensili specifici, l'addestramento del nostro personale e l'avviamento operativo, è prudenzialmente opportuno considerare un esborso complessivo di 900.000 – 1.000.000 € per linea. In questa valutazione sono anche confortato da quanto mi ha riferito il mio collega della ditta di arredobagno che le abbiamo menzionata prima".

Il pomo d'Adamo del Cavalier Biasiolo iniziò ad oscillare in una maniera che i suoi collaboratori considerarono potenzialmente pericolosa. Tuttavia, con inusitata calma, il Cavaliere concluse la discussione: "Bene, finalmente mi pare che siano emersi tutti gli elementi utili per trarre le conclusioni riguardo a questo investimento. Vi aspetto tutti Venerdì della prossima settimana alle 10 in questo ufficio per una discussione finale. Zatterin e Pivetta, vi prego di stimare quale schema di calendario lavorativo dal vostro punto di vista si adatti di più a questo caso, e di coinvolgere Munaro e Agnoletto per gli aspetti organizzativi ed economici. Vorrei avere da parte vostra una breve relazione di tipo tecnico-economico che mi illustri i dettagli dell'investimento, in maniera da poter discutere in merito alla sua effettiva fattibilità. Vorrei che non si perdesse di vista il fatto che i parametri economico-finanziari del mercato di oggi non consentono un orizzonte più lungo dei 5 anni, e che ogni elemento in meno che viene rottamato produce un maggiore margine pari a circa 1 € in media. Signori, vi ringrazio, ed ora al lavoro!".

4.7 OFFICINE MECCANICHE PADANE SRL

Contesto

Nei primi mesi del 1999, le Officine Meccaniche Padane (OMP) si potevano ormai considerare come la più importante realtà produttiva dell'alta provincia di Mantova nel campo delle lavorazioni meccaniche di precisione, con più di 60 macchine utensili per asportazione di truciolo e 40 operatori diretti, impegnati su 1 turno giornaliero di 8 ore, per 5 giorni la settimana. Lo stabilimento di Guidizzolo, di 10.000 metri quadrati, oltre alle attività produttive vere e proprie, ospitava anche l'Ufficio Tecnico e tutte le altre attività gestionali ed amministrative dell'azienda.

Il Cav. Mazzacani, titolare unico dell'Azienda, aveva costruito da solo la società, partendo, alla fine degli anni '50, da un piccolo tornio acquistato di terza mano e collocato nel garage di casa, ed era molto fiero di quanto aveva saputo costruire con tenacia ed intelligenza, nonostante avesse seguito gli studi solo sino alla quinta elementare. Ancora oggi, a più di 70 anni, era sempre il primo ad arrivare in azienda la mattina e l'ultimo ad uscirne, anche se la gestione era di fatto passata al figlio Luca, da qualche anno laureato brillantemente in Ingegneria Meccanica e specializzatosi in Tecnologie Industriali.

Da qualche tempo, l'Ing. Luca Mazzacani stava trattando con la Fiat un contratto per la fornitura in esclusiva di 2 famiglie di pezzi da impiegare per l'assemblaggio di motori e cambi nello stabilimento di Termoli. Naturalmente, la principale materia del contendere era il prezzo al quale la OMP sarebbe stata in grado di fornire i pezzi, poiché la Fiat era evidentemente interessata a ridurli il più possibile e non avrebbe esitato ad assegnare la commessa al fornitore disposto a venire più incontro a tale richiesta, indipendentemente dall'affidabilità delle consegne, dalla qualità dei pezzi forniti e dalla nazionalità del fornitore stesso.

La commessa della FIAT

Qualche settimana prima, lo stabilimento FIAT di Termoli aveva richiesto alla OMP di realizzare un preventivo per la fornitura di 2 famiglie di pezzi meccanici, descritti di seguito. Le condizioni di fornitura prevedevano che, per ciascun tipo di pezzo, la OMP avrebbe mantenuto una scorta di prodotto finito pari ad una settimana di domanda, a scanso di eventuali mancanze di materiale, di modo da eliminare il rischio di fermo della linea di montaggio dei motori a Termoli. Inoltre, la FIAT avrebbe inviato settimanalmente un programma di ritiri con profondità di 6 settimane, che sarebbe stato inoltrato via fax al giovedì di ciascuna settimana. All'interno di tale programma, i quantitativi indicati per la prima settimana dovevano considerarsi congelati e dunque esecutivi, mentre quelli della settimana 2 potevano essere variati ancora del 10% in più o meno, ed infine quelli indicati per le settimane 3-6 erano da considerarsi puramente indicativi.

La prima famiglia di pezzi richiesta da FIAT era costituita da 3 diverse pezzature dimensionali di tassello, tutte con la forma generale rappresentata in figura 1, da realizzarsi con trattamento di indurimento superficiale. Il modello più piccolo, rappresentato in figura, viene replicato proporzionalmente nei modelli più grandi, con coefficienti di amplificazione dimensionale rispettivamente pari a 1,1 e 1,2.

Tale pezzo sarebbe stato impiegato come supporto della pompa d'iniezione dei motori diesel. Poiché la produzione di motori presso lo stabilimento Fiat di Termoli era di circa 1.000 unità al giorno, il 30% dei quali diesel, si prevedeva la fornitura di circa 300 pezzi al giorno, ripartiti come segue: 50% per il motore più piccolo (1.300 cc), 20% per il motore intermedio (1.600 cc ad iniezione diretta) e 30% per l'unità di cilindrata superiore (2.000 cc.).

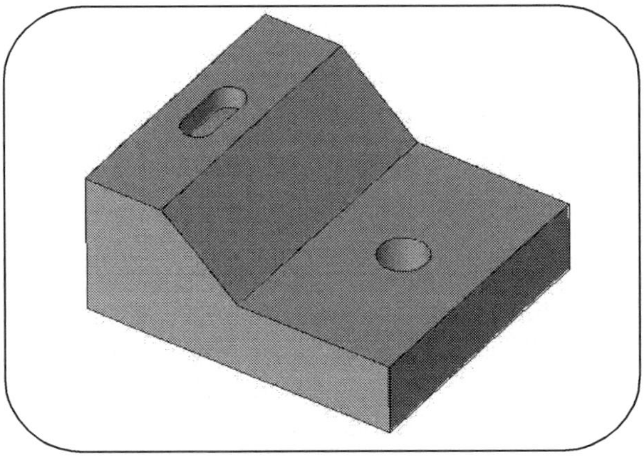

Figura 1: Forma generale del tassello per pompa del gasolio

Le tolleranze dimensionali da osservare per la produzione del pezzo in oggetto erano particolarmente restrittive, poiché la FIAT raccomandava di evitare scostamenti dalle quote nominali superiori ai 5 centesimi di millimetro.

Il secondo tipo di pezzo richiesto da FIAT era un alberino (vedi figura 2), che veniva impiegato per calettare il motorino d'avviamento direttamente sull'albero motore, un'innovazione che permetteva di eliminare la cinghia. Attraverso un leggero movimento assiale, comandato da un meccanismo magnetico, poteva essere innestata o disinnestata la presa sull'albero stesso. L'albero sarebbe stato montato su tutti i modelli di motore prodotti a Termoli, che erano 10. Erano tuttavia da prevedersi solo 5 modelli diversi di alberino, di forma identica a quello rappresentato in figura e con dimensioni amplificate di coefficienti: 1,2, 1,4, 1,6 e 1,8.

Si prevedeva che la domanda si sarebbe ripartita nel modo seguente: il 40% dei pezzi sarebbe stato del tipo più piccolo, il 20% del tipo immediatamente più grande; ciascuna delle 2 taglie immediatamente maggiori avrebbe assorbito circa il 15% della domanda, ed infine la taglia più grande in assoluto avrebbe assorbito il 10% della domanda.

Era necessario eseguire le lavorazioni di tornitura con un'ottima precisione, poiché la FIAT raccomandava tolleranze dimensionali sul diametro della superficie cilindrica minori o al più uguali a 5 centesimi di millimetro.

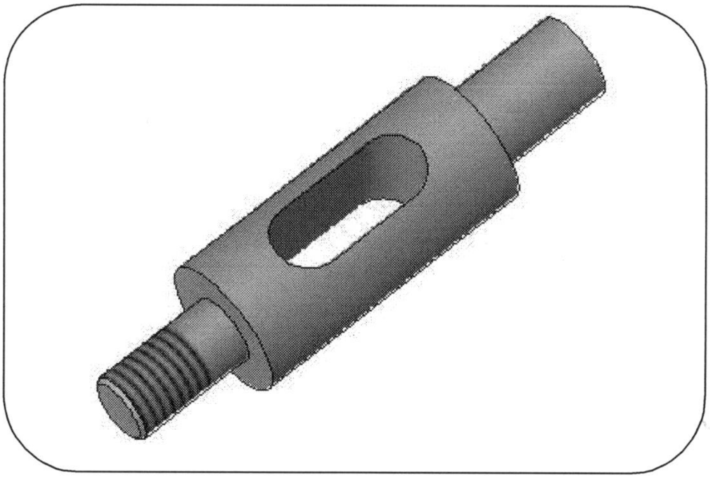

Figura 2: Alberino del motorino d'avviamento

I dati tecnici

I cicli produttivi

Oltre ai disegni dei pezzi ed alle relative caratteristiche tecniche, la FIAT aveva trasmesso alla OMP il ciclo tecnologico utilizzato presso l'attuale fornitore, a partire dal quale i tecnici della OMP avevano definito i cicli riportati in tabella 1.

Fase	Descrizione	Tipo macchina	T.L.	T.c.	Set up	Batch
		TASSELLO				
1	Taglio da barra piatta	Seghetto alternativo da 240 mm.	2	1	2	1
2	2 Spianature di testa	Fresa sgrossatrice orizzontale	0,85	1,5	10	1
3	6 Fresature di rettifica parallelismo lati	Fresa finitrice verticale e orizzontale a CNC	1,5	0	0	1
4	Fresatura verticale lato basso	Fresa finitrice verticale a CNC	0,7	0	0	1
5	Fresatura obliqua sfaccio	Fresa finitrice obliqua a CNC	0,85	0	0	1
6	Foratura passante lato basso	Foratrice con punta da 12 mm	1	1,3	15	1
7	Fresatura a bottone cava lato alto	Fresa finitrice a CNC verticale con punta a bottone	1,2	1,2	10	1
8	Rinvenimento tramite ricottura	Forno per trattamenti termici in atmosfera controllata	215	5	0	100
9	Rettifica superficiale tramite mola lappatrice	Mola smerigliatrice superfina orizzontale o verticale a CNC	0,85	1,5	5	1
10	Tempra superficiale ad induzione	Macchina per tempra ad induzione con diametro min. 240 mm	1,25	0,4	5	1
		ALBERINO				
1	Taglio da tondo	Seghetto alternativo da 100 mm	0,9	1	2	1
2	2 spianature di testa	Fresa sgrossatrice orizzontale	0,45	1,25	10	1
3	2 torniture di sgrossatura sezioni sottili	Tornio sgrossatore orizzontale	1,75	1,25	1	1
4	2 torniture svasi di testa risalti sezione grossa	Tornio sgrossatore verticale	0,45	0	0,5	1
5	1 filettatura estremità	Tornio finitore orizzontale con utensile filettante	0,85	0	1,5	1
6	Fresatura a bottone cava lato alto	Fresa finitrice a CNC verticale con utensile a bottone	1,2	1,2	10	1
7	Rinvenimento tramite ricottura	Forno per trattamenti termici in atmosfera controllata	115	5	0	100
8	Rullatura superficiale	Rullatrice	2	0,65	5	1

Tabella 1: cicli produttivi di massima delle 2 famiglie di pezzi.

La tabella, oltre che la sequenza delle operazioni necessarie per realizzare ciascun articolo, riporta nell'ordine le seguenti informazioni.

a) Il *tempo di lavorazione*, espresso in minuti per unità. L'unità in oggetto è il singolo pezzo per le operazioni svolte su macchine sequenziali, mentre è pari al tempo di lavorazione di un intero batch quando si considerino –appunto- le macchina di tipo batch. I tempi di lavorazione riportati in tabella fanno riferimento, per entrambe le famiglie di pezzi, al codice più piccolo, e debbono essere corretti in ragione del rapporto dimensionale di volume per tutte le lavorazioni indicate.

b) Il *tempo di carico / scarico* dei pezzi in macchina. Sulla grande maggior parte dei macchinari della OMP, tale operazione era eseguita manualmente e si riferiva a ciascun singolo pezzo. Per i centri di tipo batch, evidentemente il tempo di carico / scarico fa riferimento all'intero batch.

c) Il tempo di *attrezzaggio macchina*, o setup (in minuti), necessario per passare da un articolo di una delle due famiglie, ad un altro articolo della medesima famiglia. Evidentemente, il tempo di attrezzaggio necessario per riconvertire il macchinario al processamento di un pezzo appartenente all'altra famiglia, era molto maggiore, tanto che i tecnici della OMP lo valutavano 10 volte maggiore del tempo indicato.

d) La *dimensione del batch produttivo*, ossia del quantitativo di pezzi che possono essere lavorati contemporaneamente. Tale valore è pari ad 1 per tutte le macchine sequenziali, mentre è maggiore di 1 nel caso della macchine batch.

La tabella macchine

In base alle informazioni contenute nei cicli, l'Ing. Imbesi, responsabile dell'Ingegneria di produzione, aveva redatto la tabella macchine, presentata in tabella 2, compilata tenendo conto del criterio di massima generalità dei macchinari, che era sempre stato uno dei punti di forza della OMP.

#	Tipo macchina	Voci di costo [migliaia euro] Macchina	Attrezzature	Installazione	Disp.	Rese Rq	Rc	Rv
1	Seghetto alternativo da 240 mm. Con supporti universali per barra e tondo	25	7,5	2,5	87%	100%	98%	90%
2	Fresa universale a CNC	250	500	37,5	93%	100%	95%	97%
3	Foratrice universale 0-50 mm a CNC	115	20	7,5	91%	100%	96%	99%
4	Forno per trattamenti termici in atmosfera controllata	425	-	125	97%	100%	99%	85%
5	Mola smerigliatrice superfina universale	90	5	4	94%	100%	94%	89%
6	Macchina per tempra ad induzione 0-400 mm	50	5	2,5	98%	100%	99%	96%
7	Tornio universale a CNC	235	70	60	92%	100%	96%	97%
8	Rullatrice semiautomatica	85	10	5	95%	100%	91%	83%

Tabella 2: Tabella macchine generiche

La tabella contiene la lista delle macchine necessarie, con una serie di informazioni accessorie, come di seguito specificato.

a) Le principali *voci di costo* connesse, relative all'acquisto della macchina, delle attrezzature e degli utensili, ed all'installazione (fondazioni, allacciamenti, avviamento operativo, addestramento personale, ...).

b) Il dato di *disponibilità* del macchinario, desunto da informazioni storiche fornite dal costruttore oppure già disponibili ai tecnici della OMP. Tale dato teneva conto non solo delle pause affidabilistiche legate alle normali operazioni manutentive consigliate dalle ditte costruttrici, ma anche di tutte le eventuali perdite previste in carico alle rotture utensili ed ai guasti macchina.

c) Infine, erano state stimate le *rese* dei differenti tipi di macchinario. Le valutazioni erano state effettuate a partire dei dati storici registrati per macchinari simili in azienda. La resa di conformità venne valutata in base alle percentuali di rilavorazione rilevate nell'anno precedente; non si rilevano invece significative percentuali di scarto. La resa di velocità faceva riferimento a tutte le operazioni svolte manualmente ed era da considerarsi in buona sostanza una stima dell'efficienza degli operatori nello svolgimento delle loro attività. Infine, in assenza di dati specifici, fu ipotizzata per tutti i centri un valore 100% di resa di quantità.

Configurazione del sistema produttivo

Si discusse a lungo se le due famiglie di pezzi richieste da FIAT dovessero essere prodotte nell'attuale stabilimento di Guidizzolo, oppure se fosse più corretto attivare una nuova unità produttiva. Fu anche a causa del parere espresso dal Cav. Mazzacani che, alla fine, si optò per la seconda opzione. Tale scelta, alla fine, mise tutti d'accordo a fronte del fatto che, sebbene alcune delle macchine necessarie fossero già disponibili a Guidizzolo, esse risultavano comunque già utilizzate da altre commesse. Inoltre, l'estrema rapidità ed affidabilità delle consegne richieste da FIAT rendeva difficile pensare di eseguire le forniture da un luogo così distante da Termoli. Fu quindi scelto di attivare una nuova unità produttiva collocata a Colonnella, una località in provincia di Teramo, appena a sud del fiume Tronto, che beneficiava di consistenti aiuti governativi e comunitari in relazione ai programmi di sviluppo del Meridione d'Italia.

Utilizzando i dati raccolti nella tabella macchine ed i macrocicli che erano stati stesi, l'Ing. Imbesi chiese ai suoi collaboratori di aiutarlo a calcolare il numero di macchine necessarie per ciascuno dei tipi macchina che erano stati identificati. L'analisi preliminare, condotta dai suoi 2 migliori collaboratori, portò alla stima dei seguenti parametri di input per il processo di dimensionamento.

a) Tempo di non utilizzo: venne stimato a non più di 40 ore all'anno: infatti, il valore medio delle pause lavorative legate ad assemblee sindacali e scioperi che si è registrato negli ultimi 3 anni è di 5 giorni annui.

b) Tempo di stand-by: rovistando nelle rilevazioni di efficienza produttiva, si determinò, con sufficiente livello di certezza, che le perdite sono di circa 15' al giorno a fronte dei transitori di inizio e fine turno. Per di più, capita di frequente che gli operatori debbano attendere il carrellista con i pezzi da lavorare: questi effetti messi insieme provocano dei tempi di stand-by dell'ordine del 15% del tempo di utilizzo lordo.

c) Anche il calcolo del tempo produttivo lordo fu svolto in modo elementare, moltiplicando il tempo di utilizzo netto per la disponibilità stimata dei diversi tipi macchina, così come risultava nella tabella fornita (cfr tabella 2).

d) Il tempo di cambio utensili usurati, per le differenti macchine operatrici, venne stimato impiegando il valore medio rilevato l'anno precedente per le varie macchine dello stabilimento di Guidizzolo, pari al 3% del tempo produttivo lordo.

e) Il costo aziendale della manodopera risultava pari a circa 15 euro/ora per il turno diurno, con maggiorazione di 5 euro/ora per il turno serale e di altri 10 euro/ora per le indennità legate al turno notturno.

f) Era inoltre da porre a budget un decadimento della resa di velocità, legato alla corrispondente caduta di efficienza, pari a 2 punti percentuali per il turno serale ed a ulteriori 5 punti per il turno notturno.

Concordemente con le modalità di programmazione della produzione richieste da FIAT, si ipotizzò di lavorare con lotti produttivi settimanali: tale considerazione consentì di calcolare la saturazione del sistema di produzione, in relazione alla frequenza ed alla durata degli attrezzaggi, oltre alla durata dei tempi di carico-scarico pezzo.

Infine, venne stimato il numero di operatori diretti necessari per mandare avanti il nuovo sistema di produzione, tenendo conto che nella conduzione delle macchine, gli operatori sono occupati:

a) dalle operazioni produttive (carico / scarico pezzi e attrezzamenti);

b) dalle operazioni di sostituzione degli utensili usurati;

In base ai dati forniti nelle sezioni precedenti, ed eseguendo stime ragionevoli per tutti i dati eventualmente mancanti, i tecnici della OMP procedettero al dimensionamento completo del sistema e determinarono la turnazione ideale di ciascun tipo macchina.

Capitolo 5
Dimensionamento dei sistemi d'assemblaggio

5.1 MOBILCASA SPA

La Mobilcasa è una media azienda operante nel settore della produzione di mobilio e arredi in generale. L'ing. Wood, Amministratore Delegato della società, di recente ha deciso di dare inizio a un certo numero di produzioni in serie, cominciando dal prodotto illustrato in Figura 1: si tratta di un'originale asse da stiro che, in posizione chiusa, ha la forma di una discreta ed elegante cassettiera, mentre in posizione aperta è in grado di offrire, oltre al piano da lavoro, numerosi ripiani di appoggio per gli utensili e la biancheria da stirare.

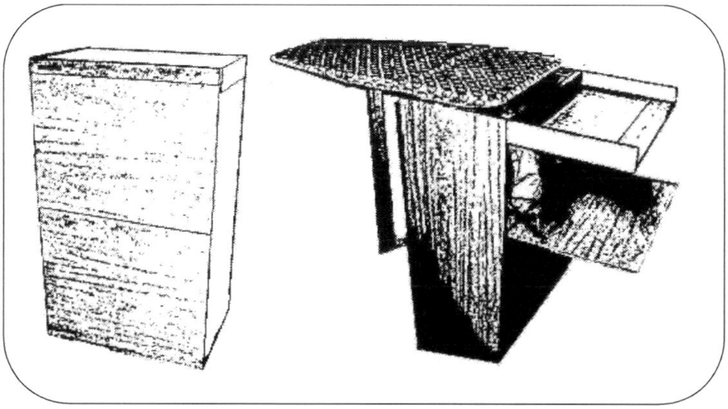

Figura 1: Modello del nuovo mobile per stiratura

La domanda annua stimata di questi mobili è di circa 30.000 pezzi, cui la Mobilcasa farà fronte predisponendo un'unica linea di assemblaggio. Infatti, contrariamente a quanto accade ormai con quasi tutto il mobilio prodotto in serie, l'asse da stiro non sarà venduta in confezione di montaggio, bensì già montata (ovviamente nella sua posizione chiusa): questa scelta è obbligata dai numerosi meccanismi di rotazione e scorrimento che la contraddistinguono, ed il cui montaggio non può essere lasciato a persone inesperte senza che la qualità del prodotto finito non ne risenta in modo sostanziale.

L'ufficio tecnico ha già definito il ciclo di montaggio del prodotto riportato nella tabella 1 a seguire in cui tutte le operazioni sono da considerare entità indivisibili.

Op.	Precedenze	Descrizione	T_i [min]
1	-	Mont. telaio di base	1,5
2	1	Mont. traverse diagonali su telaio di base	1
3	2	Mont. fianco dx su base	1
4	2	Mont. fianco sx su base	1
5	3, 4	Mont. paratia estetica inferiore	0,5
6	5	Mont. copri-viti su paratia estetica inf.	0,2
7	6	Mont. traverse superiori irrobust. telaio	1
8	1	Mont. Cerniere su sportello inferiore	1
9	8	Mont. Magneti di chiusura su sportello inf.	0,5
10	9	Mont. Cerniere sportello inf. su telaio	1,5
11	7, 10	Mont. e regolazione sportello inferiore	2
12	11	Mont. Cerniere su sportello superiore	1
13	12	Mont. Magneti di chiusura sportello sup.	0,5
14	13	Mont. Cerniere sportello sup. su telaio	1,5
15	7, 14	Mont. e regolazione sportello superiore	2
16	7	Montaggio piano superiore interno	2
17	16	Incol. testa fissa dell'asse da stiro	5
18	1	Mont. Cerniere ribaltina superiore	1,5
19	18	Mont. paratia estetica su ribaltina superiore	0,5
20	19	Incol. refrattario su ribaltina superiore	2,5
21	15, 20	Mont. ribaltina superiore su corpo principale	1,5
22	1	Mont. cerniere su supporto asse mobile	2
23	22	Mont. ruote su supporto asse mobile	0,5
24	11, 23	Mont. supporto asse mobile su corpo principale	1,5
25	1	Mont. cerniere su asse mobile	1
26	24, 25	Mont. asse mobile su corpo principale	3
27	17, 21, 26	Controllo visivo e ritocchi	1,5

Tabella 1: Ciclo di montaggio

Sapendo che il reparto sarà attivo 220 giorni/anno, su un turno di 7,5 ore al netto di tutte le possibili cause di fermo e che la resa complessiva delle operazioni di montaggio è pari al 97%, derivante da una resa di conformità del 99% e da una resa di velocità pari al 98%, si aiuti l'Ing. Wood a completare il progetto della nuova linea di assemblaggio.

Soluzione

Seguendo la traccia fornita in conclusione del caso, il primo problema da affrontare riguarda la stesura del grafo di montaggio. Con il termine grafo si intende una rappresentazione simbolica del ciclo di montaggio basata sull'utilizzo di tecniche reticolari: queste tecniche di rappresentazione, che fanno ricorso ad elementi come archi e nodi, sono assai utili in quanto uniscono l'aspetto grafico ed intuitivo alla possibilità di essere convertite in una struttura dati di elevato formalismo, facilmente trasferibile a calcolatore e su cui applicare eventuali algoritmi di calcolo.

Esistono due fondamentali convenzioni alternative nella rappresentazione di un ciclo di attività per mezzo di un grafo: la prima prevede di indicare le attività con i nodi del grafo, mentre le relazioni di precedenza sono indicate per mezzo di archi orientati; la seconda inverte le due associazioni, rappresentando con i nodi gli istanti di inizio e fine di una data attività, lasciando agli archi sia la rappresentazione delle attività sia dei legami di precedenza. La prima modalità è più semplice, mentre la seconda è più potente in quanto permette di rappresentare esplicitamente gli istanti di inizio/fine delle attività. In un caso come quello qui discusso, questa proprietà non riveste particolare interesse, per cui si farà ricorso ad una rappresentazione del tipo attività sui nodi: in Figura 2 è quindi rappresentato il grafo di assemblaggio del nuovo mobile della Mobilcasa.

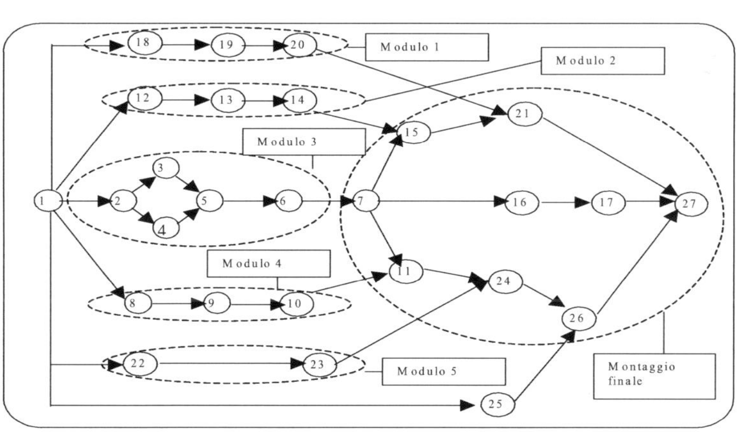

Figura 2: Grafo di monetaggio del nuovo mobile per stiratura

Come si nota dal grafo di montaggio, l'insieme presenta un ciclo assai "razionale", fatto di moduli montati indipendentemente sull'assieme principale.

Tale grafo, tuttavia, non dà indicazione alcuna circa la più corretta sequenza di montaggio dei moduli. Ad esempio, sebbene le operazioni 16, 21 e 24 possano in teoria avvenire parallelamente, ovvero non sono vincolate l'una all'altra da precedenze strette, tuttavia esse riguardano l'accoppiamento di sottoparti al medesimo telaio principale: infatti il ramo 16+17 riguarda il montaggio della parte fissa dell'asse da stiro, il ramo che confluisce in 21 riguarda il montaggio della ribaltina superiore ed il ramo che confluisce in 24 il montaggio del supporto per l'asse mobile sempre sul telaio principale.

Esiste dunque un disaccoppiamento logico tra il grafo delle precedenze, che rappresenta una condizione di vincoli oggettivi, e il lay-out effettivo della linea di assemblaggio, che tiene conto della discrezionalità con cui si possono fisicamente disporre operazioni che abbiano tutte le proprie precedenze soddisfatte. Per valutare dunque come il grafo delle precedenze possa effettivamente tradursi nel lay-out del sistema di montaggio è utile iniziare a stimare quale sarà il numero di stazioni necessarie. Per fare questo, si definisca anzitutto il tempo di ciclo della linea: vale la relazione:

(1) $$Tc = 60/Pmix$$

Per conoscere la Pmix, si faccia riferimento alla consueta espressione:

Pmix = Dom/(Tpn·Resa) = 30.000 [pz/anno]/[220 [gg/anno]·7,5[h/gg] ·0,97) = **18,7 [pz/h]**.

da cui si ricava un tempo ciclo di circa 3,2 [minuti/pezzo].

Pertanto il numero delle stazioni necessarie varierà tra i seguenti due limiti:

(2) $$\text{int.sup}(\Sigma_{i \in ciclo} Ti/Tc) \leq \# \text{ stazioni} \leq \# \text{ operazioni}$$

Come intuibile, il numero delle stazioni sarà esattamente pari all'estremo superiore, ovvero al numero delle operazioni stesse, nel caso in cui queste non siano raggruppabili perché il tempo di ciclo è inferiore al minimo tempo risultante dalla somma di due operazioni distinte; al contrario il numero delle stazioni sarà pari al primo estremo in caso di perfetto bilanciamento della linea, ottenibile ad esempio grazie alla perfetta frazionabilità delle singole operazioni di montaggio. Nel caso descritto, come nella maggior parte delle applicazioni reali, nessuno di questi casi estremi è verificato, per cui il valore effettivo è intermedio tra questi, ed in particolare vale che:

- int.sup(38,7/3,2) $\leq$ # stazioni $\leq$ 27
- 12 $\leq$ # stazioni $\leq$ 27

Facendo riferimento al grafo illustrato in Figura 2, si riporta in Tabella 2 una possibile allocazione delle operazioni alle stazioni. Laddove fosse possibile decidere arbitrariamente circa la sequenza delle operazioni, si rispetterà l'ordine numerico indicato nel grafo.

E' bene osservare fin da subito che vi è un'operazione, la 17, per cui Ti > Tc; dal momento che essa non è divisibile, è necessario eseguirla su due stazioni che operano in parallelo, ovvero la 8 e la 9, con opportuna bufferizzazione e transitorio di avvio

Stazione	Operazioni assegnate	Tempo assegnato [min]	Coeff. impiego
1	1, 2	2,5	0,78
2	3, 4, 5	2,5	0,78
3	6, 7, 11	3,2	1,0
4	8, 9, 10	3,0	0,94
5	12, 13, 14	3,0	0,94
6	15	2,0	0,63
7	16	2,0	0,63
8	17 (in parallelo)	2,5	0,78
9	17 (in parallelo)	2,5	0,78
10	18, 19	2,0	0,63
11	20	2,5	0,78
12	22, 23	2,5	0,78
13	24, 25	2,5	0,78
14	26	3,0	0,94
15	21, 27	3,0	0,94

Tabella 2: Allocazione delle operazioni alle stazioni

Per ciascuna stazione, altresì, si è indicato in Tabella 2 il coefficiente di impiego, definito come:

$$(3)\quad \text{Coefficiente di impiego} = \Sigma_{i \in \text{operazioni assegnate alla stazione}} Ti \;/\; Tc$$

Il coefficiente di impiego misura quanto efficientemente il contenuto di lavoro allocato a ciascuna singola stazione saturi la disponibilità di questa; in un contesto quale quello qui descritto, fatto di operazioni di durata deterministica, valori superiori a 0,8 sono da ritenersi ottimali.

Con riferimento alle stazioni in parallelo in questi casi il coefficiente di utilizzo si calcola tenendo conto che il tempo netto assegnato a ciascuna stazione è pari alla metà del tempo della singola operazione.

Con riferimento all'allocazione proposta in Tabella 2, si possono fare alcune considerazioni.

In primo luogo, in virtù del grado di discrezionalità che resta a valle dalla definizione del grafo di montaggio, è grazie alla sequenza delle stazioni che si individua la sequenza temporale effettiva di montaggio. Solo in due casi (stazione 3 e stazione 15), una stazione si fa carico di completare il lavoro iniziato presso due diversi "rami" del ciclo di montaggio.

Nel primo caso, la Stazione 3 viene alimentata con lo sportello inferiore ed il telaio già attrezzati con le necessarie cerniere, e questa procede prima al montaggio di particolari estetici e all'irrobustimento del telaio, e quindi al montaggio dello sportello; nel secondo caso, la stazione 15 provvede al montaggio della ribaltina superiore (particolare delicato di cui è bene posporne il montaggio il più possibile) prima di provvedere ai controlli finali.

Per finire, il coefficiente di impiego delle singole stazioni è mediamente buono, come dimostra il loro numero (15), più vicino all'estremo inferiore che a quello superiore; il progetto può essere quindi giudicato di buona qualità, e sottoposta a più accurate verifiche, ad esempio analisi dinamiche (reazione a carichi improvvisi, analisi di malfunzionamento di singole stazioni) o analisi di integrazione con altri reparti dell'azienda.

5.2 TRUBAGO SRL

La Trubago, ditta italiana produttrice di auto giocattolo, realizza da alcuni anni i suoi prodotti per il mercato dell'Europa dell'est in Romania.

Dovendo industrializzare una nuova auto a molla destinata ai bambini dai 3 ai 6 anni (il modellino in scala 1:15 della Smunto) il giovane Ing. Telaio, responsabile tempi e metodi, si trasferisce per alcuni mesi in Romania per seguire dimensionamento del sistema di assemblaggio.

Il ciclo di montaggio della Smunto viene riportato in tabella 1.

Codifica	Operazione	Tempo (sec)	Precedenze
A	Inserimento assale / ruote anteriori sul telaio	20	
B	Inserimento meccanismo a molla sul telaio	6	*A*
C	Montaggio copertura meccanismo di avviamento sul telaio	5	*B*
D	Inserimento assale / ruote posteriori sul telaio	21	
E	Montaggio cofano	8	
F	Incollaggio finestra al blocco carrozzeria	35	
G	Montaggio blocco cambio sul telaio	15	*C, D*
H	Montaggio parti aggiuntive su blocco cambio	10	*G*
I	Fissaggio blocco ruote anteriori	15	*E,H*
J	Montaggio motore	5	*C*
K	Fissaggio blocco carrozzeria al telaio	46	*F,I,J*
L	Controllo e collaudo	25	K
M	Incollaggio decalcomanie	16	L

Tabella 1: ciclo di assemblaggio

La resa complessiva è del 5%, dovuta sia a fattori di velocità (rallentamento del ritmo da parte degli operatori), sia di conformità (scarto di automobili all'operazione di collaudo). Tale valore sale al 7% nel caso di funzionamento della linea su due turni, a causa del calo di resa nelle ore mattutine e serali.

La domanda prevista per i modellini a molla della Smunto è di 150.000 unità all'anno. La soluzione ipotizzata dall'Ing. Telaio è una linea di assemblaggio manuale.

Alcune informazioni utili per realizzare il dimensionamento sono i seguenti:

- la linea lavorerà per 220 giorni all'anno;
- considerando le pause fisiologiche, per ciascun turno si possono considerare 7,5 ore di lavoro effettivo
- Il tempo di non utilizzo dell'impianto (cause sindacali, mancanza materiali…) può essere stimato nel 3% del tempo di apertura
- L'assenteismo medio degli operatori può essere stimato in 11 giorni/anno
- Il costo di ciascuna stazione di montaggio è di 10.000 euro ammortizzabili in 5 anni
- Il costo di un operatore è di 6.500 euro/anno nel caso di apertura della linea su un turno, e di 7.000 euro, anno nel caso di apertura su due turni

Siete pregati di aiutare l'Ing. Telaio nel suo compito:

- tracciando il grafo di montaggio
- dimensionando la linea in termini di numero di stazioni, assegnazione delle operazioni alle diverse stazioni e politica di turnazione ottimale

Quali interventi potreste suggerire all'Ing. Telaio per migliorare il bilanciamento e l'efficienza della linea?

Soluzione

Innanzitutto è necessario tracciare il grafo di montaggio, riportato di seguito. Il tempo complessivo di montaggio è pari a 227 sec.

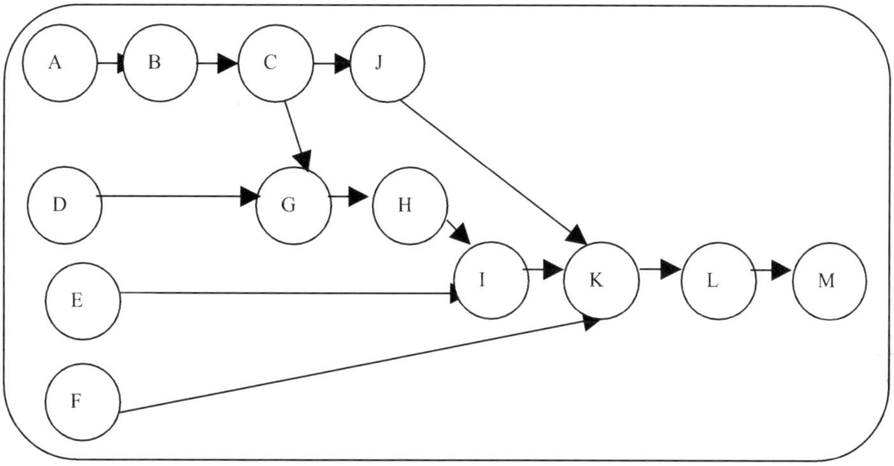

Figura 1: Grafo di montaggio

La tabella 2 riporta il calcolo della Pmix e del tempo ciclo richiesto a partire dalla domanda e dalla scelta di turnazione.

	Caso 1 turno	**Caso 2 turni**
Tempo apertura (h/anno)	220*7,5 = 1.650	220*7,5*2 = 3.300
Non utilizzo (%)	0,03	0,03
Tpn: Tempo produttivo netto (h/anno)	1.601	3.201
D: Domanda (pz/anno)	150.000	150.000
R: Resa (%)	0,95	0,93
Pmix richiesta (pz/h) = D/(Tpn*R)	99	50
Tc: Tempo ciclo (sec) = 3600/Pmix	36	71
Tm: tempo di montaggio (sec)	227	227
N. min stazioni = int.sup(Tm/Tc)	**7**	**4**

Tabella 2: Calcolo tempo ciclo e numero minimo stazioni

Come facilmente intuibile, il numero massimo di stazioni sarà uguale al numero di operazioni.

Il dato sull'assenteismo non è stato considerato nel calcolo del Tpn. Infatti, se manca un operatore tutta la linea si ferma, perciò tale informazione influisce sulla disponibilità. Si potrà agire in due modi:

- sovradimensionare adeguatamente il numero di operatori (presenza di operatori di riserva), in modo da minimizzare il rischio di fermo linea;
- non sovradimensionare gli operatori. Bisognerà allora ricalcolare il Tpn una volta ottenuto il numero di stazioni, tenendo conto dell'effetto della disponibilità, verificando che la domanda sia ancora soddisfatta, ed eventualmente modificare il numero di stazioni

Dato il basso costo del lavoro ed il numero potenzialmente elevato di stazioni, si sceglie la prima strada.

Procediamo ora con l'assegnazione delle operazioni alle stazioni, facendo l'ipotesi (ragionevole dato il tipo di operazioni) che le operazioni possano essere parallelizzate se queste sono più lunghe del tempo ciclo richiesto (l'operazione k nel caso 1 turno). La tabella 3 mostra il risultato ottenuto nel caso di 1 turno di apertura.

Stazione	Operazioni	Tempo totale su stazione (sec)	Tempo ciclo (sec)	Fatt. impiego
1	A,B,C	31	36	86,1%
2	D,E	29	36	80,6%
3	F	35	36	**97,2%**
4	G,H,J	30	36	83,3%
5	I,K	30,5	36	84,7%
5bis	I,K	30,5	36	84,7%
6	L,M	20,5	36	56,9%
6bis	L,M	20,5	36	56,9%

Tabella 3: Dimensionamento delle stazioni nel caso 1 turno

Si ottengono 8 stazioni, di cui le ultime due parallelizzate: la penultima per la lunghezza dell'operazione k, e l'ultima in quanto migliora il bilanciamento rispetto a due stazioni separate per le operazioni *l* e *m,* e perché permette così di avere due flussi indipendenti in uscita dalla stazione 4.

Si osserva un bilanciamento non ottimo delle stazioni: in particolare la 3 è fortemente utilizzata , mentre la 6 è piuttosto scarica.

Una soluzione migliorativa è quella di effettuare l'operazione *F* (incollaggio finestra al blocco carrozzeria) **fuori linea**: ciò è possibile in quanto non necessita del telaio.

Nel caso di apertura su due turni, il dimensionamento delle stazioni ottenuto è presentato in tabella 4.

Stazione	Operazioni	Tempo totale su stazione (sec)	Tempo ciclo (sec)	Fatt. impiego
1	A,B,C,D,E,J	65	71	**91,5%**
2	F,G,H	60	71	84,5%
3	I,K	61	71	85,9%
4	L,M	41	71	57,7%

Tabella 4: Dimensionamento delle stazioni nel caso 2 turni

La soluzione ottenuta utilizza il numero minimo di stazioni, cioè 4.

Si può ora procedere a identificare la soluzione ottimale dal punto di vista dei costi: si terrà conto del costo delle stazioni e degli operatori.

E' necessario quindi calcolare il numero di operatori da assegnare alla linea, tenendo conto del fattore assenteismo. Si adotterà la scelta di assegnare un numero di operatori tale da avere un tempo di fermo linea vicina al 3% annuo. Questo valore è infatti il limite di fermo linea sostenibile dalla stazione 3, nel caso a un turno, che permette di soddisfare la domanda annua.

A partire dal dato di assenteismo di 11 giorni l'anno, si ottiene che:

- P(assenza 1 operatore) = probabilità di assenza di un operatore in un giorno è pari a 11/220= 00,5 = 5%.
- P(assenza m operatori) = P(assenza 1 operatore)^{m} * [1-P(assenza 1 operatore)]$^{N-m}$, essendo N il numero totale di stazioni (e avendo ipotizzato le assenze degli operatori come eventi tra loro indipendenti)

Nel caso di apertura su un turno si ottiene perciò (tabella 5):

Stato	P(assenza 1 operatore)^m * [1-P(assenza 1 operatore)]$^{N-m}$	N° casi	Probabilità stato	Probabilità cumulata
8 assenti	3,90625E-11	1	3,90625E-11	0,0000000
7 assenti	7,42188E-10	8	5,9375E-09	0,0000000
6 assenti	1,41016E-08	28	3,94844E-07	0,0000004
5 assenti	2,6793E-07	56	1,50041E-05	0,0000154
4 assenti	5,09066E-06	70	0,000356346	0,0003718
3 assenti	9,67226E-05	56	0,005416467	**0,0057882**
2 assenti	0,00183773	28	0,051456432	0,0572447
1 assente	0,034916865	8	0,279334918	0,3365796

Tabella 5: Dimensionamento del numero operatori nel caso 1 turno

Si osserva che aggiungendo due operatori "jolly" si assorbiranno le casistiche "1 assente" e "2 assenti", giungendo ad una probabilità di fermo linea nei dintorni del 6% annuo. Ciò però non è compatibile con il fattore di utilizzo della stazione 3 (pari al 97,2%). E' necessario perciò sovradimensionare ulteriormente la linea con 3 operatori jolly.

Nel caso di apertura su due turni si ottiene invece (tabella 6):

Stato	P(assenza 1 operatore)^m * [1-P(assenza 1 operatore)]$^{N-m}$	N° casi	Probabilità stato	Probabilità cumulata
4 assenti	0,00000625	1	0,00000625	0,0000063
3 assenti	0,00011875	4	0,000475	0,0004813
2 assenti	0,00225625	6	0,0135375	**0,0140188**
1 assente	0,04286875	4	0,171475	0,1854938

Tabella 6: Dimensionamento del numero operatori nel caso 2 turni

In questo caso è sufficiente sovradimensionare la linea con un operatore aggiuntivo (per turno) per avere un tasso di fermo della linea compatibile con il fattore di utilizzo delle stazioni.

La tabella 7 riassume il costo annuo delle due soluzioni, e mostra come risulti conveniente l'apertura su due turni della linea.

Voce	Caso 1 turno	Caso 2 turni
Acquisto stazione (euro)	10.000	10.000
Costo anno stazione (euro/anno)	2.000	2.000
N° totale stazioni	8	4
Costo stazioni (euro/anno)	16.000	8.000
Costo annuo operatore (euro/anno)	6.500	7.000
N° totale operatori	11	10
Costo operatori (euro/anno)	71.500	70.000
Totale (euro/anno)	87.500	80.000

Tabella 7: Confronto tra le due soluzioni

Per quanto riguarda le proposte migliorative, la prima è quella di effettuare l'operazione *F* (incollaggio finestra la blocco carrozzeria) *fuori linea*: ciò è possibile in quanto tale operazione non necessita del telaio. Nel caso di apertura su 1 turno, ciò permette di migliorare il bilanciamento delle stazioni. Inoltre, diminuendo il tempo totale di montaggio (in linea) a 192 secondi, si potranno diminuire le stazioni in linea.

Un secondo suggerimento è di introdurre un'attività di *autocontrollo* da parte degli operatori anziché una operazione di controllo finale. Tale azione consentirebbe di far uscire prima dalla linea i pezzi non conformi, e nel medio periodo di ridurre il tasso di non conformità della linea

Andrebbe infine valutata la possibilità di organizzare il montaggio tramite sistema a linea connessa (a ritmo imposto tramite nastro trasportatore), oppure organizzare il montaggio ad isola.

5.3 FARELLO SPA

La Farello Spa produce proiettori per autovetture. L'azienda sta per lanciare sul mercato il modello Sport, il cui ciclo di montaggio è riportato in tabella 1.

N.	Descrizione	Precedenze	Tempo (min.)
1	Collocare corpo proiettore su staffa supporto	--	0,7
2	Montare su corpo proiettore supporti fissi e perno	1	2,3
3	Montare su corpo proiettore supporto regolabile con tiranteria	1	4,2
4	Montare su corpo proiettore i contatti elettrici per innesto lampade	1	1,6
5	Montare su retro proiettore innesto rapido cavetteria alimentazione lampade	4	1,9
6	Montare e fissare parabola alluminata su corpo	4	1,4
7	Innestare lampada in sede	5,6	0,6
8	Prova elettrica proiettore	7	1,5
9	Deporre colla sigillante su parabola e lente	8	1,2
10	Incollaggio lente su parabola ed essiccazione colla	9	6,0
11	Prova tenuta proiettore	10	3,0
12	Prova assetto proiettore e regolazione fascio luminoso	2,3,10	4,5
13	Confezionamento in sacchetto di plastica	11, 12	0,4
14	Confezionamento in scatola cartone ondulato	13	0,7

Tabella 1: Ciclo di montaggio del proiettore Sport

Conoscendo i seguenti dati:

- Domanda di picco pari a 100 unità/giorno
- Domanda media pari a 51 unità/giorno
- Tempo produttivo netto pari a 7,5 ore/turno
- Rese: conformità: 98%; velocità: 87%,

Si dimensioni un sistema di montaggio ad isola funzionante su due turni, valutando il fattore di impiego della capacità delle stazioni e degli operatori.

Soluzione

Innanzitutto si riporta il grafo di montaggio (figura 1).

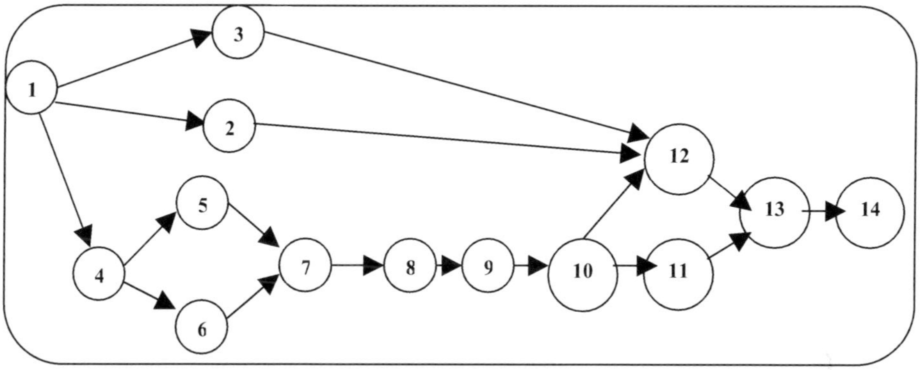

Figura 1: Grafo di montaggio del proiettore Sport

Trattandosi di un sistema di assemblaggio ad isola, il dimensionamento andrà realizzato in due fasi:

- Dimensionamento delle stazioni (numero di stazioni e assegnazione operazioni alle stazioni), che verrà svolto analogamente al caso 5.2
- Dimensionamento del numero di operatori

Il dimensionamento delle stazioni può essere realizzato sulla domanda di picco, in quanto le attrezzature generalmente hanno un costo limitato: ciò garantisce un certa elasticità ai volumi del sistema di assemblaggio, la cui capacità effettiva può essere variata modificando il numero degli operatori che lavorano nell'isola.

Si calcola innanzitutto la potenzialità produttiva di picco richiesta, pari a:

- Pmix = Dp / (Tpn*R) = 100 [unità/giorno]/(7,5 [ore/turno]*2 [turni/giorno]*0,98*0,87) = 7,82 [unità/ora]
- Tc = 60/Pmix = 7,67 [minuti/pezzo]   è il tempo ciclo richiesto

Il numero di stazioni necessarie è pari a int.sup {Tm/Tc} ≤ N ≤ No, cioè

4 ≤ N ≤ 14, essendo Tm= tempo di montaggio = 30 minuti e 14 le operazioni totali (No).

A questo punto è possibile assegnare alle stazioni le varie operazioni nel rispetto del vincolo del tempo ciclo e dei vincoli di precedenza. La tabella 2 mostra che sono necessarie 5 stazioni. Queste non risultano ben bilanciate tra loro: le prime 4 hanno infatti fattori di impiego molto elevati, mentre la quinta risulta fortemente sottoutilizzata.

Stazione	Operazioni	Tempo totale su stazione (sec)	Tempo ciclo (sec)	Fatt. impiego
1	1,2,3	7,2	7,67	93,87%
2	4,5,6,7,8	7	7,67	91,26%
3	9,10	7,2	7,67	93,87%
4	11,12	7,5	7,67	**97,78%**
5	13,14	1,1	7,67	**14,34%**

Tabella 2: Dimensionamento delle stazioni per il proiettore Sport

Dato il tempo di lavorazione delle operazioni 10, 11 e 12 una soluzione più bilanciata può essere ottenuta solo parallelizzando alcune operazioni. La soluzione proposta in tabella 3, presenta due stazioni su cui due operatori possono, in parallelo, realizzare le operazioni 8,9,10 e 11. In questo modo si ottiene un fattore di impiego maggiormente regolare e vicino al valore medio, pari a Tm/(N*Tc) = 30/(5*7,67)= 78,23%

Stazione	Operazioni	Tempo totale su stazione (sec)	Tempo ciclo (sec)	Fatt. impiego
1	1,2,4,5	6,5	7,67	84,75%
2	3,6,7	6,2	7,67	80,83%
3	(8,9,10,11)'	5,85	7,67	76,27%
4	(8,9,10,11)"	5,85	7,67	76,27%
5	12,13,14	5,6	7,67	73,01%

Tabella 3: Bilanciamento delle stazioni

A questo punto è possibile dimensionare il numero degli operatori. Nel caso della domanda di picco, si avrà:

- Potenzialità produttiva un operatore: Pmix = 60/Tm= 2 [unità/h]
- Capacità un operatore: Cp= Pmix*Tpn*R= 2 [unità/h]*7,5 [h/turno]*0,98*0,87=12,8 [unità/turno]
- N. operatori: O = int.sup {Dp/Cp}= 8 , da ripartire sui due turni
- Coefficiente di impiego della capacità: Ic = Dp / (O*Cp) = 97,7% (uguale per tutti gli operatori)

  Nel caso della domanda media invece:
- N. operatori: O = int.sup {D/Cp}= int.sup {51/12,8}= 4 (2 per turno)

- Coefficiente di impiego della capacità: Ic = D / (O*Cp) = 99,7% (uguale per tutti gli operatori)
  Si osservi che nel caso di picco, l'isola presenta il rischio di interferenza fra gli operatori (si hanno 4 operatori che agiscono su 5 stazioni): tale rischio potrebbe effettivamente diminuire la capacità produttiva reale dell'isola. Si osservi anche però che la situazione di picco non deve essere molto frequente, essendo la domanda pari a circa la metà rispetto al picco.

5.4 PIC-DOT SRL

La Pic-Dot è una azienda operante nel settore che produce articoli medicali. Una delle più moderne linee di produzione della Pic-Dot è quella dedicata all'assemblaggio automatico delle siringhe sterili monouso. La linea è composta da 5 stazioni non disaccoppiate da buffer, le quali effettuano automaticamente le operazioni elementari di assemblaggio. Le diverse stazioni sono alimentate da 2 operatori dedicati, che si occupano anche di risolvere eventuali blocchi al sistema automatico di assemblaggio: in questo caso l'operatore ferma la linea e sostituisce il pezzo bloccante.

In seguito all'analisi dei dati di non conformità degli ultimi mesi e ad una valutazione qualitativa dei tempi di intervento da parte degli operatori, la tabella 1 riporta:

- X_i = probabilità che la lavorazione i-esima non dia un assieme buono (difettoso o bloccante);
- Y_i = probabilità che la lavorazione i-esima dia un assieme bloccante;
- T_i = tempo intervento operatore (in caso di blocco);
- Ts_i = tempo di sostituzione assieme (in caso di blocco).

Staz.	**Descrizione**	$\mathbf{X_i}$	$\mathbf{Y_i}$	$\mathbf{T_i}$ **[sec]**	$\mathbf{Ts_i}$ **[sec]**
1	Mont. cappuccio su stantuffo	0,010	0,007	20	3
2	Mont. stantuffo su cilindro	0,019	0,0152	20	3
3	Mont. ago	0,013	0,013	20	3
4	Mont. Cappuccio protettivo ago	0,009	0,0057	20	3
5	Confezionamento sottovuoto	0,025	0,0019	20	3

Tabella 1: Caratteristiche della linea di assemblaggio

Sapendo che la Pmix stabilita in sede di progetto è pari a 12 pezzi/minuto, si determini quale dovrebbe essere il tempo di ciclo reale che compensi gli effetti di resa di conformità e di resa di velocità implicati dagli eventi di blocco delle stazioni di assemblaggio.

Soluzione

Per la soluzione al problema proposto si può far riferimento al metodo delle matrici di transizione. Questo metodo è in grado di produrre una valutazione della resa di conformità della linea, nonché della resa di velocità, a seguito dei blocchi che si potessero presentare durante il ciclo lavorativo. A fine didattico, può essere utile ricordare le principali ipotesi ed i passi di questa metodologia.

- Si definisce per ogni stazione j un vettore I_j [3x1], le cui componenti esprimono la probabilità che un pezzo in ingresso sia buono, difettoso ma non rilevato (quindi non bloccante), difettoso e rilevato (quindi bloccante);
- Similmente, si definisce per ogni stazione un vettore U_j [3x1], le cui componenti esprimono la probabilità che un pezzo in uscita sia buono, difettoso ma non rilevato, difettoso e bloccante. Vale naturalmente $U_j = I_{j+1}$;
- Si definisce una matrice di transizione T_j che modellizza la dinamica di transizione degli stati dei pezzi, dall'ingresso nella stazione all'uscita da questa. Questa matrice [3x3], è tale per cui $\mathbf{U_j = T_j \times I_j}$;
- La matrice di transizione è a sua volta scomponibile come il prodotto di una matrice macchina (che modellizza gli effetti della sola macchina) per una matrice operatore (che tiene conto di ciò che accade a valle dell'intervento operatore). Vale che $\mathbf{T_j = O_j \times M_j}$;
- Il vettore $\mathbf{U_n}$, dove n rappresenta l'ultima stazione della linea, restituisce la probabilità che un pezzo si trovi in un determinato stato alla fine delle lavorazioni: buono, difettoso, bloccante. La somma delle tre componenti di U_n può non essere pari al 100%, e questo perché alcune politiche di gestione del blocco possono prevedere l'eliminazione del pezzo bloccante, senza suo reintegro.

Prima di applicare il metodo sopra brevemente richiamato, può essere utile definire le matrici di transizione delle diverse stazioni. Si inizi dalle componenti della prima di queste.

Entra → **Esce ↓**	**Buono**	**Difettoso**	**Bloccante**
Buono	0.990	0	0
Difettoso	0.003	0.993	0
Bloccante	0.007	0.007	1

Matrice 1: Matrice Macchina della stazione 1

Si consideri la prima colonna della Matrice 1: se un assieme entra nella stazione 1 buono, c'è una probabilità $1\text{-}X_1 = 0{,}99$ che questo rimanga buono. Al contrario, c'è una probabilità $Y_1 = 0{,}007$ che questo esca bloccante e, per differenza, si ricava che esiste una probabilità 0,003 che il pezzo si guasti ma che questa condizione non venga rilevata dalla macchina. La seconda colonna della Matrice 5.1 mostra invece che se un assieme entra nella stazione 1 difettoso non bloccante, c'è probabilità 0 che torni buono (si considera il solo contributo della macchina), una probabilità 0,007 che si aggiunga un difetto che lo renda bloccante e, per differenza, una probabilità 0,993 che l'assieme esca difettoso. Infine, dalla terza colonna si deduce che nel caso un assieme entri bloccante, il pezzo non potrà che uscire bloccante (con probabilità unitaria).

A fronte della trasformazione $M_1 \times I_1$, pertanto, si otterrà un vettore intermedio che esprime la probabilità che un assieme si trovi in ciascuno dei tre stadi a valle del solo intervento della macchina. A valle di questa trasformazione, c'è però l'intervento dell'operatore, che si configura come un passaggio di stato modellizzato in Matrice 2.

Entra → **Esce ↓**	**Buono**	**Difettoso**	**Bloccante**
Buono	1	0	1
Difettoso	0	1	0
Bloccante	0	0	0

Matrice 2: Matrice Operatore della stazione 1

Seguendo canoni interpretativi del tutto analoghi a quelli visti a proposito della matrice M_1, la Matrice O_1 evidenza che solo nel caso in cui un assieme sia bloccante l'operatore viene allertato e interviene sostituendo il pezzo e riportandolo (con probabilità unitaria) allo stato di buono. Nel caso in cui il pezzo sia solo difettoso, non vi è intervento dell'operatore; lo stesso accade nel caso di assieme normale. Questi valori dipendono dalla politica di intervento adottata (sostituzione e riavvio della macchina). Dal prodotto matriciale (righe per colonne) di O_1 ed M_1 si ottiene T_1, ovvero la matrice di transizione per la prima stazione. Il risultato è mostrato a seguire.

Entra → **Esce ↓**	**Buono**	**Difettoso**	**Bloccante**
Buono	0,997	0,007	1
Difettoso	0,003	0,993	0
Bloccante	0	0	0

Matrice 3: Matrice di Transizione della stazione 1

Seguendo analogo procedimento si definiscono di seguito le matrici di transizione per tutte le stazioni, a partire dalle matrici macchina e dalle matrici operatore: queste ultime sono per ogni stazione uguali alla matrice 3 e perciò non vengono riportate.

Entra → **Esce ↓**	**Buono**	**Difettoso**	**Bloccante**
Buono	0.9810	0	0
Difettoso	0.0038	0.9848	0
Bloccante	0.0152	0.0152	0

Matrice 4: Matrice Macchina della stazione 2

Entra → **Esce ↓**	**Buono**	**Difettoso**	**Bloccante**
Buono	0,9962	0,0152	1
Difettoso	0,0038	0,9848	0
Bloccante	0	0	0

Matrice 5: Matrice di Transizione della stazione 2

Entra → **Esce ↓**	**Buono**	**Difettoso**	**Bloccante**
Buono	0.9870	0	0
Difettoso	0	0.9870	0
Bloccante	0.0130	0.0130	1

Matrice .6: Matrice Macchina della stazione 3

Entra → **Esce ↓**	**Buono**	**Difettoso**	**Bloccante**
Buono	1	0,0130	1
Difettoso	0	0,9870	0
Bloccante	0	0	0

Matrice 7: Matrice di Transizione della stazione 3

La Matrice 7 testimonia il fatto che presso la stazione 3 non si generano guasti che rendano l'assieme difettoso non bloccante ($X_3 = Y_3$): se un pezzo entra buono o esce buono dalla macchina, oppure esce bloccante e viene sostituito immediatamente dall'operatore con un pezzo buono. Di conseguenza la prima colonna della matrice è rappresentata dal vettore {1; 0; 0}.

Entra → **Esce ↓**	**Buono**	**Difettoso**	**Bloccante**
Buono	0.9910	0	0
Difettoso	0.0033	0.9943	0
Bloccante	0.0057	0.0057	1

Matrice 8 : Matrice Macchina della stazione 4

Entra → **Esce ↓**	**Buono**	**Difettoso**	**Bloccante**
Buono	0,9967	0,0057	1
Difettoso	0,0033	0,9943	0
Bloccante	0	0	0

Matrice 9: Matrice di Transizione della stazione 4

Entra → **Esce ↓**	**Buono**	**Difettoso**	**Bloccante**
Buono	0.9750	0	0
Difettoso	0.0231	0.9981	0
Bloccante	0.0019	0.0019	1

Matrice 10: Matrice Macchina della stazione 5

Entra → **Esce ↓**	**Buono**	**Difettoso**	**Bloccante**
Buono	0,9769	0,0019	1
Difettoso	0,0231	0,9981	0
Bloccante	0	0	0

Matrice 11: Matrice di Transizione della stazione 5

A partire da queste matrici, ricordando la relazione $\mathbf{U}_j = \mathbf{T}_j \times \mathbf{I}_j$ e supponendo che il vettore di ingresso degli assiemi alla prima stazione della linea sia costituito da tutti e soli elementi buoni, si può ricavare il vettore di uscita dalla quinta stazione. A questo proposito, si faccia riferimento alle scritture seguenti.

$$I_1 = \begin{bmatrix} 1 \\ 0 \\ 0 \end{bmatrix};$$

$$U_1 = I_2 = T_1 \times I_1 = \begin{bmatrix} 0.9970 \\ 0.0030 \\ 0 \end{bmatrix};$$

$$U_2 = I_3 = T_2 \times I_2 = \begin{bmatrix} 0.9933 \\ 0.0067 \\ 0 \end{bmatrix};$$

$$U_3 = I_4 = T_3 \times I_3 = \begin{bmatrix} 0.9933 \\ 0.0067 \\ 0 \end{bmatrix};$$

$$U_4 = I_5 = T_4 \times I_4 = \begin{bmatrix} 0.9901 \\ 0.0099 \\ 0 \end{bmatrix};$$

$$U_5 = T_5 \times I_5 = \begin{bmatrix} 0.9673 \\ 0.0327 \\ 0 \end{bmatrix}.$$

La prima componente del vettore U_5 rappresenta la percentuale di pezzi conformi uscenti dal sistema: pertanto, la resa di conformità della linea sarà circa pari al 96,7%.

Sulla base delle informazioni prima ricavate è anche possibile stimare l'impatto della resa di velocità, e di conseguenza valutare di quanto dovrebbe essere contratto il tempo di ciclo teorico per recuperare le fermate che si manifesterebbero durante la normale produzione.

Sapendo infatti che la linea non è bufferizzata, è possibile stimare la correzione da apportare al tempo di ciclo teorico per mezzo della Eq. 1.

(1) $$Tc_R = Tc - \Sigma_j \{Tf_j \cdot \{M_j \times I_j\}(3)\}$$

dove $\{M_j \times I_j\}(3)$ rappresenta la terza componente del vettore $\{M_j \times I_j$, e quindi la probabilità che un pezzo esca bloccante dalla stazione j-esima, e quindi richieda l'intervento dell'operatore, il quale dura 20+3 = 23 secondi. La somma su tutte le stazioni di questo tempo restituisce il tempo atteso di fermata della linea (non bufferizzata) per attesa di intervento operatore. Questo tempo va sottratto al Tc teorico per compensare le perdite per effetto resa di velocità.

Svolgendo i calcoli si ricava che:

- Tc teorico = 60/Pmix = 5 [sec./pezzo];
- Tc corretto per Rc = 60/(Pmix/Rc) = Tc · Rc = 5[sec.] · 0,967 ≈ 4,8[sec.];

Stazione	**$\{M_j \times I_j\}$ (3)**	**Tf_j [sec]**	**Fermata attesa [sec]**
1	0,007	23	0,161
2	0,0152	23	0,3496
3	0,013	23	0,299
4	0,0057	23	0,1311
5	0,0019	23	0,0437
Totale	**0,0428**	--	**0,9844**

Tabella 2: Fermate attese presso la linea di montaggio

- **Tc corretto per Rv =** Tc_{-Rc} – Fermate attese = 4,8 [secondi] – 0,9844 [secondi] ≈ **3,8 [secondi]**.

Pertanto il tempo ciclo della linea andrebbe ridotto fino a 3,8 sec/pezzo, per riuscire a conseguire, a valle delle possibili cause di fermo, una potenzialità oraria ancora allineata con i dati di progetto.

5.5 Manual Circuit Srl

La Manual Circuit Srl produce piccole serie di schede a circuito stampato su specifica cliente. Al fine di assicurare la massima flessibilità di prodotto, la Manual Circuit ha scelto di eseguire il montaggio delle proprie schede a circuito stampato su banchi di assemblaggio manuale di tipo Johnson. Grazie a questa specifica organizzazione del lavoro, il tempo medio di inserimento manuale del singolo componente è relativamente ridotto (30 secondi), così come la sua deviazione standard (10 secondi), rendendo economicamente conveniente questa alternativa di realizzazione, soprattutto nel caso di produzioni su piccola serie.

Per la prima volta, grazie all'ottimo standard qualitativo raggiunto, è stata ricevuta una commessa militare di dimensioni rilevanti, 2.000 schede, da fornire nell'arco di 200 giorni. Poiché vi sono 4 varianti di schede, ciascuna delle quali con circa 200 componenti da montare, si è pensato di allestire una piccola linea di montaggio manuale, sistemando diversi banchi in fila e collegandoli con un convogliatore automatizzato.

Il Commendator Alto, titolare dell'azienda, ha incaricato l'Ing. Basso, responsabile di produzione, del dimensionamento della linea, raccomandandogli in particolar modo di evitare i completamenti fuori linea, che nell'assemblaggio delle schede a circuito stampato sono estremamente onerosi, richiedendo per ciascun componente da inserire anche 30 volte più tempo di quanto non richieda un inserimento normale.

La Manual Circuit lavora su 1 turno giornaliero di 8 ore; Basso inoltre ha a disposizione delle statistiche (relative a precedenti esperienze aziendali) da cui ha tratto le seguenti stime:

- % tempo inutilizzo linea: 8,5%;
- Resa di conformità: 90%, rilevata tramite controllo sul 100% delle schede.

Partendo dai dati sopra indicati, si aiuti l'Ing. Basso a dimensionare il numero di stazioni necessarie sulla linea ed il numero medio di operazioni assegnate a ciascuna di esse.

Soluzione

Il problema proposto è relativo alla progettazione di una linea di assemblaggio manuale nel caso in cui le singole operazioni di assemblaggio siano descrivibili in base a tempi di esecuzione stocastici.

Per calcolare quante stazioni sia necessario allestire è necessario conoscere il tempo di ciclo della linea; questo può essere calcolato facendo ricorso alla consueta espressione Cp = Pmix · Tpn · R, dove:

- Tpn = 200 [gg] · 8 [h/gg] · (1-0,085) = 1.464 [h];
- Rc = 90%;
- Pmix = 2000 [schede] / (1.464 [h]· 0,9) ≈ **1,52 [schede/h];**
- Tc = 3.600 [sec/h] / 1,52 ≈ **2.370 [sec./scheda]**.

Seguendo le direttive del metodo della "desiderabilità marginale", per calcolare quante operazioni sia conveniente allocare su una singola stazione è necessario bilanciare il costo atteso del completamento fuori linea con il costo di una operazione realizzata su una nuova stazione. Questo può essere facilmente fatto, nel caso presente, ricordando che il tempo di completamento fuori linea è pari a 30 volte il tempo normale di inserimento, e che in una linea manuale è assai ragionevole utilizzare il tempo uomo come driver di costo della linea stessa. Pertanto, detto C_i il costo di esecuzione della generica i-esima operazione assegnata ad una stazione, si ha che l'operazione i-esima è desiderabile se:

Costo realizzazione nella stazione > Costo atteso realizzazione fuori linea
$\mathbf{C_i > P_i * 30 * C_i}$

con P_i = probabilità che l'i-esima operazione debba essere completata fuori linea. Pertanto, la probabilità P_i che realizza tale condizione vale:

$P_i < 1/30 \Leftrightarrow P_i < 0,033$

Ciò corrisponde ad una probabilità di completamento maggiore o uguale al 97% circa.

A questo punto si esprima quanto vale la probabilità che un ciclo di montaggio composto da i operazioni non si completi nel tempo Tc. Per fare questo di definisca una variabile aleatoria X = "Durata di i operazioni di assemblaggio". Tale variabile aleatoria, essendo la somma di i variabili distribuite come una normale ed indipendenti tra loro, si distribuirà anch'essa come una normale. Media e varianza si possono calcolare come segue:

(5.2) $$\mu_x = \Sigma_i \mu_i = i \cdot \mu = i \cdot 30 \text{ [secondi]}$$

(5.3) $$\sigma^2_x = \Sigma_i \sigma^2_i = i \cdot \sigma^2 = i \cdot 100 \text{ [secondi}^2\text{]}$$

Pertanto è possibile verificare se la probabilità di mancato completamento nel tempo Tc del montaggio di *i* componenti sia superiore al 3%. Lasciando *i* come incognita, si può calcolare quante operazioni inserire senza che si oltrepassi una probabilità di mancato completamento del 3%.

$$\text{Prob } (Tc - X < 0) < 0{,}033$$

La variabile Tc-X, essendo la differenza tra una costante ed una normale, si distribuisce anch'essa come una normale, di media Tc-μ_x, e di varianza σ^2_x. Standardizzando la variabile Tc – X, ovvero sottraendole la sua media e dividendo per il suo scarto quadratico, ci si può ricondurre ad una distribuzione standard, di cui si conosce la funzione di ripartizione e con cui poi valutare con facilità la probabilità di mancato completamento.

$$\text{Prob } (Tc - X < 0) < 0{,}03$$

$$\text{Prob } \left(\frac{Tc - X - (Tc - \mu_x)}{\sigma_x} < \frac{-(Tc - \mu_x)}{\sigma_x}\right) < 0{,}03$$

$$\text{Prob } \left(N(0, 1) < \frac{-(Tc - \mu_x)}{\sigma_x}\right) < 0{,}03$$

Dalle tabelle che riportano la funzione di ripartizione della normale standardizzata, è possibile ricavare che il quantile che lascia alla propria sinistra un'area pari al circa il 97% dell'area totale della normale ha ascissa pari a circa 2. Di conseguenza, la scrittura ultima sopra riportata si modifica così:

$$\text{Prob } (N(0, 1) < 2\,) < 0{,}03$$

Uguagliando il secondo membro della disugualianza interna delle due espressioni, si ottiene la condizione cercata, ovvero:

$$\frac{-(Tc - \mu_x)}{\sigma_x} = 2$$

$$\mu_x - Tc = 2 * \sigma_x$$

$$i * 30 = 2 * \sqrt{i} * 10 + 2.370 \text{ [secondi]}$$

Svolgendo i calcoli, si ottengono due valori di i, di cui quello dotato di senso fisico è di poco superiore a 73. Pertanto, dal momento che per ciascuna scheda si devono inserire 200 componenti, una soluzione opportuna potrebbe prevedere la predisposizione di 3 stazioni, in serie, a cui assegnare poco meno di 70 operazioni ciascuna.

In questa situazione, la probabilità di mancato completamento è davvero molto bassa, e si può ragionevolmente trascurare anche la necessità di predisporre una stazione di completamento, come dimostrano i calcoli seguenti svolti nell'ipotesi in cui a ciascuna stazione siano assegnate 67 operazioni.

$$\text{Prob } (Tc - X_{67} < 0) = \text{Prob } \left(\frac{Tc - X_{67} - (Tc - \mu_{67})}{\sigma_{67}} < \frac{-(Tc - \mu_{67})}{\sigma_{67}}\right) =$$

$$= \text{Prob } (N(0, 1) < ((-2.370 + 1980)/10\cdot\sqrt{67}) =$$

$$= \text{Prob } (N(0, 1) < -4{,}8$$

Il valore di questa probabilità è così piccolo da non risultare neppure apprezzabile. Pertanto le conclusioni sopra riportate possono essere confermate.

5.6 ITALFREDDO SPA – PARTE II

Il miglioramento del sistema di montaggio

A valle della verifica svolta sull'attuale sistema di montaggio, poiché le risposte di Padovan e Montante avevano indicato un'elevata inefficienza dell'attuale sistema di montaggio, il Rag. Montalenti convocò una nuova riunione del medesimo gruppo di lavoro.

Era ormai l'autunno inoltrato del 1999 quando si ritrovarono nuovamente nella grande sala riunioni della direzione: l'Ing. Battello, direttore vendite, l'Ing. Padovan, direttore tecnico, il direttore di produzione, Sig. Montante ed il responsabile amministrativo, Rag. Ferrari.

Una volta che tutti ebbero preso posto intorno al grande tavolo ovale, e dopo avere domandato alla segretaria di portare caffè per tutti, Montante iniziò. "Signori, qualche mese ci siamo trovati attorno a questo tavolo per domandarci se il nostro sistema di montaggio, basato su un concetto di assembly shop, sia ancora il più adatto a realizzare i volumi di produzione che oggi stiamo sperimentando. Come ricorderete, ho preventivamente domandato a Padovan e Montante di realizzare un'analisi quantitativa accurata sui nostri reprti di montaggio. I risultati dell'analisi, che mi sono stati presentati qualche giorno fa, mi hanno consolidato l'opinione che presumibilmente si possa escogitare un sistema più adatto. Risulta infatti che:

a) gli operatori subiscono mediamente tempi di stand-by pari al 20% del loro tempo, a fronte della particolare metodologia di organizzare i montaggi che viene attualmente adottata;

b) lavorando con le attuali metodologie è impossibile aumentare la capacità produttiva senza procedere a nuove assunzioni, mentre apparirebbe pensabile un aumento della capacità produttiva anche molto sensibile se solo si passasse a metodologie di lavoro più flessibili;

c) le attuali metodologie di organizzare il sistema produttivo implicano anche un eccessivo allungamento dei tempi di attraversamento della produzione, tempo che è presumibilmente comprimibile;

d) infine, che quanto detto sopra potrebbe anche tradursi in un consistente risparmio di spazio occupato.

A fronte delle informazioni fornitemi da Padovan, non possiamo più esimerci dal riflettere con grande attenzione in merito alla eventuale adozione di un nuovo tipo di sistema di montaggio, più orientato al concetto di linea, vero Padovan?"

Un sistema di montaggio in linea

"In quest'ottica" proseguì Montalenti, "ho domandato all'Ing. Padovan di eseguire un confronto tra il nostro sistema di montaggio, che tutti conosciamo, e quello tilizzato nella sua azienda precedente... Ho infatti l'impressione che dove lavoravi prima prevalesse il concetto del montaggio in linea, no Padovan?".

"Sicuramente –replicò Padovan- anche se per la verità nel mio precedente posto di lavoro mi sono prevalentemente occupato, come del resto qui in Italfreddo, di progettazione del prodotto, e dunque non ho le idee chiarissime sui dettagli di progetto del sistema di montaggio. Tuttavia, telefonando ai miei vecchi colleghi e scambiando con loro qualche messaggio di posta elettronica, sono venuto a sapere i seguenti elementi, che ci potranno essere utili.

1). Il montaggio avviene per linee manuali sconnesse, dedicate a differenti famiglie di prodotti.

2). Ciascuna linea è costituita da n stazioni, disaccoppiate l'una dall'altra da un buffer, che può contenere sino ad 1 macchina: la movimentazione tra una stazione e la successiva non è un problema, in quanto i condizionatori sono montati su carrelli e le stazioni sono molto vicine l'una all'altra.

3). I materiali, una volta prelevati da magazzino, vengono recati alle singole stazioni, con frequenza che dipende dal consumo, e con meccanismo "pull" anziché "push", per lo meno per i materiali di consumo più comune.

4). Ciascun operatore della linea è istruito per poter svolgere qualc'una delle operazioni normalmente assegnate all'operatore a valle, di modo che quasi non si verifichino tempi di stand by dovuti a momentanei sbilanciamenti

5). Le varie operazioni vengono svolte non appena questo è possibile in base alle precedenze di montaggio, con attrezzature specifiche ed adattate all'occorrenza ed in posizioni di lavoro accuratamente studiate sotto il profilo dell'ergonomia. Secondo il responsabile dell'ingegneria di produzione, tale espediente riesce a ridurre il tempo di esecuzione di ciascuna operazione anche del 30%, in ragione del minor livello di ingombro e della maggiore facilità di montaggio.

6). La fase di controllo e collaudo è stata recentemente eliminata, a favore di un autocontrollo qualitativo da parte dei singoli operatori, e questo senza che sia apprezzabilmente peggiorato il livello di conformità dei condizionatori. Per contro, l'esecuzione delle operazioni di autocontrollo, ha provocato l'aumento di circa il 5% dei tempi operativi effettivi presso tutte le stazioni.

7). Come risultato di tutti i fattori precedentemente menzionati, il tempo di attraversamento della linea è pari a non più di 3 volte il tempo di montaggio.

8). La superficie impegnata da ciascuna stazione, incluso il buffer di disaccoppiamento rispetto alla stazione a monte, gli scaffali per il materiale, il banco di lavoro, eventuali attrezzature di manipolazione dell'assieme, e lo spazio di manovra del carrello a forche, è di circa 30-40 mq.

9). Tuttavia, nonostante i benefici che la configurazione a linea sembra comportare, occorre anche considerare che l'investimento necessario per la realizzazione delle strutture e delle attrezzature di montaggio ed ausiliarie è dell'ordine di circa 100 milioni di lire per ogni singola stazione.

La conclusione

Mano mano che seguiva il discorso di Padovan, a Montalenti brillavano sempre di più gli occhi. Al termine della spiegazione dell'Ingegnere, il Ragionier Montalenti concluse: "bene, Padovan, mi pare che tu abbia fatto un eccellente lavoro, come al solito. Sebbene la struttura a linea mi paia certamente attraente per i suoi pregi, da te evidenziati, ho le idee piuttosto confuse relativamente alla fattibilità da noi. Infatti, non solo non mi è chiaro se i nostri volumi produttivi si prestino ad una simile tipo di sistema di montaggio, ma, soprattutto, ritengo che il vincolo dello spazio disponibile sia certamente un elemento da considerare. Infine, mi spaventano anche le cifre relative al capitale da investire per attrezzare una linea, visto l'investimento che stiamo già oggi compiendo per la tua struttura di progettazione e per la rete di vendita estera di Battello. Pertanto, vorrei incaricarti di svolgere dei calcoli più precisi per stabilire:

a) il progetto di massima di un'eventuale linea di montaggio da dedicarsi ai nostri prodotti per telefonia;

b) quale sarebbe l'impatto a livello di spazio e di personale disponibile, e cioè se saremmo in grado, con un sistema a linea, di garantire gli attuali livelli produttivi entro gli spazi e con il personale già oggi a disposizione;

c) infine, se una situazione siffatta potrebbe tradursi in un'effettiva opportunità dal punto di vista competitivo, anche in relazione alla forte dinamica del mercato."

Così dicendo, estrasse la tabella contenente il ciclo di montaggio dei condizionatori che Padovan stesso aveva preparato per la precedente riunione (vedi allegato 1), e la tabella delle efficienze, precedentemente predisposta dal Rag. Ferrari (vedi all. 2), le porse a Padovan, e, salutati tutti, uscì dalla stanza.

Allegato 1: Il ciclo di montaggio attuale

N. op	Descrizione	Prec.	On/Off line	Tempi [min]
	MONTAGGIO MECCANICO			
1	Montaggio zoccolo di base		ON	2
2	Montaggio lamiera di supporto compressore	1	ON	2,5
3	Montaggio lamiera di tamponamento	2	ON	0,5
4	Montaggio guarnizioni anti-spiffero	1	ON	0,5
5	Montaggio para-freddo	1	ON	0,5
6	Montaggio tubo vapore e tubo scarico condensa	3	ON	1
7	Montaggio resistenze elettriche	1	ON	1,5
8	Montaggio ventilatori	3	ON	3
9	Montaggio supporto quadro elettrico	7, 8	ON	1,5
10	Montaggio vaschetta raccoglimento condensa	6, 16	ON	1
11	Montaggio supporto batteria	9	ON	2,5
12	Montaggio batteria	11	ON	4
13	Montaggio rubinetti intercettazione freon	2, 15	ON	3,5
	MONTAGGIO FRIGORISTICO			
14	Saldatura prolunghe ingresso/uscita freon con batteria		OFF	15
15	Preparazione/saldatura rubinetti di intercettazione del freon		OFF	10
16	Saldatura vaschetta raccoglimento condensa		OFF	10
17	Preparazione assieme compressore		OFF	20
18	Montaggio compressore sul supporto	12, 13, 17	ON	15
	MONTAGGIO ELETTRICO			
19	Adattamento quadro elettrico		OFF	70
20	Immissione di azoto in pressione nel circuito frigorifero	18	ON	10
21	Montaggio quadro elettrico	9, 19	ON	7
22	Montaggio supporto sistema di controllo PLC	21	ON	2
23	Programmazione PLC di controllo		OFF	10
24	Montaggio PLC di controllo	22, 23	ON	4
25	Montaggio assieme umidificatore	18	ON	4
26a	Passaggio dei cavi elettrici	3	ON	30

N. op	Descrizione	Prec.	On/Off line	Tempi [min]
26b	Collegamento dei componenti al quadro elettrico	24, 25, 26a	ON	10
27	Montaggio pannelli laterali	10, 26	ON	3
	CONTROLLO E COLLAUDO			
28	Creazione del vuoto e immissione del freon	20	ON	4
29	Controllo e collaudo	26, 28	ON	60
	FINITURA			
30	Pulitura dell'assieme	27, 29	ON	10
31	Montaggio filtro aria	30	ON	1,5
32	Montaggio griglia	30	ON	3
33	Applicazione isolanti e materiali vari	31, 32	ON	9
34	Montaggio pannellatura esterna	33	ON	16
35	Imballaggio condizionatore	34	ON	15

La tabella sopra riportata presenta le principali informazioni riguardanti il ciclo di montaggio dei condizionatori di precisione per telefonia. La tabella illustra le operazioni nell'ordine in cui vengono svolte dagli operatori, raggruppate per fasi, così come avviene negli attuali reparti di montaggio. Le operazioni precedenti che vengono presentate in tabella sono pertanto sole quelle la cui esecuzione deve essere realizzata strettamente prima di quella in oggetto. La penultima colonna indica se l'operazione è da svolgersi necessariamente in linea, oppure se essa può essere svolta anche separatamente rispetto alla linea di montaggio principale, fermo restando che attualmente le operazioni sono tutte eseguite in linea dagli operatori, viste le modalità di montaggio adottate. Infine, i tempi espressi in minuti sono i valori standard utilizzati per il calcolo dei costi.

Allegato 2: Le efficienze produttive

Dato	u.m.	MEC	FRI	ELE	COL	FIN
Resa di velocità degli operatori	%	71,43	72,46	93,98	105,9	74,15
Tempo di apertura impianto	Gg/anno	220				
Orario lavorativo	Ore/gg	7,5				
Numero medio di giorni di assenza	Gg/anno	9				
Resa di conformità	%	99%	95%	98%		
Tempi medi di stand by degli operatori	%	30% del tempo di presenza				

La resa di conformità non è indicata per le fasi di collaudo e finitura, in quanto:

1). Per la fase di collaudo, si assume una resa unitaria.

2). Per la fase di finitura, la resa non è rilevata, ma l'assunzione che essa sia unitaria costituisce una buona approssimazione della realtà.

5.7 INTERNATIONAL ELECTRONICS INC.

Un'azienda in forte crescita

All'inizio del 2003 la International Electronics Inc. (IE), con sede a Singapore, aveva ormai conquistato una posizione di rilievo nel panorama mondiale dei *third party manufacturers* di schede a circuito stampato, con un fatturato che si avvicinava al mezzo miliardo di dollari. L'azienda poteva offrire a qualsiasi produttore mondiale di apparecchiature elettroniche la produzione in conto terzi delle schede a circuito stampato (*Printed Circuit Boards*, o PCB come sono note tra gli esperti) necessarie per assemblare i propri prodotti, a prezzi competitivi rispetto alla produzione interna. Tale vantaggio era spiegabile in parte considerando l'estrema specializzazione della IE sullo specifico processo di assemblaggio dei componenti elettronici su PCB, specializzazione che aveva consentito di sviluppare una vera e propria leadership tecnologica nell'automazione del processo di assemblaggio. Un secondo motivo faceva riferimento alle economie di scala raggiunte, che consentivano alla IE di investire in impianti ad alta intensità di capitale e di mantenere un elevato utilizzo degli stessi. Infine, per le produzioni di più limitato volume e caratterizzate da più ampia variabilità della gamma, IE aveva accesso all'ampio mercato del lavoro a basso costo offerto dall'intera area del sud-est Asiatico.

Il mercato servito era mondiale, ma storicamente era particolarmente concentrato nell'area dell'Estremo Oriente (Singapore, Taiwan, Hong Kong, Tahilandia, Corea, Giappone, Cina). La produzione per tale mercato era concentrata in un grande stabilimento sito a Singapore ed in un secondo insediamento produttivo, collocato a Pusan, nella Corea del Sud, oltre che in una serie di piccole unità a minore automazione disperse tra la Malaysia e l'Indonesia. Inoltre, da circa un anno e mezzo era entrato in funzione in Messico un nuovo impianto produttivo dedicato al mercato Nord Americano, che stava ottenendo un buon successo.

Grazie ai suoi prezzi vantaggiosi ed alla capacità di creare continue innovazioni di processo, nonostante la relativa contrazione di molti dei settori di sbocco serviti (es: elaboratori, automotive, apparecchio domestico, ..) , la IE era riuscita a mantenere circa invariato il proprio elevato tasso di crescita, in parte grazie all'espansione economica dell'area del Pacifico, ed in parte anche grazie alla crescente presenza in Nord America.

Da ormai qualche tempo la Direzione dell'azienda stava meditando di spingere la propria penetrazione commerciale in Europa, un mercato che veniva ritenuto strategico, vista la sua dimensione ed i prezzi ancora remunerativi che era possibile spuntare. Nel corso dei primi mesi del 2003 era pertanto stata attivata una sede commerciale a Londra per saggiare la reattività del mercato.

La decisione di espandersi in Europa

Verso fine Maggio 2003 era arrivato sul tavolo dell'amministratore delegato della Società il primo rapporto commerciale dalla sede Europea. I risultati erano stati assai positivi e si prevedeva la concreta possibilità di espandersi sul mercato, raggiungendo volumi di vendita tali da rendere difficile la loro copertura con gli attuali impianti produttivi. In particolare, pareva destinata ad andare in porto una commessa di outsourcing completo della produzione di una gamma di 10 PCB destinate ad equipaggiare le stampanti a getto di inchiostro di un famoso produttore globale, dotato di uno stabilimento di montaggio delle stampanti collocato nel nord-ovest dell'Europa.

Nel mese di Aprile 2003 si tennero presso la Direzione una serie di riunioni, presiedute dall'Amministratore Delegato, alle quali furono invitati tutti i membri del Consiglio Direttivo e cioè i Direttori Centrali di: Vendite, Tecnologie, Logistica, Amministrazione e Produzione, che costituivano i riporti diretti dell'Amministratore Delegato. Furono inoltre invitati ad alcune delle riunioni in veste consultiva i direttori dei 3 stabilimenti di produzione (che riportavano direttamente al direttore centrale produzione) ed il responsbaile della filiale di vendita Europea (che riportava al direttore centrale vendite).

Nei primi giorni di Maggio, un messaggio urgente del responsabile della sede Europea annunciava alla Direzione che era stato siglato il contratto per la fornitura integrale in outsourcing delle schede per stampanti, sopra menzionate, a partire da gennaio 2004, e per cinque anni successivi. Come sempre per i nuovi clienti, il contratto prevedeva un fatturato netto di 0,1 dollari per ciascun inserimento di componente elettronico andato a buon fine. Con tale termine si intendeva il numero complessivo di componenti inseriti su ciascuna scheda consegnata a cliente e ritenuta dal cliente di buona qualità.

L'Amministratore Delegato, incalzato dagli eventi, decise di avviare con urgenza le procedure per la creazione di un nuovo stabilimento, sito in Europa o in una zona limitrofa, la cui missione sarebbe stata di servire il mercato del Vecchio Continente, iniziando da questo ordine. Fu immediatamente insediata una Commisione tecnico-commerciale per elaborare il progetto di massima da sottoporre al Comitato Direttivo stesso. La Commissione comprendeva: il responsabile della filiale Europea, il direttore centrale della logistica, il direttore centrale di produzione, il direttore centrale delle tecnologie e il direttore dello stabilimento messicano. Il mandato che la Commissione ricevette dall'Amministratore Delegato, fu di formulare delle ipotesi tecnicoeconomiche relative alla modalità più conveniente per soddisfare l'ordine appena acquisito.

All'inizio dell'estate 2003, la Commissione ritenne di aver raccolto una sufficiente quantità di informazioni e presentò il risultato del proprio lavoro in Consiglio Direttivo.

La riunione del Consiglio Direttivo

Il primo aspetto che venne discusso in Consiglio, fu l'analisi della commessa e del cliente da servire. Il responsabile della filiale di vendita Europea illustrò gli aspetti salienti del mix produttivo previsto dal cliente. Egli distribuì a tutti i membri del Consiglio un foglio contenente i dati di dettaglio, presentato in allegato 1. L'allegato presenta la lista dei codici inseriti nell'ordine e per ciascuno illustra la quantità annua di PCB richiesta, la frequenza del riordino concordato con il cliente (o meglio, il numero di riordini annuali previsti) ed il numero di inserimenti richiesti per ciascuna scheda. La prassi normalmente perseguita dalla IE con i propri clienti era di rispondere agli ordini a flusso teso senza fare scorta, salvo eccezioni esplicitamente richieste dai clienti stessi.

Venne anche deciso che l'orizzonte massimo entro il quale l'investimento poteva essere valutato era di non più di 5 anni, per l'elevata turbolenza del mercato e per il continuo emergere di nuove tecnologie di prodotto e di processo.

Il secondo punto che venne lungamente discusso in Comitato Direttivo riguardò le proposte relative alle differenti configurazioni produttive. Parlò prevalentemente il direttore centrale produzione, che fece volta per volta intervenire altri colleghi. Emerse l'intenzione di attivare lo stabilimento in una piccola località dell'Inghilterra del Sud. I motivi che avevano condotto a questa scelta, come sostenne il Direttore Centrale Produzione, erano eminentemente:

- manodopera relativamente costosa (circa 20 $/ora uomo per il turno diurno, 25 $/ora uomo per i 2 turni, e 35 $/ora uomo per il turno notturno) ma di elevatissimo livello, adeguata a garantire gli standard qualitativi di prodotto normalmente assicurati dalla IE alla sua clientela
- una rete di trasporti sufficiente e una notevole vicinanza sia all'ufficio commerciale di Londra, sia allo stabilimento del cliente, sito nei paesi del Be-Ne-Lux
- condizioni di assoluta stabilità e sicurezza socio – politica, che si esplicavano, tra l'altro, in un basso costo del capitale (non più del 6% all'anno)
- un basso livello di tassazione dei profitti d'impresa.

La Commissione presentò un piano particolareggiato della realizzazione dello stabilimento per la produzione delle PCB. A tale proposito, la Commissione propose di installare una o più linee di montaggio automatizzate del medesimo tipo utilizzato a

Singapore, in Corea e in Messico. La IE dedicava un'attenzione quasi spasmodica alla standardizzazione del proprio processo di assemblaggio tra i vari stabilimenti.

Il processo standard era ottenuto con una linea di assemblaggio automatizzato, in cui la cadenza delle singole stazioni veniva svincolata da quella delle stazioni contigue frapponendo appositi punti d'accumulo tra una stazione e l'altra. Le diverse stazioni, che potevano essere anche parallelizzate, erano tra di loro collegate da un nastro trasportatore che recava le schede a ciascuna stazione e le rimuoveva dopo la lavorazione. Essa prevedeva le stazioni di seguito descritte.

1). Caricamento dei rack di schede sulla linea: gli operatori procedono al caricamento all'inizio della linea di cassettine (rack), ciascuna delle quali contiene 20 schede. Da qui, una sfogliatrice automatica, capace di una cadenza fino a 600 PCB/ora, inviava le schede alle successive lavorazioni. L'operazione è svolta manualmente da un operatore diretto della linea che impiega circa 1 minuto per ciascuna cassetta.

2). Incollaggio: in questa fase, una maschera costituita da una sottile lamina d'acciaio (*stencil*) veniva sovrapposta alla scheda. Sulla lamina erano riportati dei piccoli fori in corrispondenza delle esatte posizioni sulle quali i componenti avrebbero docuto essere incollati. Una spatola provvedeva a spalmare una speciale colla (pasta salda) a base di stagno, che quindi, una volta rimossa la lamina, veniva ad essere esattamente posizionata in corrispondenza delle piazzole d'incollaggio. Vista la complessa dinamica di questa macchina non era possibile ottenere tempi inferiori ai 10 secondi per ciascuna lavorazione, cosicché si poteva raggiungere un ritmo standard massimo di non più di 360 schede all'ora. Al cambio di scheda occorreva sostituire lo stencil utilizzato dalla macchina, regolare la macchina medesima (in particolare la quantità di colla da dispensare e la rapidità della spatola di spalmatura) ed eseguire circa 10 schede di prova (a questo proposito si utilizzavano delle tavolette di plastica di nessun valore, che venivano successivamente lavate e riutilizzate): il tutto richiedeva circa mezz'ora di intervento da parte di 2 addetti. Per di più questa stazione richiedeva alla fine di ogni turno di essere arrestata per circa 20 minuti, per procedere alla pulizia dei residui di colla, che alternativamente rischiavano di impedirne il corretto funzionamento.

3). A questo punto erano posizionate le inseritici automatiche, macchine in grado di alloggiare automaticamente la PCB da assemblare sulla tavola portapezzo, e di procedere sequenzialmente all'assemblaggio di un certo numero di componenti, i cui caricatori sono alloggiati a bordo macchina. A seconda del tipo di componente, il caricatore, o feeder, corrispondente può assumere la forma di una bobina di nastro, oppure di una stecca rigida. Sono macchine velocissime, capaci a regime di realizzare 6.000 inserimenti/ora. Tuttavia, poiché ciascuna scheda deve essere singolarmente caricata sulla tavola portapezzo e bloccata in posizione, sono necessari circa 10 secondi addizionali per ciascuna PCB. Il tempo di setup al cambio di lotto dipende dal numero di feeder di componenti che devono essere sostituiti dalla macchina, per equipaggiarla con quelli utili ad assemblare il nuovo tipo di scheda. Mediamente, spiegò il Direttore dello stabilimento Messicano, si calcolano circa 6 contenitori di componenti e quindi 6 minuti, anche se tale aspetto può variare molto significativamente in relazione al tipo di schede assemblate e alla differenza tra un modello e l'altro in termini di tipologie di componenti elettronici richiesti. Il vero tallone d'achille di queste macchine –proseguì il direttore dello stabilimento Messicano- è la disponibilità: vista l'elevata velocità del processo e la complicazione meccanica della testa di posizionamento dei componenti, c'è un continuo stillicidio di blocchi ed impuntamenti della macchina: nello stabilimento Messicano è stato calcolato che in media una assemblatrice può lavorare a regime per non più di 4 minuti, per poi subire un blocco, blocco la cui rimozione può richiedere 1 minuto, ma solo se vi è un operatore vicino. Per quanto competeva l'alimentazione dei componenti, ciascun feeder conteneva circa 1.000 componenti, all'esaurimento dei quali doveva essere sostituito da un operatore diretto con un feeder pieno: questa operazione poteva essere eseguita in corsa e richiedeva circa 1 minuto all'operatore diretto.

4). A valle del posizionamento dei componenti, era previsto un <u>forno di essiccazione</u> della colla, una macchina a tunnel che sottoponendo le schede assemblate ad uno specifico profilo di temperatura provvedeva all'asciugatura della pasta salda e quindi alla presa dei componenti sulle loro piazzole. L'attraversamento del forno, che era lungo 40 metri, era fatto a bordo del medesimo sistema di trasporto che collegava le varie stazioni, e richiedeva circa 4 minuti. Per motivi di tipo tecnico, non era possibile che vi fosse un'interdistanza minore di 4 metri tra una scheda e la successiva, altrimenti questo avrebbe provocato un'alterazione del profilo termico del forno. Non si ricordavano a memoria d'uomo situazioni di avaria per il forno medesimo.

5). Dopo l'essiccazione della colla, era prevista una stazione di <u>assemblaggio manuale</u> basata su tavoli manuali guidati, un brevetto della IE. L'assemblaggio manuale era necessario in quanto alcuni componenti, detti "*odd components*", per la forma particolarmente irregolare o le grandi dimensioni non potevano essere assemblati automaticamente; in alcuni altri casi ciò era impossibile perché tali componenti non avrebbero sopportato lo shock termico del forno di essiccazione. L'operatore siede ad un banco strumentato, ove un apposito supporto si adatta a fissare la PCB in lavorazione. Attivando il ciclo di assemblaggio, un raggio di luce illumina la piazzola ove l'operatore dovrà inserire il prossimo componente, e nel contempo viene presentato automaticamente all'operatore un cassettino contenente il componente in oggetto. Per questo motivo era raggiungibile una cadenza di assemblaggio piuttosto elevata, almeno rispetto alla normale cadenza dell'assemblaggio manuale. Le schede vengono recate ai vari tavoli da nastri trasportatori, l'operatore colloca la scheda sul tavolo (operazione che richiede circa 1 minuto), la lavora, e una volta eseguito il montaggio la dispone nuovamente sul nastro (ulteriori 60 secondi), inviandola alla stazione successiva. Vista la ripetitività del lavoro, si verificava invariabilmente uno scadimento delle prestazioni degli operatori, che poteva essere quantificato mediamente con una resa di velocità pari al 90%.

6). La linea si conclude con una stazione di controllo qualità, basata su una macchina, detta *a letto d'aghi*. La scheda viene sovrapposta, appunto, ad una maschera irta di aghi, la quale fa corrispondere due aghi d'acciaio a ciascuna piazzola su cui è stato assemblato un componente. Un PC, controllando gli impulsi inviati a ciascun ago, può sollecitare singolarmente ciascun componente e verificarne la risposta. In questo modo possono anzitutto essere verificate le funzionalità complessive della scheda, attività che richiede circa 20 secondi/PCB. Successivamente, qualora questo test non sia stato superato, si procede a verificare ogni singolo componente, impiegando un tempo molto più lungo (circa 1 minuto/PCB). Il test complessivo viene superato dal 90% delle schede, mentre circa un decimo delle schede esaminate denota qualche problema. Di queste, nel 90% circa dei casi viene localizzato 1 singolo componente da sistemare (il caso in cui fossero più d'uno era trascurabile): in questa evenienza, la scheda viene rimandata alla stazione di montaggio manuale, che provvede allo smontaggio del componente ed alla sua sistemazione, impiegandoci non meno di 2 minuti per ciascuna scheda. Nel caso, infine, in cui in una scheda malfunzionante non vengano trovati componenti guasti, la scheda viene scartata. Questa stazione richiedeva dei tempi di setup piuttosto lunghi al cambio di lotto, poiché occorreva montare la maschera a letto d'aghi corretta: tutto funzionava più o meno come per la stazione d'incollaggio. Inoltre, a fronte dello sporco che invariabilmente si depositava sugli aghi di volta in volta, ogni ora di funzionamento doveva essere arrestata e pulita, operazione che richiedeva circa 5 minuti ad un operatore specializzato.

A valle della stazione di controllo qualità, era prevista una stazione di ricomposizione dei rack e di scarico delle schede dalla linea, esattamente speculare a quella di inizio linea. La tabella 1 di seguito riportata raccoglie alcuni dati relativi a ciascuna stazione.

Stazione	Ritmo Standard	Disp.	setup [minuti]	Resa
1. Caricamento rack e sfogliatrice	600 PCB/ora	99%	0	100%
2. Incollaggio	360 PCB/ora	96%	30	100%
3. Inserimento automatico	6.000 comp/ora	80%	6	100%
4. Forno di essicazione		100%	0	100%
5. Assemblaggio manuale	10 sec/comp	100%	2	Rv = 90%
6. Controllo qualità	20 sec/PCB 1 min/PCB	92%	30	Scarto = 1% Rilav = 9%

Tabella 1: Stazioni della linea di assemblaggio e loro caratteristiche tecniche

Una specifica richiesta dei membri del Consiglio Direttivo fu di specificare l'investimento richiesto da ciascuno dei tipi di macchinario identificati. Il direttore centrale produzione si era ben preparato anche a questa domanda, ed aveva fatto quotare delle offerte da tutti i principali fornitori, cosicché estrasse e distribuì un foglio, il cui contenuto è stato riportato fedelmente in tabella 2.

Stazione	Produttore	Investimento [$]
1. Caricamento rack e sfogliatrice	Bahr	20.000
2. Incollaggio	Fuji	200.000
Maschere di incollaggio (1 per ciascun codice e per ciascuna macchina + 1 di ricambio)	Chemical Machining	2.000
3. Inserimento automatico	Fuji	500.000
4. Forno di essicazione	Hedco	300.000
5. Inserimento manuale	IE	5.000
6. Controllo qualità	Fuji	200.000
Letti d'aghi (1 per ciascun codice e per ciascuna macchina + 1 di ricambio)	Fuji	5.000
7. Scarico Rack	Bahr	20.000
Convogliatore (1 tratto rettilineo 1-10 metri)	Bahr	5.000
Snodi convogliatore (1)	Bahr	2.000

Tabella 2: Stazioni della linea di assemblaggio e loro caratteristiche tecniche

La decisione

Preso atto delle informazioni acquisite, e dei risultati della discussione, che richiese quasi un'intera giornata, il Comitato di Direzione, sollecitato dall'Amministratore Delegato diede mandato alla Commissione di identificare la soluzione progettuale migliore per lo stabilimento europeo, considerando i seguenti elementi:

a) l'investimento sarebbe stato interamente autofinanziato, e quindi non vi era da considerare alcun costo di tipo finanziario

b) la politica dei prezzi praticata in questi casi dalla IE prevedeva di fatturare al cliente un decimo di dollaro per ciascun inserimento effettuato ed appartenente ad una scheda funzionante, fermo restando che sia la scheda nuda, sia i componenti dovevano essere messi a disposizione dai clienti

c) per scelta della Direzione, gli stabilimenti IE potevano, a seconda della convenienza, lavorare su uno, due o tre turni giornalieri, ma non lavoravano mai durante i giorni festivi: ciò delinava un calendario aziendale di circa 48 settimane /anno per 5 giorni lavorativi settimanali

d) il Consiglio Direttivo si attendeva un ritorno dell'investimento entro 5 anni, e solo sotto questa condizione si sarebbe avventurato in questo progetto.

Allegato 1: Il mix di progetto

PCB	Q.tà	N° ordini	Ins. PCB	Di cui Odd
1	28.344	48	282	9
2	26.496	48	47	2
3	22.956	48	151	3
4	21.924	48	129	7
5	18.384	48	90	3
6	12.000	48	134	4
7	9.612	48	113	2
8	7.596	48	90	1
9	5.628	48	243	5
10	5.376	48	143	6

Made in United States
Orlando, FL
04 November 2026

90203565R00173